昆蟲的世界
探密自然界的微觀宇宙
Insects, Their Ways and Means of Living

史密森學會科普叢書

（Robert Evans Snodgrass）
羅伯特・伊凡斯・斯諾德格拉斯 著

遲文成 主譯
全春陽，孔謐 譯

飛行、掠食、求偶、變態……以昆蟲形態學為起點，探索生命如何在演化中展現多樣性及生命力

關於昆蟲構造與演化的祕密
從觸角到翅膀的圖像解剖與演化科學

構造變異 × 演化原則 × 生理運作……
深入昆蟲的神經肌肉與骨骼器官，探索自然界最複雜的微觀世界

目 錄

中文版前言　　005

前言　　011

卷首　　015

第一章　蚱蜢　　027

第二章　蚱蜢的旁系遠親　　051

第三章　蟑螂及其他遠古昆蟲　　107

第四章　生活方式　　129

第五章　白蟻　　155

第六章　蚜蟲　　181

目錄

第七章　　週期蟬　　　　　　　　　　　　　　**211**

第八章　　昆蟲的變態　　　　　　　　　　　　**253**

第九章　　幼蟲與蛾　　　　　　　　　　　　　**283**

第十章　　蚊子和蠅虻　　　　　　　　　　　　**329**

中文版前言

美國的史密森學會於西元 1846 年創辦，迄今已有 170 多年的歷史。史密森學會創辦的主旨即讓更多人獲得科學方面的啟蒙、激起他們對科學的興趣及對科學議題的探討。協會對於相關出版品有兩個要求：一是必須具有權威性；二是必須受眾更廣泛。

史密森學會的成立與一位英國人有關。他是一位從未到過美國的英國人，他就是倫敦皇家科學協會會員、化學家和科學家詹姆斯‧史密森[01]。詹姆斯‧史密森西元 1765 年生於倫敦，其父親休‧史密森（Hugh Smithson）爵士是英國國王智庫成員，也是樞密院的成員，並獲得最高等級騎士勳章。其母是伊麗莎白‧基特‧梅西（Elizabeth Hungerford Keate Macie）女士。出身貴族的詹姆斯從小到大受過嚴格的教育，畢業於牛津大學。22 歲時，即被倫敦皇家科學協會吸納為會員。

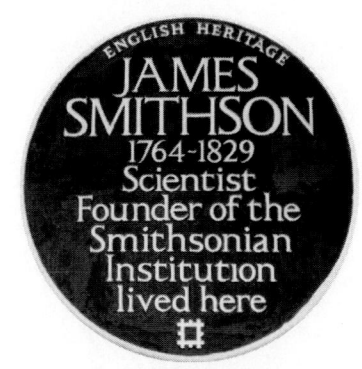

左：詹姆斯‧史密森 肖像　　右：詹姆斯‧史密森英國倫敦故居藍牌

---

[01]　詹姆斯‧史密森，即 James Smithson。

> 中文版前言

　　據考證，史密森出版的科學著作包括從西元 1791 年到 1825 年在《倫敦皇家科學協會期刊》與湯姆森的《科學年刊》裡發表的 27 篇論文。這 27 篇論文中有 25 篇都是與化學或地質學相關的。史密森的論文邏輯清晰、資料準確。他在文章的一些段落裡不僅展現出他對自己感興趣的學科有著深入的了解，而且還表現了他的視野以及深厚的知識。下面這個段落就是他論文裡談到的他對人類學講究的看法：

　　很多人都並不關心人類學這門學科，但是，每個人都必然能從追溯歷史的痕跡中感到由衷的高興。因為這能夠讓我們了解發生在很久很久以前的事情，看到人類是如何逐漸成為人類的。我們可以看到古代人類所創造出來的藝術，知道他們利用各式各樣的知識去不斷實現進步，了解他們的生活習慣以及他們對很多事情的看法。很多能力就是這樣培養出來的，雖然我們有可能對此一無所知，也有可能是因為這超乎了我們的能力範圍。

　　史密森的文章得到了同時代科學界的欣賞與認可，他本人也是科學家卡文迪許[02]與阿拉戈[03]的親密朋友，史密森還與同時代的其他著名科學家有深入的交往。他的研究讓他在英國與國外都獲得了很高的地位。當史密森的人生步入晚年的時候，我們只能透過別人在著作裡偶然提到他的名字了解他的情況。他的健康變得越來越糟糕，他的大半生都在巴黎與里維埃拉度過。

　　西元 1826 年 10 月 23 日，史密森立下遺囑：

---

[02] 卡文迪許（Henry Cavendish，西元 1731 ～ 1810 年），英國物理學家、化學家。他首次對氫氣的性質進行了細緻的研究，證明了水並非單質，預言了空氣中稀有氣體的存在。他首次發現了庫倫定律和歐姆定律，將電勢概念廣泛應用於電學，並精確測量了地球的密度，被認為是牛頓之後英國最偉大的科學家之一。

[03] 阿拉戈（François Arago，西元 1786 ～ 1853 年），法國數學家、物理學家、天文學家和政治家，曾任法國第 25 任總理。其學術上的成就主要在磁學和光學方面。他支持光的波動說並在實驗中觀察到了帕松光斑。

……要是我的姪子去世的時候沒有子女，或是他的孩子在二十一歲之前去世而沒有立下遺囑的話，那麼我會將自己財產的一部分都用於支付給予約翰·費塔爾[04]的年金，剩下的錢全部捐獻給首都設在華盛頓的美利堅合眾國，成立一個名叫史密森的協會，這個協會的目的是增加與傳播人類的知識……

（簽名）詹姆斯·史密森

詹姆斯·史密森紀念碑，位於美國史密森學會

西元1829年6月27日，史密森在義大利的熱內亞去世，被葬在熱內亞附近的清教徒墓地，這裡可以俯瞰海灣。

當我們回顧當年詹姆斯·史密森那筆50萬美元遺產所帶來的改變時，會知道這是對他人生的一種最佳的銘記。在那個科學界群星雲集的時代，詹姆斯·史密森始終懷抱著這樣的信念，即「對一個人來說，無知必然帶來缺損，錯誤終究產生邪惡。」史密森認可耐心觀察的科學方法，知道如何對事物進行測重以及了解事物之間的關係。他將畢生的精力都投入到了消滅無知的努力中。在他臨終的時候，他用全部的財富來展現自身的信念，選擇讓當時建國沒多久的美國成為他這筆遺產的保管者。

---

[04] 約翰·費塔爾（John Fitall），詹姆斯·史密森生前的管家、僕人，一直照顧史密森生活至史密森離世。後就職於倫敦船塢廠。

中文版前言

隨著歲月的流逝，史密森的遺產開始帶來實質性的改變，美國政府接受了史密森貢獻這筆遺產背後所秉持的信念，知道史密森的理念符合美國當時最現實的發展需求——商業組織、教育以及勞動與資本之間關係等方面的研究——這些都需要充分運用科學的方法去解決。而詹姆斯·史密森餽贈的50萬美元遺產則促使美國在這方面做出努力。可見，美國人充分認可了史密森這位英國科學家所持的信念。

史密森的遺產與美國當時的局勢可以說是最佳的搭配。史密森去世後，他把遺產留給姪子，並附上條件，如果姪子去世時無子嗣，遺產必須捐給美利堅共和國，以「增進和傳播人類的知識」。這筆錢在西元1838年到達了美國。國會在接下來的八年時間裡就如何更好地利用這筆錢，才能「增進和傳播人類的知識」進行了斷斷續續的討論。直到西元1846年，史密森學會才正式成立。

人們多少會有這樣的想法，一個英國人為何不把遺產留給自己的國家，而選擇了當時的美國？想必史密森這位科學家生前就有了自己的科學發展、傳承及其人類創造力所依附的環境要求的直觀和前瞻性判斷吧，這點已經超越了國別概念。而現在比較認可的主流觀點是供職於史密森學會多年的檔案管理員、出版品負責人威廉·瓊斯·里斯的推斷——史密森這樣做最有可能的原因如下：

在史密森立下遺囑的時候，當時整個歐洲都處在戰爭的動盪之中，每個國家的統治者以及數百萬人都想要征服其他國家，或是想要維持專制統治。於是，史密森將目光轉移到了大洋對岸實現共和制的自由國家——美國，他認為美國這個國家的民主自由能夠不斷生根發芽，擁有持續實現繁榮的各種元素，而且美國人擁有著奮發進取的精神。顯然，他感覺美國是實現他增進與促進知識傳播的最佳地。他認為在美國這個全新的國度裡，必然會存在著自由的觀念與無限的進步。

美國史密森學會廣場前的首任會長約瑟夫·亨利（Joseph Henry）雕像

　　如果詹姆斯·史密森今天還活著的話，當他看到了自己的遺產為後人掀開了未知的面紗，必然會覺得這樣的結果超出他當年最好的設想。他的名字現在就刻在史密森學會的大門上，在文明的世界裡已經被每個人所熟知。史密森學會在過去170多年裡一直秉持著史密森先生要增進與傳播知識的理念，讓他當年所說的「一大片黑暗曠野中的斑點」變成「一道發出閃亮光芒的光線」，將無知的黑暗地平線不斷向後推延。毫不誇張地說，史密森學會是20世紀人類留下來的最寶貴遺產之一。

　　如今的史密森學會是美國一系列博物館和研究機構的集合組織，其地位相當於其他國家的國家博物館系統。該組織囊括19座博物館和美術館、9座研究中心，和國家動物園以及1.365億件藝術品和標本。美國唯一一所由美國政府資助、半官方性質的民營博物館機構，同時擁有世界最大的博物館系統和研究聯合體。

　　史密森學會出版的科學系列叢書在科學界地位非常高，至今已經出版了數千卷。

本書系策劃人　張樹

中文版前言

前言

在動物學研究早期，很多博物學家把大量的時間用在對鳥類、昆蟲以及田野、樹林裡的其他動物進行觀察。博物學家們並不熱衷於技術知識學習，大自然是他們靈感和快樂的泉源。他們對大自然的種種現象淺嘗輒止，並不過於深究。只要能理解事實的表面現象，能用平凡的語言表達出來即可。很久以前，當人們發明語言的時候，並沒有過多地考慮事實問題。早期的作家，直接從大自然中獲得靈感，透過對自然現象的觀察和體會寫下了動人的文字。大家都很喜歡讀這些人的作品，因為文字生動、妙趣橫生、通俗易懂、引人入勝。

還有一類博物學研究人員並不在乎動物的習性，只想了解動物的身體結構。此類學者用顯微鏡觀察動物，並將各種動物肢解開來，研究牠們的構造和結構關係。他們發現，在動物體內還有很多沒有被命名的組成結構，於是他們為這些組成結構一一命名。當他們的論著出版後，因為稀奇古怪詞彙太多，大眾根本無法讀懂。此外，因為大自然沒有賦予解剖學家以更多詞彙來修飾動物體內的組成結構，因此他們不能像在戶外活動的博物學家那樣用大量的描述性修辭方法為他們的著作增色。所以，動物結構學者寫出來的東西枯燥乏味，從未受到大眾青睞過。

但總有一些人求知若渴，比如說解剖學家，他們就不能滿足於僅僅了解動物做什麼或怎麼生出來的，所以積極致力於動物生理機能的研究。為了弄清蘊藏於神經中的自然之力，他們發明了各種機器設備，用於測量動物的肌肉力量；分析動物食物和組織；透過實驗展示動物的行為成因。從事此類研究的生理學家必須有良好的物理學基礎和化學基

前言

礎。因此，他們喜歡用科學術語進行論述，用化學和數學公式表達想法。大眾自然無法讀懂他們的作品。人們之所以觀念保守，那是因為對這門學科一無所知，只相信以往傳承下來的想法和觀點。可惜的是，生理學家的語言和大眾的保守觀念格格不入。

因此，舊時的博物學家仍然受到人們的尊敬，而那些所謂的「自然愛好者們」譴責實驗室解剖人員剝奪了自然之美、毀滅了人類靈魂。當代的博物學者也許會賣掉他的家具，但如果他得了胃痛或神經痛，或疾病侵害了他的植物或動物，他只能求助於實驗室裡的科學家們了。

只有在實驗室裡才能發現大自然的真相，因為田野裡的很多自然現象是交織在一起的。實驗室裡的博物學家們努力解開戶外環境的各種謎團，分析影響動物生命和行為的各種因素。他們首先必須弄清楚要做什麼，每一項任務都有什麼樣的價值。每一套人工環境只能有一項自然因素發揮作用。他們必須反覆試驗，認真觀察不同的原因會有什麼樣不同的結果。

從表面上看，研究自然是很有趣的。不過，現代人必須學會深入觀察其他動物的生命。比如說昆蟲並不是稀奇古怪的生物，牠們和我們一樣必須遵循自然法則，那就是一切生物必須遵循同樣的基本原則才能延續生命。只不過人類遵循自然法則的方式和方法與動物相比不同而已。

很多誠實的人覺得很難相信演化論。他們的問題主要是在觀察到不同類型動物的不同結構之後，並沒有發現一切生命形式在功能上的一致性，因此無法理解演化就是一種生命形態向另外一種生命形態的漸進性結構偏離。為了達到相同的目的，動物採納和完善了不同的方法。人類和昆蟲代表了動物演化中分歧最大的兩個極端。兩者的結構截然不同，因此功能上的一致性則更為明顯。研究昆蟲能幫助我們更好地認識自

己、掌握生命的基本原理。

　　作家認為寫書就是要有人讀，就像食物得有人吃才行。本書是為讀者提供的一頓認識昆蟲大餐，非常注重高營養和食物均衡。為了美味起見，盡可能地刪掉討厭的專業術語，盡可能地不把它做成純科學食品。除了用了一點必不可少的調味品，本書盡可能地不用那些令人倒胃的佐料，這樣做的目的還是希望有助於讀者的理解和吸收。

　　本書各章的很多內容來自已經出版的《史密森學會年度報告》。大多數整版插圖和圖示則由美國昆蟲局提供，其中一些是首次面世。

R. E. 斯諾德格拉斯

前言

卷首

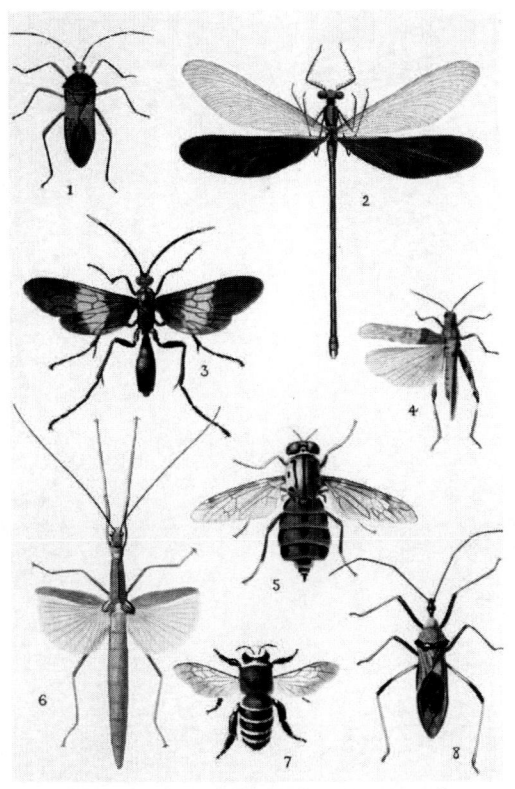

插圖 1 代表五個常見昆蟲目的一組昆蟲

2 是豆娘,來自新幾內亞的一種蜻蜓,屬蜻蜓目;4 是蚱蜢,而 6 是來自日本的一種有翅竹節蟲,4 和 6 代表了直翅目的兩個科;1 和 8 是吮吸類昆蟲,屬半翅目,這一目還包括蚜蟲和蟬;3 是來自巴拉圭的一種黃蜂,而 7 是來自智利的一種獨居蜜蜂,3 和 7 都屬膜翅目;5 是來自日本的一種雙翅蒼蠅,屬雙翅目。

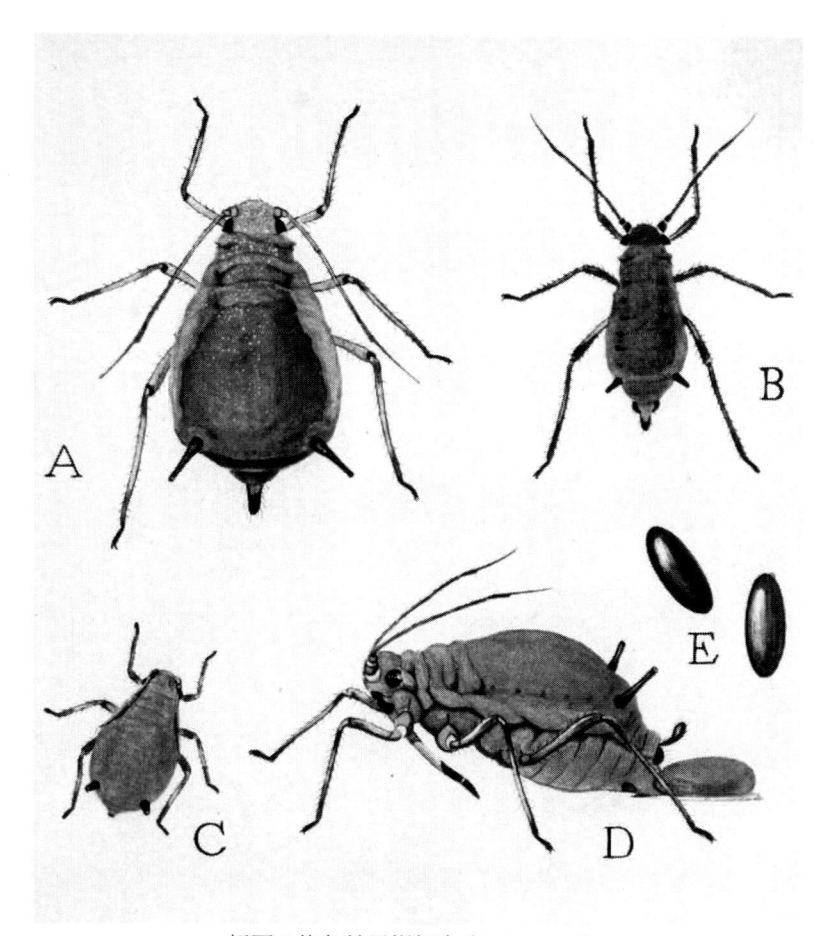

插圖 2 綠色蘋果樹蚜蟲（Aphis pomi）

A. 雌性成蟲；B. 雄性成蟲；C. 雌性幼蟲；D. 正在產卵的雌蟲；
E. 蟲卵，產出後顏色由綠變黑（放大 20 倍圖）。

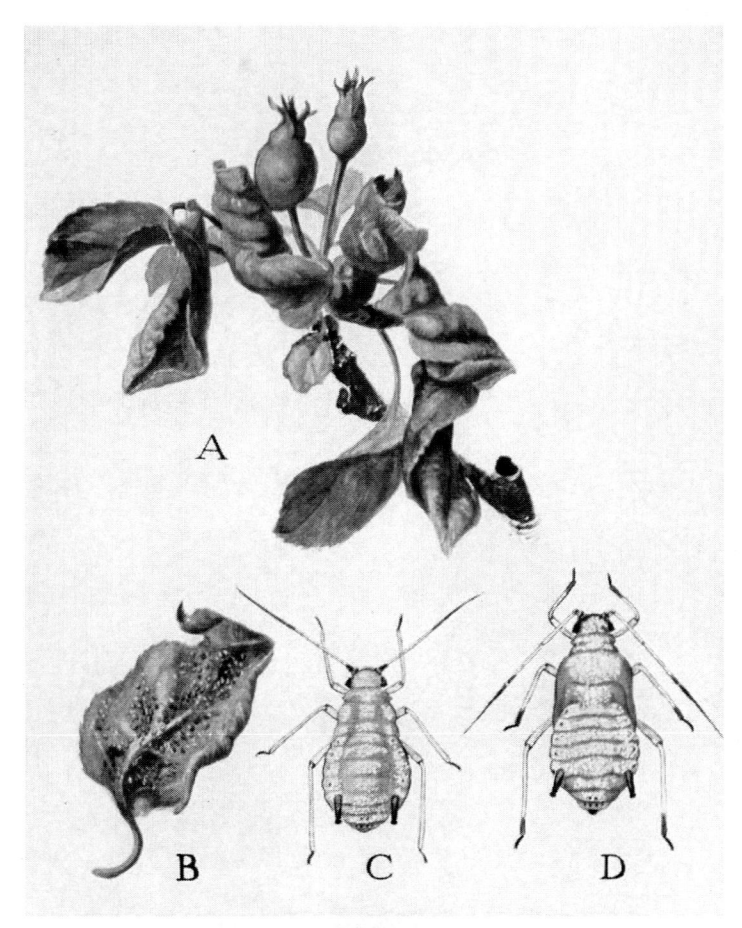

插圖 3 玫瑰色蘋果蚜蟲（Aphis rosae）

A. 被蚜蟲扭歪的蘋果樹葉和幼果。B. 寄生葉底面。C. 未成熟的無翅蚜蟲（多倍放大）。D. 未成熟的有翅蚜蟲。

卷首

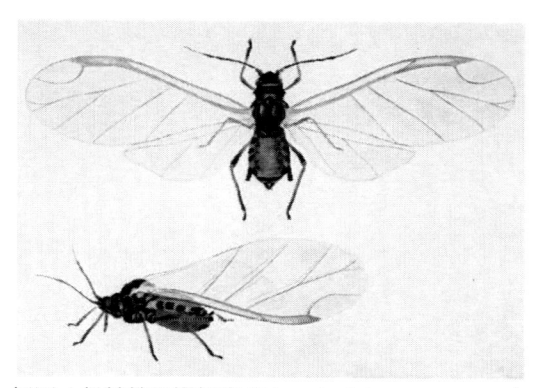

插圖 4 穀草蘋果樹蚜蟲（Rhopalosiphum prunifoliae）

秋季出生的、從穀物遷移到蘋果樹的有翅形態蚜蟲（放大 20 倍）。

插圖 5 週期蟬的蛹

週期蟬成熟的蛹，在經歷了差不多 17 年的地下生活之後，牠就是以圖示的形態離開地面，準備蛻變成有翅成蟲。

插圖 6 剛剛蛻去蛹皮的蟬蟲（放大 2/3 圖）

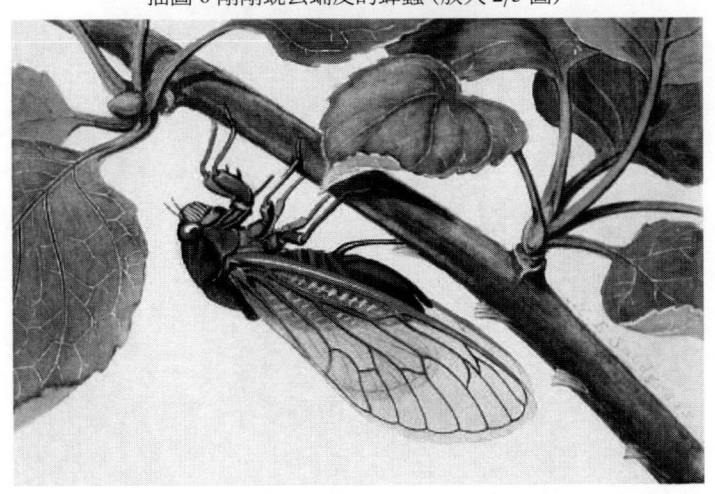

插圖 7 週期蟬（Magicicada septendecim）

一隻雌蟲正在用產卵器把蟲卵插入蘋果樹枝的底面。

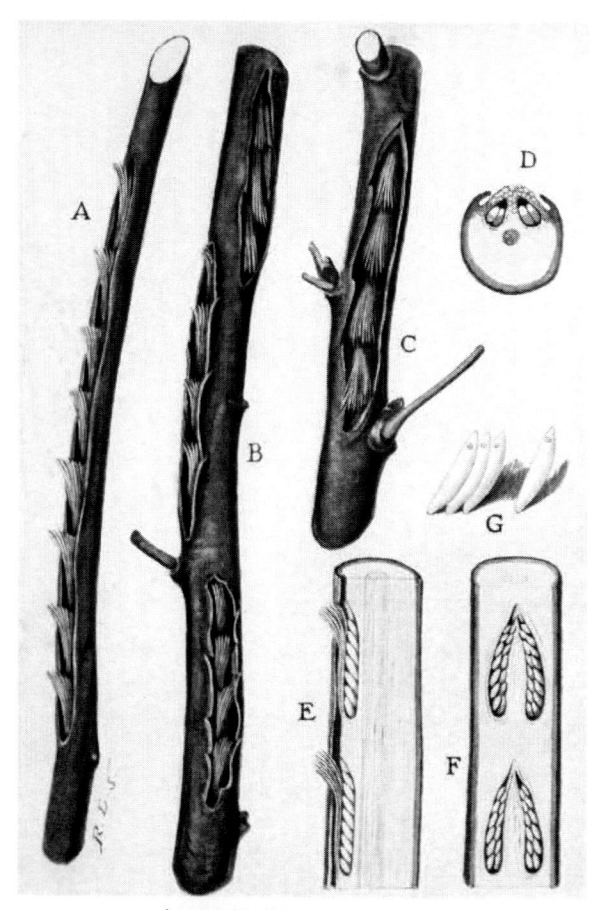

插圖 8 週期蟬的產卵孔與卵

A、B、C. 山茱萸、橡樹和蘋果樹的枝條，上面含有一排產卵孔。D. 穿過產卵孔的枝條的橫切面，顯示的是兩個產卵孔，每個產卵孔含有兩排蟲卵。E. 穿過兩個產卵孔的垂直縱切面，顯示的是斜放的蟲卵和產卵孔開口處磨損的痕跡。F. 橫切面，顯示的是每個產卵孔所充滿的兩排蟲卵。G. 幾個蟲卵（多倍放大圖）。

插圖 9 兩種大蛾

兩種大蛾,為實際大小,顏色豔麗,翅膀上點綴著夜間飛行昆蟲都有的美麗斑點。
上圖,巴西大蛾(Heliconisa arpi);下圖,墨西哥大蛾(Dirphia carminata)。

卷首

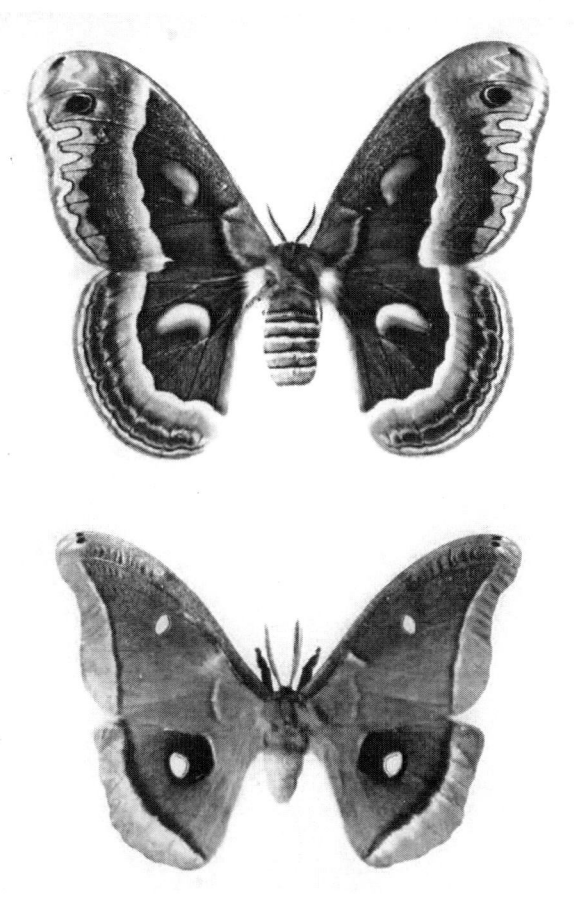

插圖 10 兩種巨蛾

上圖：雌性蠶蛾（Hyalophora Cecropia）；下圖：雄性大眼蛾（Antheraea Polyphemus）。

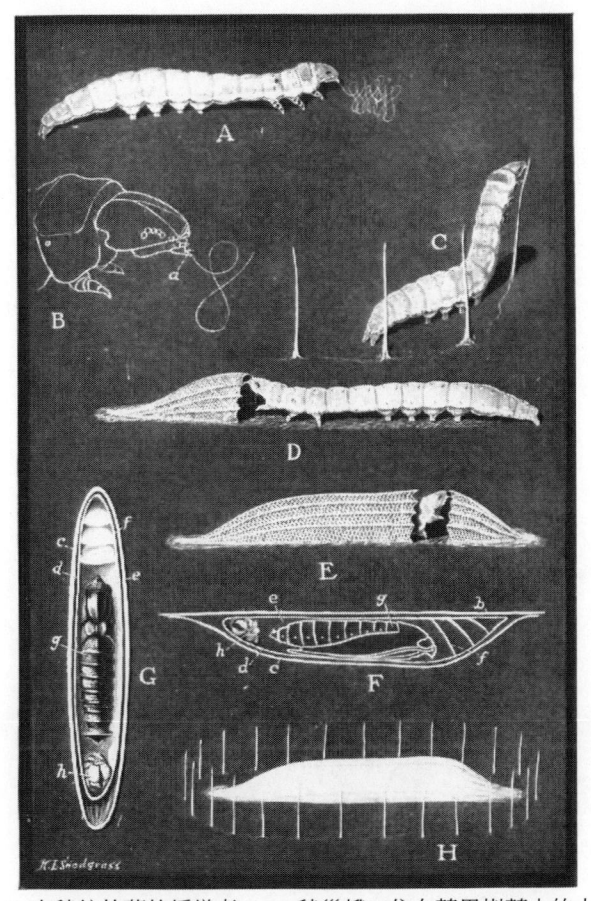

插圖 11 有稜紋的繭的編織者 —— 稜巢蛾，住在蘋果樹葉上的小幼蟲

A. 一隻小幼蟲正在樹枝上編織網墊。B. 幼蟲下唇的噴絲頭（a）正往外噴絲線。C. 幼蟲將絲線立起來，圍成柵欄模樣，準備織繭。D 和 E. 展示建在網墊上的繭的編織過程。F. 在支撐物表面下的繭的剖面圖，裡面有繭（g）和幼蟲蛻下的皮（h）。G. 繭的內部透視圖，繭的兩層殼（c、d），前端的隔膜（f）。H. 由柵欄包圍的織完的繭。

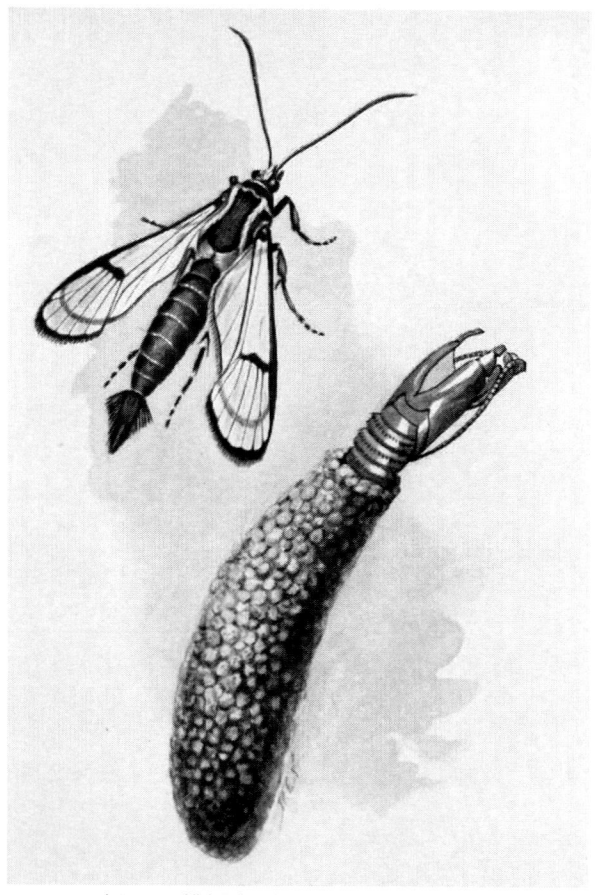

插圖 12 桃螟（Conogethes punctiferalis）

上圖：成年雄性飛蛾（大概是實物的 2 倍大）。
下圖：幼蟲用木屑做成的外繭，蛹從外繭末端踹出去的蛻下的空殼。

插圖 13 幼蟲皇蛾（Attacus atlas）

A. 一隻停落的蛾。B. 展開翅膀的蛾。C. 蘋果樹葉的底面，a 是蟲卵，b 是幼蟲，正在吃樹葉。D. 馬上進入第二個生長期的幼蟲。E. 完全發育成熟的幼蟲（放大的 1.5 倍）。F. 草叢和落葉中的兩粒繭，剪開的一粒繭顯示出裡面蛻變成蛹之前的幼蟲形態。

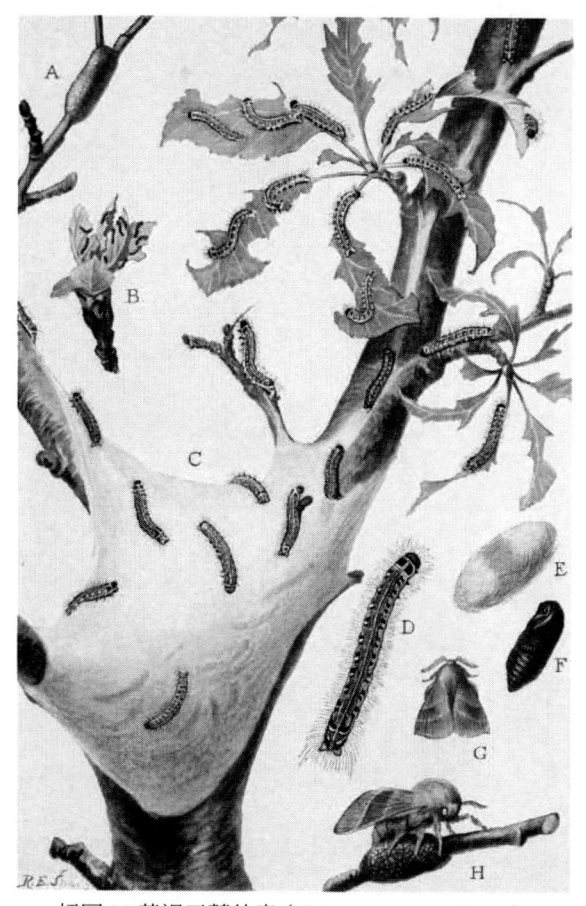

插圖 14 黃褐天幕幼蟲（Malacosoma americana）

A. 蘋果樹枝上的一個卵塊。B. 幼小的幼蟲吃著樹芽。C. 蘋果樹分叉處掛著的天幕，幼蟲的絲線從這裡一直延伸到細杈上，幼蟲們正在細杈上吃樹葉。D. 完全成熟的幼蟲（實物的 3/4 大小）。E. 繭。F. 從繭中取出的蛹。G. 雄蛾。H. 正在產卵的雌蛾。

第一章

蚱蜢

第一章　蚱蜢

春天的某個時候，或早或晚，取決於緯度或時節，田野、草坪和花園裡突然出現了大量的蚱蜢幼蟲。這些古怪的小傢伙，大大的腦袋，沒有翅膀，後腿結實（圖1）。蚱蜢幼蟲以新鮮的綠葉軟莖為食，輕輕地跳來跳去，牠們的存在似乎與生命的奧祕沒有什麼關聯，也不會喚起人們思考這樣的問題：牠們為什麼出現在這裡？牠們是以什麼樣的方式來到這裡？

牠們是從哪裡來的？在所有這些問題當中，只有最後這個問題我們現在可以給出明確的回答。

如果我們在這個季節仔細觀察地面，也許有可能看到表面上沒有母親的蚱蜢幼蟲是從土裡爬出來的。有了這一資訊，古時候研究自然的學者大概已經很滿意了——他這時也許會宣布，蚱蜢是從土壤裡某種物質中自生的；大眾也會相信他，並完全贊同和支持他的說法。然而，歷史發展到了某個階段，一些自然科學家成功地否定了這個觀點，確立了這樣一句名言，即任何生命均源自一個卵。這句名言現在仍然是我們的準則，我們必須尋找到蚱蜢的卵。

打算進行研究蚱蜢生活情況的昆蟲學家，他覺得提前一年開始進行研究工作更容易一點，這樣就不用從土壤裡篩選蟲卵，等到春天幼蟲從這些蟲卵裡孵化出來。他可以在秋天觀察成蟲，在田野裡或特地準備的籠子裡獲得雌蟲剛剛產下的卵。接著，他可以在實驗室密切觀察孵化過程，準確地看到幼蟲孵化出來的細節。所以，讓我們改變一下日程表，看一看上個季節產出的成蟲在 8 月和 9 月的活動情況。

圖 1 蚱蜢幼蟲

　　不過，我們首先必須弄清楚蚱蜢是什麼昆蟲，或者說我們稱為「蚱蜢」的是什麼昆蟲；因為在不同的國家，名稱並不總是表示相同的東西，相同的名稱在同一個國家的不同地區也不總是適用於相同的東西。「蚱蜢」這個術語也是這樣。在大多數其他國家裡，蚱蜢被稱為「蝗蟲」，或者相反，事實上，在美國蝗蟲則被稱為「蚱蜢」，因為我們必須承認傳統舊時的用法。所以，當你讀到「蝗災」，你必須理解為「蚱蜢」。但是一大群「十七年蟬」（又稱週期蟬）則是指另外一種昆蟲，不是蝗蟲，也不是蚱蜢——準確地說，是一種蟬蟲。所有這些名稱上的混淆，以及自然史中許多不合適的通俗用語，或許應歸咎於我們美國早期的移民者，他們用自己在家鄉所熟悉的名稱為在新的文化社會所遇到的生物命名；但是，由於缺少動物學家的指導，他們在辨識和鑑定方面犯下了許多錯誤。科學家們試圖透過為所有生物創造一套國際名稱的做法，來解決名稱混亂的這個問題。但是由於這些名稱大多數是用拉丁語，或拉丁化的希臘語命名，人們在日常生活中很少使用。

第一章　蚱蜢

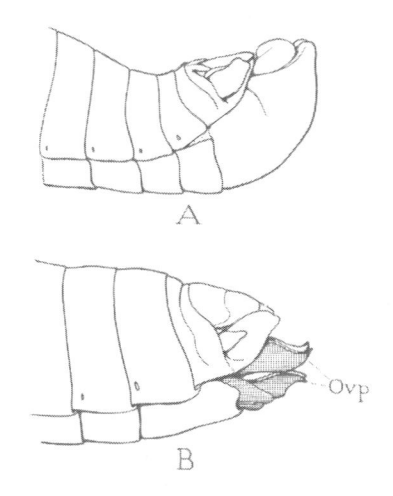

圖 2 蚱蜢雄蟲和雌蟲蟲體尾部

　　雄蟲（A）的蟲體，或腹部，呈鈍圓形；而雌蟲（B）的蟲體有兩對粗厚的尖頭，構成了其產卵器官，即產卵器（Ovp）。

我們現在已經知道蚱蜢是一種蝗蟲，任何長著短角，或者觸角，很像蚱蜢的昆蟲就是一隻真正的蝗蟲（見卷首插圖）。具有細長觸鬚，類似的昆蟲的要麼是美洲大螽斯（圖23、圖24），要麼是蟋蟀族群的成員（圖39）。如果你收集和檢驗一些蝗蟲（我們繼續稱作蚱蜢）的標本，你也許會觀察到，有些蟲體的後端很圓滑，而有些蟲體的尾部長有四個角尖。後一種是雌蟲（圖2B）；前一種（2A）是雄蟲，目前我們先暫且不談。這是大自然的一個條款，任何生物出於本能被迫要做些什麼，而做這種事情，生物就會提供合適的工具。然而，除非牠是似人類動物，否則其工具總是牠身體的一部分，比如下巴或腿。雌性蚱蜢蟲體尾部的四個尖頭構成了一個挖掘工具，透過使用這個工具，雌蟲在地上挖出一個洞，這個洞就是雌蟲存放卵的地方。昆蟲學家把這個器官叫做產卵器。圖2B 顯示了蚱蜢產卵器的正常形狀；尖頭短而厚，上面的一對尖頭向上彎曲，下邊的一對尖頭向下彎曲。

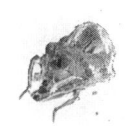

圖 3 雌性蚱蜢用產卵器在地上挖出一個洞，在合適的位置放下卵囊

當雌性蚱蜢準備好產出一窩卵時，牠先選好一個合適的地點，這樣的地方通常陽光充足，地面開闊鬆軟，有利於雌蟲把產卵器插入土壤，而且在那裡牠將四個尖頭緊緊合攏，插入牠的產卵器官。當四個尖頭很好地插進土中，尖頭或許往四周伸展開，以便向外壓緊泥土，因為在鑽土過程中，並沒有碎土或石屑出現在地面。逐漸地，雌蟲產卵器越來越深地進入土裡，直到蟲體很長的一部分被埋在土裡（圖3）。

現在，排卵的準備一切就緒。出口被卵巢的導管封住，而卵巢裡充滿已經成熟的卵，在產卵器較低的兩個尖頭底部之間和下部打開，這樣一來，當上面和下面的尖頭分開時，卵從牠們之間的通道脫離出來。卵被放在洞穴的底部，與此同時，蟲體分泌出一種泡沫狀、膠水似的物質，被排放在這些卵的周圍。這種物質變乾的時候，在卵的周圍變硬，但不是固體狀態，因為其泡沫性質，致使牠充滿凹坑時像一塊海綿，為卵以及隨後孵出的蚱蜢幼蟲提供足夠的呼吸空間。覆蓋物的外面，當牠是新鮮而且黏黏的時候，塵粒附著在上面，形成一層細細的顆粒狀的外衣罩在卵塊上，而這個卵塊一旦變硬，看上去就像是一個小豆莢狀外殼或膠囊，而這個膠囊被鑄成含有膠囊的空腔形狀（圖4）。每個卵囊所含

第一章　蚱蜢

有的卵的數量相差很大，有的只有 6 個，而有的多達 150 個。每個雌蟲還能產下幾窩卵，分別存放在卵囊裡，直到牠的卵全部排盡。有些雌蟲很有規律地擺放自己的卵，而有些雌蟲則比較隨意。

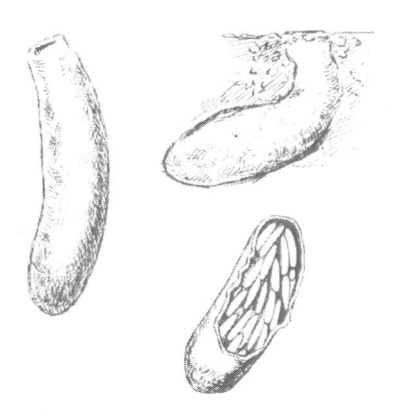

圖 4 蚱蜢各種形狀的卵囊（多倍放大圖）

蚱蜢的卵的形狀為細長的橢圓形（圖 5），通常長度為 0.5 公分，或稍長一點。卵的兩端呈圓形或有點尖，而末端（卵通常在這個位置排放）似乎有一個小帽蓋在上面。卵的一側總是比較彎曲，而另一側則總是更筆直一些。如果我們用肉眼看上去，卵的表面是光滑的、有光澤的，但是在顯微鏡下就可以看出表面被輕微突出的一道道線分割成許多多邊形區域。

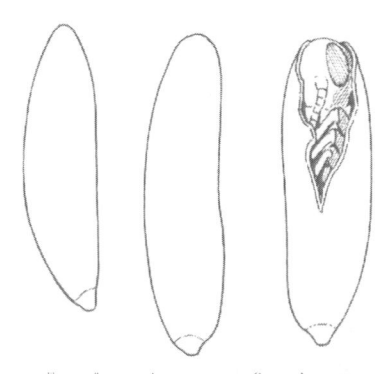

圖 5 蚱蜢的卵，其中一枚卵上端裂開，蚱蜢幼蟲就要孵出

在每一個卵裡都有生殖細胞，用於生產一隻新的蚱蜢。這種生殖細胞的卵的生命要素，只占整個卵含量的微小部分，因為後者包含營養物質，叫做卵黃，其目的是為處於發育中的昆蟲胚胎提供營養。非常小的生殖細胞以某種形式被卵包覆，即使是用倍數最大的顯微鏡也顯示不出來，其性質將決定未來蚱蜢身體結構的每一個細節，除非受到外部環境的影響。追蹤觀察卵內未成熟幼蟲的發育情況是非常有趣的，而且我們現在已經了解其中的大部分細節；但是，儘管我們需要注意一些蚱蜢發育的情況，篇幅所限，我們還不能把蚱蜢的故事完整無缺地在這裡講述出來。

　　一旦卵在秋天孵出，卵的生殖細胞就開始形成。然而，在溫和的或北緯地區，低溫很快就成為干擾因素，所以其發育要等到春回大地以後才能繼續進行——或者等到某個昆蟲學家把卵帶入人工加溫的實驗室，否則，發育就會受到抑制。某些種類的蚱蜢卵，如果在寒冷季節到來之前被帶入室內，而且儲存在一個溫暖的地方，將會繼續生長，大約六個星期蚱蜢幼蟲就能從卵中孵出。另一方面，某些種類的卵，如果也這麼處理，卻根本孵不出來蚱蜢幼蟲；這些卵裡的胚胎生長到某一特定階段就會停止生長，而且牠們大多數將不會重新開始生長，除非把牠們置於寒冷的溫度！但是，經過徹底的冰凍之後，卵如果被轉移到一個溫暖的地方，蚱蜢幼蟲就會出來，即使是在1月。

　　就昆蟲胚胎而言，不經過一冷一熱就不能完成其發育，看上去似乎有些反常，前後矛盾；但是，除了蚱蜢，其他許多種類昆蟲的胚胎有著這種相同的習性，從未背離。所以，我們必須得出這樣一個結論，這不是一個異想天開的念頭，而是昆蟲被賦予的一種有用的生理特性。被授權照管生物的自然女神很清楚地知道，北風之神有時會睡過頭，如果秋天產下來的卵完全依靠溫暖的氣候才能發育，那麼溫暖的氣候持續下去，秋天產下來的卵也能在秋天孵出蚱蜢幼蟲。那麼，如果冬天遲遲不

來，剛剛孵出的可憐的卵會有什麼機會呢？當然完全沒有，物種保持繁衍不絕的系統會被打亂。但是，如果就是這麼安排的，卵內的發育只有經過冬季寒冷的影響之後才能完成，昆蟲幼蟲的出現就會推遲，直到春天到了，大地回暖，這樣，物種會得到保證，其成員不會因不合季節孵化而夭折。然而，有些物種並不能這樣得到保證，而且，每當冬天遲來的時候，這些秋天產卵的物種的確遭受損失。春天孵出的卵會在同一個季節孵化出幼蟲，而生活在溫暖地帶的某些物種的卵，其發育從不需要什麼寒冷的氣候。

　　蚱蜢卵的硬殼由兩層清楚可分的外衣組成，外面的一層比較厚，不透明，為淺褐色；而裡面的一層較薄，並且透明。孵化之前，外面的一層在蟲卵的上端部分（通常位於蟲卵平面一側的 2/3 或一半的位置）以不規則分裂方式裂開。這一層外衣可以很容易地用人工方法剝離下來，而裡面的一層這時看上去像是一個閃閃發亮的膠囊。透過半透明的囊壁可以看到小蚱蜢，其所有的腿全部緊緊地交疊在其身體之下。當然，如果孵化正常進行，卵殼的兩層外衣都會裂開，蚱蜢幼蟲再慢慢地從裂縫爬出（圖6）。

圖 6 蚱蜢幼蟲破殼而出

　　一些積極的研究學者為了觀察，把剛剛從卵裡新孵出來的蚱蜢從卵囊拿下來，而這些蚱蜢幼蟲很快就將牠們的外皮從蟲體上脫落下來。這種皮膚，在孵化的時候已經鬆開，這時看上去很像是一件非常合適的服裝，裡面包裹著纖細動物柔軟的腿和腳。然而，後者在身體有些向前拉起之後，伴隨著脖子背部兩處的膨脹（圖6），成功地分離了脖子和後腦的皮膚，然後表膜快速地收縮，並從蟲體上滑落下來。小蚱蜢就這樣首

次露面,自身從其孵皮皺縮的殘餘物裡掙脫出來,成為地球上新的自由生物。身為一隻蚱蜢,牠開始練習跳躍,而且經過最初的努力,牠跳躍的距離可達 10～12 公分,是其身體長度的 15 倍或 20 倍。

然而,當蝗蟲幼蟲在正常、未受到干擾的情況下孵出的時候,我們必須把牠們想像為從卵裡孵出,進入卵囊多孔的空間,而且全部被埋在泥土裡。牠們這時還完全不是自由的生物,只能靠向上挖掘,爬到地面才能獲得牠們的自由。當然了,牠們離地面並不太遠,而且大部分路程是穿越較容易穿透的卵的細胞壁。但是,再往上就是一層薄土,經過冬雨之後已經變得硬實,而穿破這一層土通常不是一件輕鬆的任務。很少昆蟲學家仔細觀察過新孵出的蚱蜢出現在地面的情景,但是法布爾[05]利用人工方法對此進行了研究,他從玻璃管觀察被土覆蓋的蚱蜢幼蟲。他講述了這種小動物所作出的艱苦努力,透過利用牠們伸直的後腿,向上擠壓牠們纖細的身軀,穿出土層。與此同時,脖子後面的氣囊交替地收縮和膨脹,弄寬向上的通道。法布爾說,所有這一切都是在孵皮脫落之前完成的,而且只有在到達地面,昆蟲已經獲得了在地面上的自由之後,包裹的細胞膜才被丟棄,肢體活動才不會受到限制。

昆蟲的所作所為、做事的方式總是引起人們的興趣。但是,如果我們能發現昆蟲行為的起因,我們人類該有多麼聰明!例如,考慮一下埋在土壤裡的蝗蟲,幾乎就是一個胚胎而已。牠如何知道自己不會注定要住在這個黑暗的洞中,雖然牠是在這裡第一次感覺到了自我?什麼力量刺激了推動牠穿過土壤的生理機能?最後,什麼東西告訴這種生物在上方能找到自由,而不是水平方向或向下方向?許多人認為人類知識回答

---

[05] 法布爾(Jean-Henri Fabre,西元 1823～1915 年),法國博物學家、昆蟲學家、科普作家,以《昆蟲記》(*Souvenirs entomologiques*)一書留名後世,該書在法國自然科學史與文學史上都具有重要地位,已翻譯成多種不同的語言。

第一章　蚱蜢

不了這些問題，但是科學家有信心最終解答這所有問題，至少在控制宇宙活動的基本力量方面。

我們知道，動物的所有活動取決於神經系統。在這個系統中存在著某種形式的能量，對外部的影響作出微妙的反應。約束身體機制的任何種類的能量會根據機制的結構產生各種結果。因此，動物體內神經力量的效果由動物的身體結構決定。這樣，一種本能行為就是在某個特定種類身體內發揮作用的神經能量的表達。在這裡解釋本能性質的現代概念也許離題太遠；我們只需說明新孵出的蚱蜢在周圍所遇到的某種情況，或者其內在生成的某種物質，將其神經能量轉化為行動，作用於某個特定機制的神經能量形成了昆蟲的動機，而具有如此性質的機制能夠克服地心引力。因此，如果在各個方面是正常健康的，如果沒有碰上巨大的障礙，生物就能順利到達地面，就像淹沒在水下的軟木塞最終還是要浮出水面一樣。一些讀者會提出異議，像這樣的觀點破壞了生活的浪漫，但是誰會願意浪漫故事必須出自小說作家之手；而且即使是浪漫的故事也不一定就是好小說，除非它體現出描述真相的某種努力。

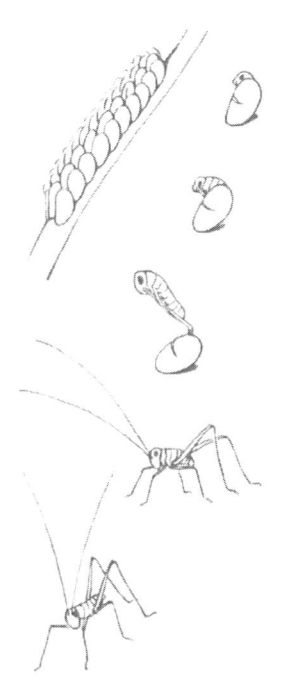

圖 7 依戀在嫩枝上的美洲大螽斯的卵；幼蟲從卵中孵出的幾個階段；新孵出的幼蟲

在露天環境從卵裡孵出的昆蟲，其生活開端的條件可能要比蚱蜢稍好一些。例如圖 7 所示的屬於大螽斯家族一些昆蟲的卵。牠們看起來像是平臥的橢圓形的種子一樣，一排排地交錯在一起，有些依附在嫩枝上，有些出現在葉子上。當要孵化時，每個卵都會在一側（快到一半的地方）裂開，在無遮蔽且平坦的表面上橫越，形成一個十字形裂口，這為孵出幼蟲提供一個容易的出口。後者被一個精妙透明的鞘包裹，在鞘裡面，昆蟲的長腿和觸角被緊緊地壓在蟲體下面，但是，當卵裂開，鞘也裂開，而幼蟲孵出時，皮膚隨之脫落，把皮留在鞘裡。新出生的昆蟲這時沒有什麼事情可做，只能伸展牠的幾條長腿，然後跨步離開。如果這時得到了適當的食物，昆蟲很快就會滿意地進食。

　　現在讓我們更進一步地觀察這些剛剛從卵囊這個黑暗地下室裡爬到地面的小蚱蜢（圖 8）。你也許會說，雖然有三對腿支撐著，但如此大的一個腦袋，一定會使短小的蟲體失去平衡。但是，無論什麼樣的比例，大自然作品的畫面從來不會讓人覺得畫得不夠準確、不夠協調；由於某種補償法則，你永遠也不會覺得這些自然產物在構造方面有什麼錯誤，讓你感到不安。儘管牠的頭巨大，蚱蜢幼蟲是敏捷的。牠的所有六條腿都依附在緊靠頭部後面的身體部位，這一部分叫做胸部（圖 63），而身體的其他部分則被稱作腹部（圖 63），自由伸出，沒有支撐。昆蟲，根據牠的名字，是一種身體可分為幾個部分的動物，因為 insect（昆蟲）在英文裡的意思就是 in-cut（分割）。所以，蒼蠅或黃蜂是理想的昆蟲；但是，儘管從字面上講不是胸部和腹部之間分隔的昆蟲，蚱蜢、蒼蠅和黃蜂以及所有的其他昆蟲都一樣，擁有一體型，一個帶有腿的胸部，和處於末端的腹部（圖 63）。在頭上有一對細長的觸角和一雙大眼睛。有翅昆蟲通常有兩對翅膀，依附在胸後的部位。

第一章　蚱蜢

　　昆蟲身體的外部，不像大多數動物那樣展現出一個完整而又連貫的表面，身上似乎套著許多的環，而實際上也真的如此。除頭部之外，身體的各個部位均被分成一個個短小且相互覆蓋的部分。這些被分割的身體部分稱作體節，而且所有昆蟲及其近親，包括百腳動物蜈蚣、蝦、龍蝦、螃蟹、蠍子和蜘蛛，都是節肢動物。昆蟲的胸部有三個體節，第一個體節載有第一對腿；第二個體節載有中間的一對腿；而第三個體節載有一對後腿。腹部通常有十個或十一個體節，但是通常沒有附器，除了在末端有一對小的尖狀物，叫做尾鬚，而在雌性成蟲的第八和第九體節上長有產卵器（圖 2B）。

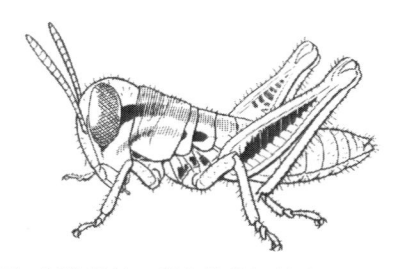

圖 8 孵化後第二階段的蚱蜢幼蟲，或稱蛹

　　頭部，除了攜帶觸角（圖 63）外，還有三對附器，聚集在嘴的周圍，作為進食的器官，通稱「口器」。這樣，頭部出現的這四對附器向我們提出了問題，為什麼頭部不像胸部和腹部那樣有體節呢？在胚胎生長的早期階段，頭部也是分體節的，其每對附器出生時是一個單一體節，但是頭部的體節後來被縮進頭顱的實心囊之內。這樣，我們看到昆蟲的整個身體由一系列體節組成，而這些體節則構成了三個身體區域。請注意，昆蟲的頭部沒有「鼻子」或任何呼吸孔。然而，牠有許多孔，稱作節肢動物的氣孔（圖 70），分布在胸部和腹部的兩側。儘管牠的呼吸系統與我們人類的呼吸系統非常不同，但是值得我們在另一個論述內部組織的章節裡進行描述。

大多數昆蟲幼蟲的生長速度都很快，這是因為牠們必須在單一季節期間壓縮牠們的整個生活。通常只需要幾個星期的時間就足以讓牠們到達成熟，或至少在脫離卵時從外形上達到成熟的生長，因為，就像我們將見到的那樣，許多昆蟲一生要經歷幾個不同的階段，而在不同的階段，蟲體的表現形式也非常不同。然而，蚱蜢這種昆蟲從小到大，身體外形卻沒有什麼變化，很容易辨識（圖9）。另一方面，以蛹的形式孵化出來的蛾的幼蟲，卻與牠們的父母沒有什麼相似處，而蒼蠅和蜜蜂的幼蟲也是這樣，其形狀是一種蛆。昆蟲在成長期間所經歷的形狀改變被稱作變態或變形。變態的程度因蟲而異；蚱蜢及其近親變態是一種簡單的變態。

圖9 蚱蜢的變態，從新孵化的蛹到全翅成蟲發育的六個階段

第一章　蚱蜢

昆蟲與脊椎動物不同，其差別在於昆蟲的肌肉附著在其皮膚上。大多數昆蟲物種透過形成強壯的外層表皮使自己的皮膚變得堅硬，以便獲得對肌肉的支撐力，並抵禦肌肉的拉力。然而，一旦表皮形成之後，表皮的這種功能就會使昆蟲呈現一種永久不變的狀態。結果，不斷成長的昆蟲，在其身體長到一定尺寸之後就要面臨著選擇，要麼困死在其皮膚的包裹之中，要麼丟棄原有的表皮，重新獲得一個新的、更大一點的表皮。昆蟲為自己找到了適宜的策略——週期性蛻皮。這樣，昆蟲的生活歷程就會出現幾次蛻皮階段，既表皮的脫落。

蚱蜢從孵化出來到完全成熟要經歷六次蛻皮，所需時間大約六個星期，而且還要經過六個胎後期階段（圖9）。第一次蛻皮時脫掉胎衣，正如我們看到的那樣，通常發生在幼蟲出現在地面上的一瞬間。這時的蚱蜢可以過上大約一個星期平安無事的日子，吃著眼前能吃到的幾乎任何綠色植物，但是最喜歡吃的還是豆科植物的嫩葉。在此期間，牠的腹部由於體節之間細胞膜擴張而被拉長，但是蟲體的堅硬部分無論是在體型還是在外形上都沒有做出改變。到了第七天或第八天，昆蟲停止了其活動，靜止了好一陣子，然後表皮縱向地在胸的背面和頭部頂端裂開。死皮這時被丟棄，換句話說，蚱蜢從死皮中爬出來，小心地把牠們的腿和觸角從鞘裡拖出來。整個過程只需花費幾分鐘時間。這時，出現的蚱蜢正在進入牠孵化後的第三個階段，但是孵皮的脫落通常被算入一系列蛻皮，而隨後的第一次蛻皮，我們會說，引導牠進入地上生活的第二階段。在這種狀態中，昆蟲在某些方面與第一階段的狀態是不同的：不僅蟲體變得大了一點，而且與頭的大小相比，蟲體，還有觸角，尤其是後腿，也顯得長了許多。昆蟲再次變得活躍，忙於牠的例行生活；就這樣又過了一個星期，昆蟲開始接受第二次蛻皮，伴隨而來的是在體型和

比例方面的變化，使之有一點像一個成熟的蚱蜢。經過連續三次蛻皮之後，昆蟲看上去已經具有成蟲的外形，昆蟲在剩餘的生活當中會一直保留這種外形。

儘管還處在卵中，蚱蜢的腿、觸角，以及大多數器官已經得到了發育。然而，這個時候孵化出來的蚱蜢還沒有翅膀，而我們大家知道，大多數生長完全的蚱蜢有兩對翅膀（圖63），一對依附在胸部中間體節的背面，另一對依附在第三體節。所以，在其從幼蟲到成蟲的生長期間，牠已經獲得了自己的翅膀，而且透過觀察不同階段昆蟲的發育情況（圖9），我們也許能夠獲知翅膀是如何形成的。在第一個階段，翅膀形成的跡象還不太明顯，但是到了第二階段，覆蓋胸部第二和第三體節背面的片狀組織的後下角得到了一點擴大，像一對裂片微微向外突出。在第三個階段，裂片的尺寸已經增加，看上去有點像翅膀的雛形，而實際上也的確如此。當昆蟲進入第四個階段，又要經歷一次蛻皮，小小的翅墊向上翻轉，在後部展開，其排列不僅顛倒了翅膀的自然位置，而且還使後面的一對翅膀超過了前面的一對。在接下來的蛻皮中，翅膀仍保持這種顛倒的姿勢，但是牠們的體型又一次增加，不過還遠遠沒有達到成年蚱蜢翅膀的尺寸。

在最後一次蛻皮的時候，蚱蜢採用的姿勢是把頭向下伸向樹幹或樹枝，並用腳爪牢牢地抓住樹幹或樹枝。然後，當其表皮裂開時，牠就向下從表皮裡爬出來。然而，一旦蚱蜢獲得自由，牠就顛倒自己的姿勢。觀察一下牠迅速張開並伸長的翅膀（這時的翅膀已經能夠下垂，自由地伸展，沒有被壓皺的危險），你就會看出這種行為的智慧。在15分鐘內，翅膀從小小的，無關緊要的爪墊擴大到細長的，細胞膜的扇形物，延伸到蟲體的末梢。有這樣一個事實可以解釋這種快速生長，即翅膀是

第一章　蚱蜢

空心的囊狀物；翅膀在尺寸上的明顯增長不過是牠們皺縮的細胞壁的膨脹狀態，因為牠們完全是在舊的表皮的束縛下形成的，而且在蛻皮之前，就像存放在那裡的一些小軟塊，而這些小軟塊一旦從約束牠們的鞘裡面移出，很快就完全舒展開來。牠們細小柔軟的細胞壁這時緊縮在一起，變乾變硬，而柔軟鬆垮的袋子轉換成飛行器官。

了解蚱蜢身上發生的蛻皮過程是很重要的，因為變態過程，就像那些完成蛹轉變成蝴蝶的過程一樣，只是在程度上不太一樣。蚱蜢一生任何兩個階段期間都會出現一次蛻皮。昆蟲的主要生長形成於蛻皮之前的這些休止期。所以，此時處在這個時期的昆蟲，其各個部位都在增大，並在形狀上做出改變。原有的表皮已經鬆垮，表皮下開始發生變化，與此同時新的表皮在重新塑造的身體表面生成。已增大的觸角、腿和翅膀致使牠們被擠壓在新舊表皮之間狹窄的空間，而且，當舊的表皮被丟棄的時候，被弄皺的附器就會完全伸展開來。這時，觀察者就會獲得這樣一個印象，即他親眼目睹了這一突然發生的變態。然而，這個印象是錯誤的；實際發生的情況並不是這樣。比較一下，每到一個特定的季節，商家為了促銷都要在櫥窗擺上新的服裝。然而，這些服裝的製作其實在工廠裡就完成了，商家要做的就是打開包裝盒而已。

成年蚱蜢過著平淡無奇的生活，但是，與許多的普通大眾一樣，牠們填充著這個世界分配給牠們的空間，並注意這些地方是否還有與牠們同類的居住者，時刻防備著在自己被迫退出時是不是會有別的同類占了自己的位置。如果說牠們很少高飛，那是因為這麼做不是蚱蜢的天性；如果說在東方，某個蚱蜢什麼時候飛得比同伴高，恐怕也算不上什麼了不起的行為，除非牠碰巧落到曼哈頓摩天大樓樓頂，其英勇壯舉幸運地刊登在報紙上，而且蚱蜢的名字很有可能被錯寫成蝗蟲。

另一方面，就像所有生來就默默無聞、身為個體不能產生什麼影響的普通老百姓一樣，成群結隊的蚱蜢成為令人畏懼、難以對付的動物。發生在地中海南部國家的蝗災在歷史上是很有名的事件。即使是在美國，被稱作洛磯山蝗蟲的蚱蜢也曾在中西部幾個州造成非常大的破壞，致使政府派遣了大量昆蟲學家前往調查蟲災。蟲災發生在美國南北戰爭結束後的幾年裡，當時不知道是什麼原因，通常習慣於居住在洛磯山脈東邊的西北部地區的蝗蟲開始不滿意牠們原來的繁殖地，大規模地向密西西比山谷遷移，所到之處，各種莊稼均遭到了嚴重的破壞。牠們會在新的居住地產卵，下個季節孵化出幼蟲，在獲得牠們的翅膀之後，就會返回牠們父輩前一年的居住區。

參與過西元1877年蟲災調查的昆蟲學家告訴我們，在一個適宜的日子，遷移的蝗蟲「午前起飛，從8點到10點鐘，下午從4點到5點落下吃東西。據估算，牠們飛行的速度每小時從4.8公里到24公里或32公里，根據風的速度決定。因此，7月中旬從蒙大拿州開始飛行的昆蟲可能在8月或9月初才能到達密蘇里州。這段路程大約需要6個星期，然後牠們才能抵達自己預定的繁殖地。大批蝗蟲在天空飛行的場面被描述成「就像一大片浮雲飄了過來」，或者說「像雪片般在空中飄舞」。大片飛來的蝗蟲「時而飛得很低，幾乎接近地面，而有時飛得很高，肉眼很難看得清楚」。據估計，蝗蟲的飛行高度離地面可達4公里，或者說海拔4.5公里。參與蟲災調查的一位昆蟲學家C.V.賴利博士[06]說，成群落下來的蝗蟲致使這個地區「像是發生了一場大瘟疫或大災難」。賴利博士還為我們生動地描繪了當時的狀況：

　　農民耕地播種。他滿懷希望地耕作，觀賞著正在生長的莊稼在溫暖

---

[06]　C.V.賴利博士（Charles Valentine Riley，西元1843～1895年），英裔美籍昆蟲學家、藝術家。

第一章　蚱蜢

的夏風吹拂下，掀起一道道優美的波浪。綠色的莊稼逐漸變得金黃；豐收在望。喜悅使他忘卻了勞累，因為辛苦勞動的成果即將變成現實。天氣晴朗明亮，太陽露出燦爛的笑容，金色的陽光照耀著豐收在望的果園和田野，各種牲畜和農具已準備妥當，所有人似乎都很高興。天空越來越亮。突然，太陽的臉色變黑了，天空一片昏暗。清晨的喜悅被不祥的恐懼取代。隨著天色漸暗，成群飢餓的蝗蟲落到了地上。翌日，啊！蝗災帶來的這是什麼變化呀！豐收在望，碩果纍纍的肥沃土地已經變成了一片荒原，而老天爺太陽，即使是在他最明亮的時候，也只能悲傷地把光線穿過充滿無數閃閃發光的昆蟲的大氣層。

即使在今天，美國中西部各州的農民為了保證莊稼獲得豐收經常需要花大把力氣滅蟲，尤其是苜蓿和禾本科作物，這些田地裡聚集著大量飢餓的蚱蜢。為了減輕蟲災所造成的損失，他們主要採用了兩種方法。其中一個方法是利用一種被稱作「滅蝗機」的裝置，驅除田裡的蚱蜢。這個裝置可採集活蚱蜢，然後殺死。滅蝗機的主要構造是一個又長又淺的盤狀物，長度為 3.6 公尺或 4.6 公尺，安裝在滑行裝置下面的一個低槽裡，並配有一個由木框製作的高背，框上綁著金屬片或布片。盤狀物裡面裝有水，水上面是一層煤油。當推動滅蝗機在田裡走過，大量飛起來的蚱蜢就會撞到高背，要麼直接落在盤狀物上，要麼落入水中，剩餘的事就由水面上的煤油來做了，因為即使劑量很小的煤油對蚱蜢來說也是致命的。以這種方法，每畝苜蓿田裡常常可獲得大量的蝗蟲屍體，但是還是有許多蝗蟲跑掉了，而且滅蝗機通常不能用在不平坦或者高低不平的田地、牧場，以及生長著高科作物的田地。另外一種更有效的滅蟲方法是毒殺蝗蟲。人們把麥麩、砷，劣質糖蜜混合起來，加水調成糊狀，抹在某些能吸引蝗蟲吃的東西上，然後把這些致命的誘餌仔細地撒播在經常遭受蝗蟲侵襲的田裡。

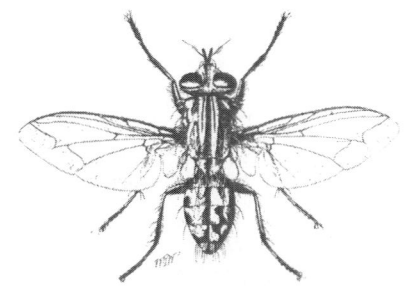

圖 10 凱利食肉蠅（Sarcophaga kellyi），其幼蟲寄生在蚱蜢身上（多倍放大圖）

儘管這樣的滅蟲方法是有效的，但是難免會被說成是人類殘忍的做法。那麼，利用蟲子對付蟲子的辦法又會怎麼樣呢？一種蒼蠅，不是那種普通的蒼蠅，而是被昆蟲學家命名的凱利食肉蠅[07]（圖 10），頻頻出現在堪薩斯州的田野上，而那裡剛好聚集著大量的蚱蜢。凱利博士向人們描述了這種蒼蠅的習性。他敘述，人們經常見到這種蒼蠅突然衝向蚱蜢的翅膀，向翅膀發動進攻。受到攻擊的蚱蜢頓時落到地上。檢驗結果顯示，蚱蜢的身體沒有受到傷害，但是進一步仔細觀察發現，在蚱蜢翅膀底下黏著一些非常小的白色軟體。毒藥丸？傳染疾病的顆粒狀藥丸？事情沒那麼簡單。這是一些生物，牠們沿著翅膀的折層爬向翅基——簡而言之，牠們是母蠅身體衝擊蚱蜢一瞬間生出來的小蒼蠅。不過，你根本看不出來這些剛出生的幼蟲是蒼蠅的後代，牠只是一種類似蠕蟲的生物，或者說是蛆，沒有翅膀，沒有腿，只能透過收縮和擴張其柔軟靈活的身體才能移動（圖 182D）。

在形狀方面，凱利食肉蠅幼蟲與其他種類蒼蠅的蛆相比並沒有什麼特別的不同之處，但是整體來說，這種蒼蠅與其他大多數蒼蠅的主要差別在於，牠們的卵是產在母體內。所以，這些蒼蠅孵出來的是幼蛆，而不是卵。這樣，當雌性食肉蠅向飛行的蚱蜢發動攻擊的時候，牠承載著

---

[07] 即 *Sarcophaga Kellyi*。

第一章　蚱蜢

　　準備孵出的幼蛆，利用幼蛆身上的水分把蛆黏到蚱蜢翅膀上。幼小的寄生蟲就這樣被牠們的母親強加在蚱蜢身上，而蚱蜢還不知道自己身上發生了什麼事。蒼蠅幼蛆在毫無防備的寄主蚱蜢翅膀上蠕動，並在翅基這個地方找到一片柔軟的薄膜區域，牠們穿透膜狀區域，並由此進入受害蚱蜢的身體。在這裡牠們以無助的蚱蜢的體液和細胞組織為食，在 10 天到 30 天期間逐漸發育成熟。與此同時，當然了，蚱蜢死了，而且當寄生蟲完全成長，牠們離開蚱蜢的屍體，把自己埋入土中，深度約 5～15 公分。在土裡牠們將經歷變態，變得與牠們父母一樣。當牠們達到這一個階段，就從土裡出來，成為有翅膀的成年蒼蠅。就這樣，一種昆蟲遭到毀滅，另外一種昆蟲就可能活下來。

　　難道凱利食肉蠅是異常精明的動物？為了避開照看後代的工作而想出奇妙方法的發明家？毫無疑問，把自己新出生的後代放在陌生人家的門口，牠的方法真的是一種改進，因為蒼蠅的受害者必須接受賦予牠的信任和責任，不管牠是否願意。但是凱利博士告訴我們，蒼蠅並不能把蚱蜢與其他飛蟲區分，比如說蛾和蝴蝶，排放在這些飛蟲身上的蠅蛆找不到合意的寄主，也永遠不能發育成熟。他還說，熱切的蒼蠅母親也會追逐丟入風中被弄皺的紙片，並把蠅蛆排放在紙片上，而無助的嬰兒毫無生存希望地依附在那裡。這樣的表現，以及其他一些昆蟲許多類似的表現，都說明本能的確是盲目的，不是依靠先見之明，而是依靠神經系統的某種機械行為。這種行為在大多數情況下能獲得理想的結果，但是如果出現緊急情況或條件不合適，這種行為得不到有效的保護。

　　當我們細想一下昆蟲的許多完美本能，我們時常會驚訝地發現一些明顯的例證，即人們明顯地忽略了大自然賦予動物的本性，因為似乎很容易得到解決治療牠們疾病的方法。

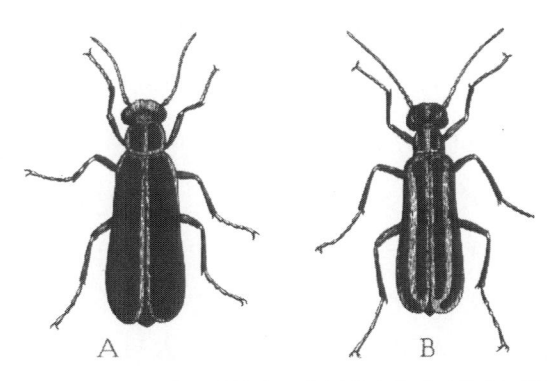

圖 11 兩種芫菁科昆蟲，其幼蟲以蚱蜢的卵為食（放大兩倍圖）

A. 黑邊芫菁，Epicauta marginata。B. 橫帶芫菁，Epicauta sittata

在現代人類社會中，犯罪分子從表面上看已經變得與遵紀守法的市民沒有什麼區別。從前，我們觀看電影或舞臺劇表演，小偷和惡棍都是一臉流氓相或面目可憎的傢伙，很容易辨識，不會弄錯。但是今天，我們的強盜多半是穿戴整潔、彬彬有禮的年輕人，走在人群裡絲毫不會引起別人的懷疑。昆蟲界裡的事情也是如此，完全不受懷疑的一種昆蟲可能接近另一種昆蟲，並在一夜之間搶劫人家的住所，或者對鄰居施加暴力行為。舉例來說，有一種表面上清白無邪的甲蟲就常常和蚱蜢住在同一片田野裡，身長大約 1.9 公分，蟲體為黑色，並有黃色條紋（圖 11B）。這種甲蟲的昆蟲學名稱是橫帶芫菁，當然與蝗蟲沒有什麼關係。牠現在是一個素食者，但是在牠幼小的時候，牠強奪蚱蜢的巢穴，並吞食蚱蜢的卵，而牠的後代還會做著相同的事情。橫帶芫菁及其家族的其他成員統稱為芫菁科昆蟲，因為牠們的血液裡含有「芫菁素」這種物質，可作為火藥用途，以前曾廣泛作為藥材。一些種類的雌性芫菁將卵排放在蚱蜢經常出沒的田野裡，即將孵出的幼蟲在這裡可以找到蚱蜢的卵囊。小的芫菁（圖 12）孵出的樣子不同於牠們的父母，在昆蟲學上被稱作三爪幼蟲，因為在牠們的每隻腳上的單爪旁邊有兩個棘狀突起，使牠們的腳看

第一章　蚱蜢

上去似乎有三個爪。雖然芫菁幼蟲這種惡棍是破門而入的盜賊或小偷，牠的故事與許多罪犯的故事一樣，往往能引起人們濃厚的興趣。下面就是 C.V. 賴利博士為我們講述的橫帶芫菁的故事（略有刪節）：

從 7 月起直到 10 月中旬，卵被散落地、不規則地排放在田裡，平均每堆大約有 130 個卵 —— 雌蟲為了排卵先要開鑿一個洞，事後用腳把卵堆掩蓋。牠們每次排卵的間隔時間並不相同，所產卵的總數大概有 400～500 個。為了順利排卵，牠們更喜歡到蝗蟲選擇的陽光充足的溫暖地帶，而且本能地把卵排放在蝗蟲居所附近，我已經好幾次觀察到這樣的情景。在大約 10 天的過程中 —— 或多或少，根據地面的溫度而定 —— 第一期幼體，三爪幼蟲孵化出來。這些小的三爪幼蟲（圖 12），起先虛弱無力，蟲體蒼白，但很快就顯現出了牠們天生的淡褐色，並開始四處蠕動。在夜晚，或天氣寒冷潮溼時，一窩孵出來的三爪幼蟲就聚在一起，不怎麼動彈；但是如果天氣暖和，有陽光照著，牠們就變得非常活躍，邁開長腿在地上跑來跑去，並用牠們的腦袋和堅實的下巴刺探在土裡的每一處縫隙，到了適當的時間，牠們就會在土裡挖出一個洞藏進去。隨著牠們成為食肉動物，牠們必須勤奮地尋找自己的獵物。牠們表現出了非常強的忍耐力，只要氣候適宜，即使兩週時間不吃任何食物也能生存下來。然而，在尋找蝗蟲卵的過程中，毫無疑問，許多三爪幼蟲命中注定要死亡，只有更幸運者才能找到適合自己的食物。

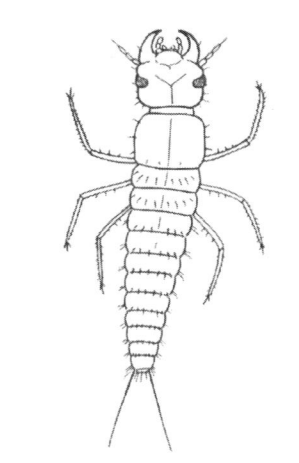

圖 12 芫菁（圖 11）的第一期幼體，三爪幼蟲（放大 12 倍圖）

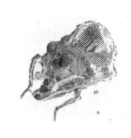

到達一個蝗蟲卵囊後，我們的三爪幼蟲，偶然地或本能地，或兩者兼而有之，開始挖穿黏液質的頸狀物，或者叫覆蓋物，而且在那上面吃了第一頓美餐。如果牠已經尋找很長的時間，而且牠的下巴變得足夠堅硬，牠就能很快穿過這種多孔的細胞物質，並一下子咬住一個卵，首先吞食卵殼部分，然後，經過兩天或三天的時間，吸光卵內所含之物。假如兩個或更多的三爪幼蟲進入相同的一個卵囊，你死我活的衝突遲早跟著發生，直到剩下唯一一個勝利的持有者。

　　倖存的三爪幼蟲接著攻擊第二個卵，或多或少完全地吃光其內含之物，這時，在其進入孵化期大約八天後，牠停止進食，進入一段休止期。很快，表皮順著背部裂開，這樣導致三爪幼蟲進入其生存的第二個階段。非常奇特的是，這時牠的外貌非常不同，通體白色，身體柔軟，腿也比以前短了許多（圖13）。在繼續以卵為食大約一星期之後，幼蟲第二次蛻皮，但外貌仍然與牠們的父母不同。然後再一次，接著第四次，牠脫掉外皮並改變了自己的外貌。然而，就在第四次蛻皮之前，牠放棄卵，在土裡挖出淺淺的一個洞，在這裡讓自己平靜下來，休息一段時間，而且在這裡接受另外一次蛻皮，但外皮沒有被丟棄。就這樣，半成熟的昆蟲度過了冬天，而且在春天第六次蛻皮後重新活躍，但是沒過多長時間——牠的幼年生活就要結束，再一次蛻皮使牠變成了一個蛹，而且就是在這個階段牠將變回與父母一樣的形態。最後一次變態用不了一個星期就能完成，接著牠就會從土壤裡浮現出來，現在牠已經是完全成形的有條紋的芫菁科昆蟲。

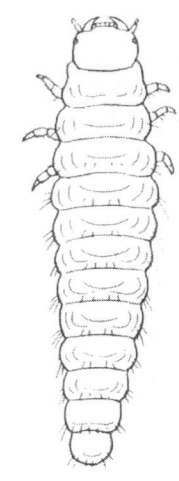

圖13 有條紋的芫菁的第二期幼體（賴利繪製）

第一章　蚱蜢

　　除了芫菁科昆蟲幼蟲，蚱蜢的卵為其他許多昆蟲供應了食物。有些蒼蠅和類似小黃蜂的昆蟲，其幼體在卵囊進食，所採用的方式與三爪幼蟲一樣。另外還有一些昆蟲是雜食者，牠們吞食蝗蟲卵，作為牠們混雜食物的一部分。然而，雖然牠們繁殖後代的生殖細胞遭受這種破壞，蚱蜢的家族仍然興旺，因為蚱蜢像大多數其他昆蟲一樣，相信這樣一句格言，即安全存在於數量。所以，每個季節都會有眾多的卵產出，保存在田裡。數量之多，即使牠們的敵人把全部力量結合在一起也不可能徹底消滅蚱蜢，蚱蜢完全可以保證自己安然度過難關，完好無損地繼續保持自己物種的延續。這樣我們看到，大自然擁有各種不同方法達到循環發展的目的 —— 大自然在卵囊裡已經給予蚱蜢卵更好的保護，但是，由於通常無法照管每一個個體，大自然選擇利用繁殖力保證物種的繁衍不絕。

第二章

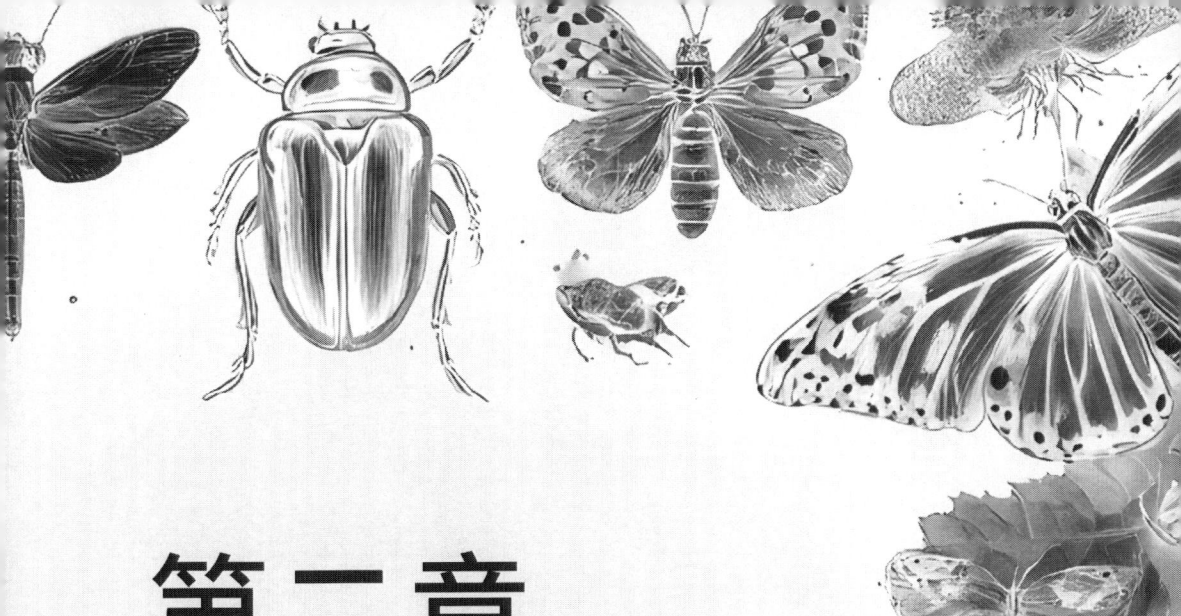

蚱蜢的旁系遠親

第二章 蚱蜢的旁系遠親

大自然趨向於群體生產而不是個體生產。你能想到的任何動物都可能與另一種動物或其他一些動物在某些方面相似。昆蟲一方面與蝦或螃蟹相似，另一方面與蜈蚣或蜘蛛相似。動物之間的相似性要麼是表面性的，要麼是根本性的。例如，鯨魚或海豚與魚相似，過著魚類的生活，但是牠們有著與生活在陸地上的哺乳動物的骨骼和其他一些器官。因此，雖然牠們的外表像魚，有著水中生活的習性，按照分類鯨和海豚是哺乳動物，並不屬於魚類。

當動物之間的相似性具有根本的性質，我們認為，牠們實際上展現出一種血緣關係，也就是說追溯到遠古牠們有著共同的祖先；但是，要確定動物之間的關係可不是一件容易的事，因為通常很難弄清楚哪些是根本性特徵，哪些是表面特徵。不過，這是動物學家的一部分工作，他們能徹底研究所有動物的結構，並確立動物之間真實的關係。動物學家根據他們對動物結構的研究而做出的推論通常以動物的分類加以表述。動物王國的基本分類經常被比喻成一棵樹的許多分枝，這些分枝就是「門」。

昆蟲、蜈蚣、蜘蛛和蝦、小龍蝦、龍蝦，螃蟹和其他諸如此類的動物屬於節肢動物門。這個門的名稱意謂「有節的腿」；但是，由於許多其他的動物也有有節的腿，這個名稱並沒有區別性意義，除非說明節肢動物的腿以特有的方式連接在一起，每一條腿由一系列部件組成，這些部件以不同的方向相互彎曲。然而，一個名字，就像大家知道的那樣，並不一定就意指什麼，因為叫史密斯（Smith 鐵匠）的先生可能是一位木匠，而叫卡彭特（Carpenter 木匠）的先生可能是一個鐵匠。一個門可劃分為綱，綱劃分為目，目劃分為科，科劃分為屬，屬由種組成，而種就很難向下進一步劃分和定義，但是牠們就是我們通常認為的動物的種類。

種被賦予雙重名稱，第一是屬名，第二是種名。例如，屬名為「蝗」[08]的普通蚱蜢種，可以分類為黑蝗[09]，紅腿蝗[10]，殊種蝗[11]等等。

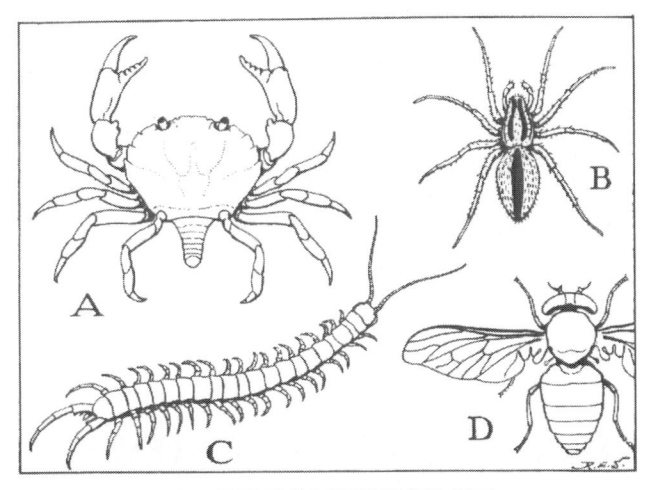

圖 14 節肢動物四個常用綱的例子

A. 螃蟹（甲殼綱）。B. 蜘蛛（蛛形綱）。C. 蜈蚣（唇足綱）。D. 蒼蠅（昆蟲綱或有六足的節肢動物綱）。

屬於節肢動物綱的昆蟲被稱作 Insecta，或有六足的節肢動物。前面我們已經提到過，「昆蟲」這個詞在英文裡是「分割」的意思，而 Hexapod 則是「有六條腿」的意思——兩個術語都適用於昆蟲。蜈蚣（圖 14C）是多足綱節肢動物，顧名思義就是有很多腳；螃蟹（圖 14A）、蝦、龍蝦，還有其他類似動物屬於甲殼綱，如此稱呼是因為牠們大多數都有很硬的外殼；蜘蛛（圖 14B）是蛛形綱節肢動物，以古希臘神話中一少女的名字命名的，她因自誇紡織技能高超而被女神米娜瓦（Minerva）[12]點化為蜘

---

[08]　即 Melanoplus。
[09]　即 Melanoplus atlanus。
[10]　即 Melanoplus femur-rubrum。
[11]　即 Melanoplus differentialis。
[12]　米娜瓦（Minerva），羅馬神話中的智慧女神，戰神和藝術家與手工藝人的保護神。

第二章　蚱蜢的旁系遠親

蛛；但是有些蛛形綱節肢動物，例如蠍子，並不織網。

　　昆蟲的主要群體是目。蚱蜢和牠的遠親構成一個目；甲蟲是一個目；蛾和蝴蝶是另外一個目；蒼蠅是另外一個目；黃蜂、蜜蜂和螞蟻是另外一個目。蚱蜢的目叫做「直翅目昆蟲」，字面意思是「直的翅膀」，但是，還得再說一次，這個名稱並不能適用於所有情況，雖然作為名稱用起來比較方便。目是由相關科組成的群體。在直翅目昆蟲中，蚱蜢或蝗蟲形成一個科，美洲大螽斯形成另一科，蟋蟀形成第三科；而且所有這些昆蟲，加上其他一些不太為人所知的昆蟲，也許可以被說是蚱蜢的旁系遠親。

　　直翅目昆蟲的科在許多方面是值得注意的，有些成員眾多，規模很大，有些外貌惹人矚目，有些具有音樂才能。儘管這一章節主要介紹蚱蜢的堂（表）兄弟姊妹，但是除了前面章節談過的，我們仍然還會講述蚱蜢的一些趣事。

蝗科昆蟲

蚱蜢或蝗蟲科昆蟲叫做劍角蝗科。所有的成員在外貌和生活習性方面非常相似，雖然有的翅膀長一點，有的翅膀短一點，有的體型碩大，身長將近15公分。前面的翅膀較長和狹窄（圖63，W2），有一點僵硬，質地有點像皮革。前翅覆蓋著較薄的後翅，作為對後翅的一種保護，而且由於這個緣故，牠們被稱作覆翅。後翅展開的時候像兩把扇子（圖63，W3），每個翅膀從翅基延伸出許多翅脈。這些翅膀是滑翔器，不是飛行器官。大多數蚱蜢透過牠們強壯的後腿跳到空中，然後依靠展開的翅膀飄飛，飛行距離要看翅膀虛弱的拍翅能把牠們帶多遠了。然而，我們經常見到的卡羅萊納螳螂（卷首插圖）卻是一個強壯的飛行者。當牠飛起來的時候，可以輕快地沿著起伏的航線飛過草叢和矮樹叢，有時還能飛過小樹的樹梢，但是總是以這種方式或那種方式突然轉向，似乎拿不定主意該落在哪裡。我們將在最後一章表述的螳螂，牠們在遷移過程中所完成的偉大飛行更多的是依靠風力，而不是昆蟲翅膀的力量。

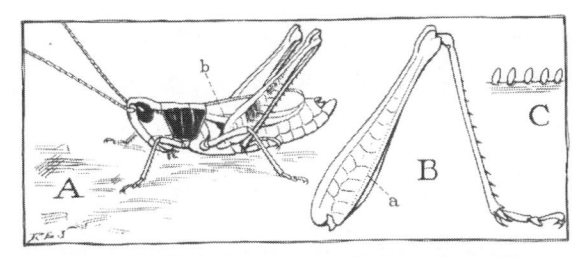

圖15 利用後大腿刮擦尖銳的翅脈而發聲的蚱蜢

A. 雄性蚱蜢翅膀上發聲的翅脈（b）。B. 右後腿內側表面腿節上的一排齒。C. 腿節上的幾個齒（放大圖）。

第二章　蚱蜢的旁系遠親

蝗蟲的明顯特徵就是牠們在蟲體的兩側擁有大的器官，這些器官的設計似乎是為了滿足牠們聽覺的需求。當然了，沒有哪一種昆蟲的腦袋上長有「耳朵」；假設蚱蜢的聽覺器官位於腹部的底部，一邊一個（圖63，Tm）。每個器官是由體壁上一個橢圓形凹陷構成的，上面是一層薄薄的鼓狀的膜，或者說鼓膜。氣囊靠在膜的內面，提供自由振動所需的空氣壓力平衡，作為對聲波的反應，而這一套複雜的感覺裝置依附在其內壁上。然而，即使有了如此大的耳朵，讓蚱蜢獲得聽覺的嘗試從來就不是非常成功；但是牠的鼓膜器官在結構上與那些善於鳴唱的昆蟲的器官是一樣的，因此，也許可以假設牠們能聽到自己發出的聲音。

具有音樂天賦的蚱蜢並不多。牠們大多數是沉悶的動物，不善於表露情感，如果牠們有情感的話。牠們在白天活動，到了夜晚就睡覺——值得讚美的習性，但是這種習性並不能使牠們獲得多少藝術成就。不過，有些蚱蜢發出的聲音，在牠們自己的耳朵裡也許就是音樂。一種樸實無華、褐色的小蚱蜢（圖15）就是這樣一種昆蟲，身長大約2公分，頭部與翅膀之間的背部覆蓋著鞍狀盾形背甲，背甲的兩側各有一個黑色大斑點。除了學名斑蝗，牠沒有別的名稱，也不太為人們所熟悉，而且牠的鳴聲也是非常虛弱無力。依照斯卡德[13]的說法，牠唯有的音符類似於tsikk-tsikk-tsikk，在陽光的照耀下，大約3秒鐘內重複10～12次，如果是陰天，頻率就稍微低一些。斑蝗是一個小提琴手，能同時演奏兩件樂器。琴身是牠的前翅，而琴弓就是牠的後腿。在每隻後大腿（或稱腿節）的內面有一排小齒（圖15a）。圖15C所示的是放大圖。當大腿摩擦翅膀的邊緣，腿節上的小齒刮擦著尖銳的翅脈，如圖15b所示。這樣就發出了我們剛剛提到過的tsikk聲響。這樣的音符在我們聽來並不含有多少音

---

[13]　斯卡德（Samuel Hubbard Scudder，西元1837～1911年），美國昆蟲學家、古生物學家。

樂成分，但是斯卡德說他曾見過三隻雄蟲同時向一隻雌蟲鳴唱。可是，這隻雌蟲正忙於在附近的一個樹墩上排卵，而且沒有任何跡象顯示她欣賞這幾個追求者所作出的努力。

其他幾種小蚱蜢也仿照斑蝗的樣子演奏小提琴；但是另外一種，名字叫細距蝗[14]（圖16），發出刺耳音的點不是在腿上，而是在每個前翅上有一個翅脈（圖16B，I）及其分支，如圖C所示放大，裝備著許多小齒，剛好是在這上面，蚱蜢用位於後腿內側尖銳的隆起部分與其進行刮擦。

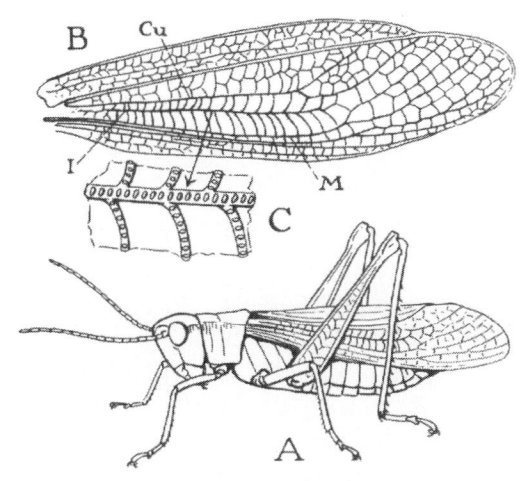

圖16 透過用後大腿內側表面上的
尖銳的隆起部分摩擦帶齒的翅脈的蚱蜢，
細距蝗（Mecostethus gracilis）

A. 雄性蚱蜢。B. 左前翅；發出刺耳聲的翅脈用I標明。C. 翅脈及其分支的一部分，多倍放大，所示為幾排齒。

在另外一組蚱蜢中，還有一些能在飛行時發出噪音，這種急促而輕微的聲音顯然是翅膀本身以某種方式發出來的。其中一種，常見於美國北部的幾個州，被稱為爆竹蝗[15]。同一屬的其他幾個成員也能發出尖厲

---

[14] 即 Mecostethus gracilis。
[15] 即 Circotettix verruculatus。

第二章　蚱蜢的旁系遠親

而急促的聲響，其中叫得最響的是被叫做劈啪蝗[16]的蚱蜢。斯卡德說，「這種蚱蜢喧鬧的尖叫聲很大，離很遠的人們就能聽得到。在乾旱的西部地區，這種蚱蜢非常喜歡待在多岩石的山坡和陡峭的懸崖周圍炎熱的地帶，充分享受陽光的沐浴，在這裡牠們連續而清脆的鳴叫聲在岩壁上發出迴響。」

---

[16]　即 C.carlingianus。

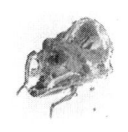

美洲大螽斯科昆蟲

儘管蚱蜢的例子已經說明了昆蟲在音樂創作上所作出的原始嘗試，而且在這方面也可以和原始人類的嘗試進行比較，昆蟲中音樂造詣最高的還是螽斯。不過，就像人類家庭，如果某個成員取得了輝煌成就，就勢必會影響到他的親戚和後代，螽斯科昆蟲某個成員擁有的突出才藝也能為其所有同屬動物帶來榮譽，而且他應得的名聲開始被大眾不加區別地應用到歌手所屬的整個部落，可是這個群體中有些蟲子歌唱能力很低，甚至很差，牠們也被叫做「螽斯」只是因為牠們與螽斯沾親帶故而已。在歐洲，螽斯被簡稱為長角蚱蜢。昆蟲學上，這些昆蟲現在被歸屬在螽斯科，儘管很久以來以直翅目蝗科而聞名。

從整體上看，美洲大螽斯最容易與蝗蟲或短角蚱蜢區分，其顯著特徵就是從前額延伸出來的雅致的、敏感的、逐漸變細的長長的觸角。但是這兩科昆蟲還在足的節數上不太一樣，蚱蜢有三個節（圖 17A），而螽斯有四個節（圖 17B）。蚱蜢把整個腳踩在地上，而螽斯通常只用三個基礎節行走，長的端關節是抬起來的。基礎節的下側有爪墊，可以黏附在任何表面平滑的東西上，例如樹葉，但是端關節長著一雙爪，用來在必要的時候抓住支撐物的邊緣。儘管螽斯的蟲體呈綠色，大多數的體型也很優美，牠們卻是以夜間活動為主的動物。與體型笨重的蝗蟲相比，牠們的姿勢和行為舉止表現出優雅的風度和較高的教養。雖然螽斯科昆蟲的一些成員生活在田地裡，而且在外貌和生活方式方面很像蚱蜢或者蟋

第二章　蚱蜢的旁系遠親

蟀，典型的螽斯更喜歡隱居在灌木叢或樹上。這些是直翅類昆蟲中的真正貴族。

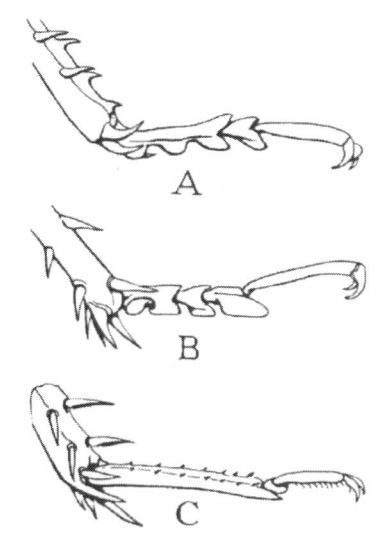

圖17 直翅目昆蟲三科昆蟲蟲足的區別性特徵

A. 蚱蜢的後足。B. 螽斯的後足。C. 蟋蟀的後足。

　　昆蟲當然不是人類，昆蟲音樂家在許多方面與人類音樂家不同。昆蟲藝術家全都是樂器演奏者；但是由於詩人和其他一些無知的人總是說到蟋蟀和螽斯的「歌唱」，使用大眾語言也許比糾正這種說法更容易一點，況且我們也找不到比「摩擦發音器」這個拉丁文名稱更好的詞語。但是，如果我們打算透過詞語解釋我們的意思，用什麼詞關係不大。所以我們必須懂得，雖然我們說到昆蟲的「歌唱」，但其實昆蟲沒有真正的嗓音，因為「嗓音」的實際意義是呼吸作用於聲帶而發出的聲音。實際上，昆蟲的所有樂器是牠們身體的部位；不過這些部位更像是小提琴或鼓，因為牠們發聲靠的是刮擦表面和振動表面。刮擦表面的部位，就像蚱蜢的樂器（圖15，圖16），通常是腿和翅膀。聲音可以透過特定的共鳴區域

得到增強，就像絃樂樂器的琴身，有時在翅膀上，有時在蟲體上。我們將在另一章專門講述的蟬在體壁上有很大的鼓膜，利用這個鼓膜，善於鳴唱的蟬能發出尖銳刺耳的聲響。蟬不是敲擊鼓膜，而是透過蟲體肌肉的運動來振動鼓膜。在絕大多數情況下，各科昆蟲能鳴唱的都是雄蟲，所以人們假設這是雄蟲在向雌蟲求愛，但是情況是不是真的如此，我們並不能確定。

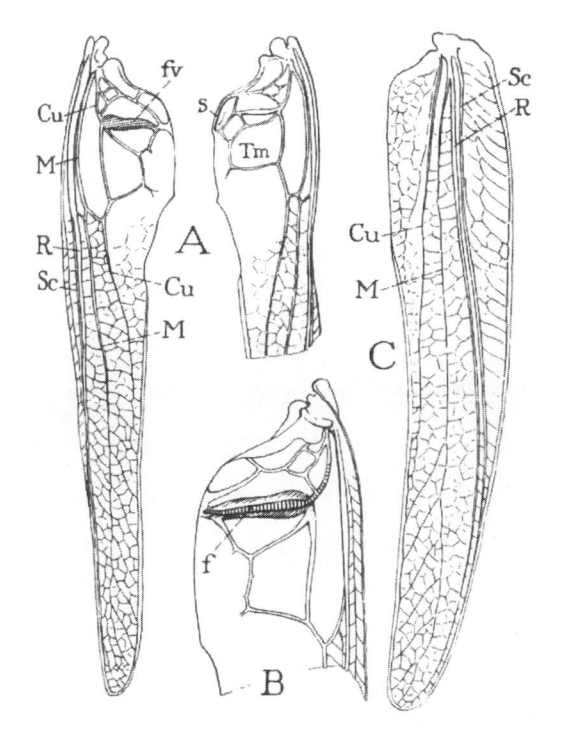

圖18 大草螽的前翅、翅脈，顯示螽斯科昆蟲典型的發聲器官

A. 雄蟲的左前翅和右翅的基本部分，圖示為四個主要的翅脈：肋下脈（Sc），徑脈（R），中脈（M）和肘脈（Cu）；還顯示了每個翅膀放大的基本振動區域，鼓膜（Tm），左翅厚實的弦器脈（fv）和右翅的彈器（s）。

B. 雄蟲左翅翅底較低表面，顯示弦器脈（A，fv）底側的弦器（f）。

C. 雌蟲右前翅，上面沒有發音器官，顯示的是普通簡單的蟲翅的脈序。

第二章　蚱蜢的旁系遠親

螽斯的樂器與蚱蜢的樂器非常不同，位於前翅，或翅脈相互覆疊的基部。因為這個緣故，雄蟲的前翅總是與雌蟲的前翅不同，雌蟲的前翅保持著平常的或原始的結構。圖18C顯示的是雌蟲的右翅，這種螽斯的名字叫大草螽[17]，一種與蚱蜢很相似的種。從基部延伸出的四條主要翅脈橫貫翅膀。最接近內側邊緣的脈叫做肘脈（Cu），而在肘脈和這個翅膀的邊緣之間的空白則被由小脈所組成的網脈所填滿，這些小的翅脈的排列沒有什麼特定的順序。然而，在雄蟲的翅膀上，如圖18A所示，這個內側基本區域被擴大了很多，擁有一層又薄又脆的膜（Tm），由從肘脈（Cu）伸出來的一些分支小脈支撐繃緊。其中一個翅脈（fv），橫向在膜上穿過；這個翅脈在左翅上很厚，如果把翅膀翻過來，就會看到其底面上有密密的一系列小的橫向的隆骨，將其轉變成可變化的弦器（f）。在右翅，這個翅脈就要細小得多，其弦器也很弱，但是在這個翅膀的基角位置有一個硬挺的隆骨（s），這在另一個翅膀上還沒有出現過。螽斯總是把左翅覆疊在右翅上，以這種姿勢，左翅上的弦器位於右翅的隆骨（s）的上方。如果這時翅膀斜向一邊移動，在隆骨或彈器上摩擦弦器就會產生刺耳的聲響，而這就是螽斯鳴唱出其音符的方法。然而，聲音的音調和音量在一定程度上可能是透過振動翅膀上的薄膜而產生的，這個膜被叫做鼓膜（Tm）。

---

[17]　即 Tettigonia viridissima。

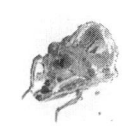

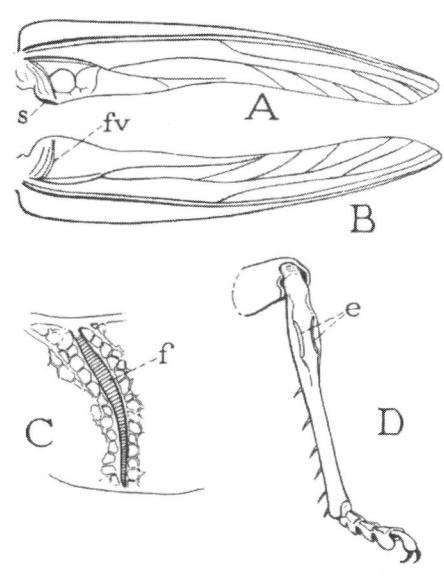

圖 19 螽斯科昆蟲錐頭蚱蜢（conehead grasshopper）的翅膀、發聲器官和「耳朵」

A、B. 右翅和左翅，顯示的是在右邊的彈器（s）和在左邊的弦器脈。C. 弦器脈底面，顯示的是弦器（f）。D. 前腿，顯示的是脛節上的裂縫（e）開成口袋狀，含有聽覺器官（圖 20A）。

不同演奏者的樂器在牠們結構的細節方面有所不同。不同種昆蟲翅膀上的弦器和彈器的形狀和大小都有些變化。另外，如圖 19 的 A、B 和 C 對草螽（圖 27）的描畫，支撐鼓膜的翅脈也有所差別。例如螽斯科中最偉大的歌手葉螽，牠們的弦器、彈器、鼓膜和翅膀本身（圖 26）都得到了很高的發展，形成了效率非常好的樂器。但是，大致上不同種昆蟲的樂器所發出的音符卻沒有太多不同。同一把小提琴可以演奏出無數的音調。至於昆蟲，每一位音樂家只知道一個音調，或這個音調的幾個簡單變調，這是牠從祖先那裡繼承來的，隨之一起繼承的還有如何演奏樂器的知識。摩擦發音器官的部位直到成熟才能在功能上得到發育，這時昆蟲就能立即演奏天賦的樂器。在學習的過程中，牠從來不會用悲哀的音符擾亂鄰居。

第二章　蚱蜢的旁系遠親

非常奇怪的是，與蝗蟲不同，螽斯及其同科昆蟲的身體兩側都沒有類似耳朵的器官。人們普遍認為，假設牠們的聽覺器官位於前腿，與蟋蟀的聽覺器官相似。位於脛節（tibiae）上部分的垂直的細長裂口（圖19D，e）張開成小口袋狀（圖20A，E），骨膜（圖20A，Tm）在其內壁伸張開來。在薄膜之間是氣腔（圖20A，Tra）和一個複雜的感覺接收裝置（圖20B），由一根神經連接，這根神經穿過具有中樞神經系統的腿的基本部分。

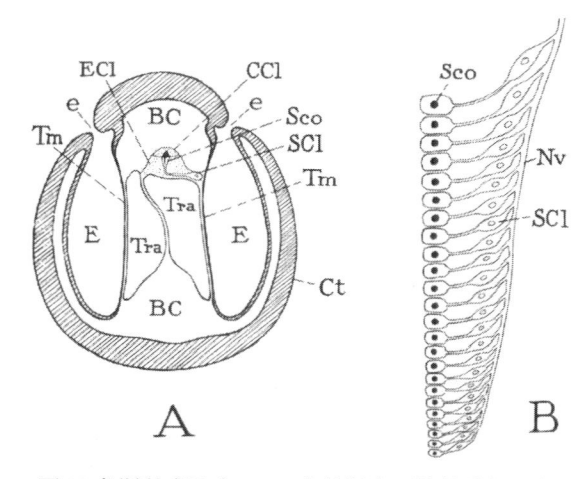

圖 20 螽斯科成員（Decticus）前腿上可能的聽覺器官

A. 穿過聽覺器官腿的截面，顯示的是耳朵細長裂口（e，e），通向較大的耳洞（E，E），其內面上是鼓膜（Tm，Tm）。鼓膜之間是兩個氣管（Tra，Tra），將腿腔分成上下兩個通道（BC，BC）。感覺裝置在內部氣管的外表面形成一個殼，每個成分包括一個冠單元（CCl），一個含有感覺棒（Sco）的外層（ECl），一個感覺單元（SCl），一層形成堅硬腿壁的表皮（Ct）。

B. 感覺器官的表面檢視圖，自上而下顯示按照大小排列的組成成分。感覺單元（SCl）依附在腿內側的神經（Nv）上。

螽斯科昆蟲有好幾個群體，以亞科分類。按照拉丁文的做法，昆蟲的亞科名稱在英文裡以 inae 結尾，以便與以 idae 結尾的科名稱區分。

圓頭樹螽屬昆蟲

這是螽斯科昆蟲的第一大組的成員，其主要特徵是有著大翅膀和圓滑的腦袋。牠們組成了露螽亞科[18]，其中包括的種在整個直翅目昆蟲中是最優美、最文雅、最有教養的昆蟲。從某種程度上講，幾乎所有圓頭樹螽都有音樂天賦，但是，牠們的作品並不是高超的那種。另一方面，雖然牠們的音符曲調很高，通常也不會讓你晚上睡不著覺。

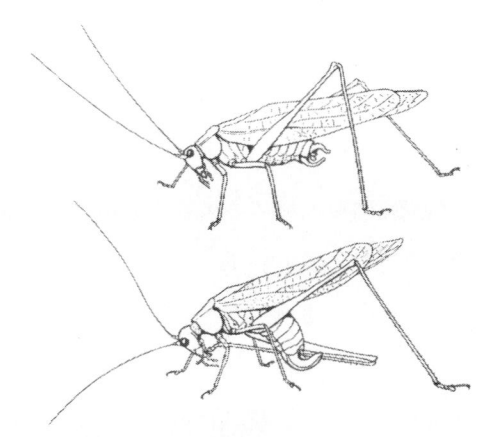

圖21 樹螽，叉尾灌叢樹螽（Scudderiafurcata）

上圖為雄蟲；下圖為雌蟲，正在清理後腿。

在這一組裡有樹螽。此種昆蟲身材中等，翅膀比其他昆蟲苗條一些，其所屬通常被稱為樹螽屬[19]，也被稱作薄翅樹螽屬[20]。之所以被稱為樹螽是因為人們發現牠們常常出沒在低矮的灌木叢中，尤其是潮溼的

---

[18] 學名 Phaneropterinae。
[19] 即 Scudderia。
[20] 即 Phaneroptera。

草地邊緣一帶，儘管牠們有時也會在別的地方居住，而且牠們的鳴叫聲在夜裡會出現在房屋附近。

我們最常見的一種，也是美國各地都有的一種樹螽就是叉尾樹螽[21]。圖21顯示的是雄蟲和雌蟲，雌蟲正在清理後腿上的爪墊。螽斯科昆蟲都非常注意保持爪部的清潔，因為始終保持牠們黏性的爪墊處在完好的工作狀態是非常有必要的，所以牠們經常停下正在做的事情，無論什麼事情，舔一舔這隻腳或那隻腳，就像狗被跳蚤咬後搔癢那樣，看起來更像是與生俱來的習性，而不是必要的清潔行為。叉尾樹螽是不炫耀的歌手，只發出一種音符，高調的zeep，連續反覆好幾次。但是與其他大多數歌手不一樣，叉尾樹螽通常不會持續重複系列鳴聲，而且牠們的歌聲很容易被蟋蟀的爵士樂團的喧鬧聲所淹沒，人們很可能聽不到。然而，有時候牠輕柔的zeep、zeep、zeep可能會從附近的灌木叢或被從樹的較低的樹枝上飄過來。

其他種的音符已經被描述為zikk、zikk、zikk，或zeet、zeet、zeet，而一些觀察者則記錄了同種昆蟲的兩個音符。由此，斯卡德說，叉尾灌叢樹螽白天的音符和夜晚的音符非常不一致，白天的音符被描述為bzr-wi，而夜晚的音符只有白天音符的一半音長，被描述為tchw）（花點時間練習，讀者就能很好地模仿這種樹螽的叫聲）。此外，斯卡德還說，白天的時候，如果烏雲遮住了太陽，牠們鳴唱的音符就會從白天的音符變成夜晚的音符。

圓頭樹螽屬[22]所包括的種群昆蟲，其翅膀要比灌叢螽斯的翅膀寬一點。牠們大多數是平庸的歌手，但是在美國東部和加拿大南部發現的一

---

[21] 即Scudderiafurcata。

[22] 即Amblycorypha。

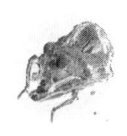

種昆蟲，名字叫圓翅螽斯[23]，卻以其碩大的體型和高雅的舉止而聞名於世。有一年夏天，筆者捕獲了一隻雄蟲（圖22），關在籠子裡。然而，儘管受到了被禁閉的羞辱，這隻雄蟲從未失去端莊穩重的風度。牠顯然過著自然而又滿足的生活，吃著葡萄葉和成熟的葡萄，在葡萄皮上咬開一個洞，吸食裡面的果漿。牠總是沉著的、冷靜的，牠的行動總是緩慢且不慌不忙的。行走的時候，牠小心地抬起每一隻腳，穩步地跨步走向新的位置，然後小心地再次把腳放在地上。只有做跳躍動作時牠才會快速移動。但是牠為跳躍所做的準備動作與牠做其他動作一樣沉著冷靜，不慌不忙：頭部向上，慢慢地向下放低腹部，兩條長後腿在蟲體的兩側彎曲成倒 V 字形，讓人誤以為牠準備坐下來。但是，當牠突然向上跳入樹葉裡時，瞬間從什麼地方釋放出一個抓取動作，為了這個目標牠採用如此長時間的精心準備。

圖 22 圓翅螽斯（Amblycorypha oblongifolia），雄蟲

有很長的一段時間，這個被關在籠子裡的貴族昆蟲沒有發出任何聲響，但是最終在一個晚上牠重複吱吱叫了三次，類似 shriek，而 s 音在

---

[23] 即 A. oblongifolia。

一定程度上是用送氣的方式發出的，在 ie 音上有一個延長的振動。第二天晚上牠又開始歌唱，最初發出的是微弱的 swish、swish、swish，其中 s 非常明顯是擦音，而 i 則是顫音。但是在唱完這首序曲之後，牠開始尖聲發出 shrie-e-e-k、shrie-e-e-k，重複了六次。布拉奇利[24]把這種響亮的叫聲描述為「一種響而粗的叫聲——就像梳齒刮在繃緊的弦上發出的聲音。」

圓頭樹螽中，也許還是整個這科昆蟲中最聞名的成員，就是角翅樹螽（圖 23）。牠們是一些體型大的槭樹葉綠昆蟲，從一邊到另一邊弄得很平、類似葉狀的翅膀高高折疊在背後，上部翅邊突然彎曲，使這種昆蟲表面上看給人駝背的印象，並由此得名角翅樹螽。隆肉前面背部的斜向表面形成一塊較大的平坦三角形，雌蟲平滑一些，但是雄蟲由於具有音樂裝置的翅脈而顯得粗糙，有皺紋。

角翅螽斯在美國有兩個種，均屬於角翅螽斯屬[25]，按體型大小區分，較大的一個是廣翅螽斯[26]，另一種較小的是角翅螽斯[27]。廣翅螽斯雌蟲（圖 23），也是最為普通的螽斯，其體長從翅尖量起可達 6 公分。牠們產下的卵為扁平橢圓形，成排附著在一些細緻或樹葉上。

---

[24] 布拉奇利（Willis Stanley Blatchley，西元 1859～1940 年），美國昆蟲學家、軟體動物學家、地質學家和作家。他的研究包括鞘翅目、直翅目、異翅亞目和印第安那的淡水軟體動物。
[25] 即 Microcentrum。
[26] 即 M.rhombifolium。
[27] 即 M.retinerve。

圖 23 廣翅螽斯（Microcentrum rhombifolium），上面的為雄蟲，下面的為雌蟲

　　角翅螽斯容易受到光的吸引，夏天的夜晚在房屋附近的灌木叢裡，甚至走廊和紗門上經常能夠看到牠們。角翅螽斯的成員通常利用輕柔但音調很高的叫聲顯示牠們的存在，聲音類似 tzeet，以短系列發出，第一組音符重複的速度快一些，接下來的幾組音符明顯慢了下來，音調也隨之不那麼尖銳刺耳。儘管這些尖銳的高音調必須加以想像，其音符也許可以寫成 tzeet-tzeet-tzeet-tzeet-tzek-lzek-zek-tzuk-tzuk。阿拉德（August Alard）說，這些音符「尖銳，是強烈的沙沙聲，聽上去就像硬梳齒慢慢地在某種東西上刮擦發出的聲音。」牠把音符寫成這個樣子：tek-ek-ek-ek-ek-ek-ek-ek-ek-tzip。但是，無論角翅螽斯的歌聲如何用英語的音表示出來，都不能與其著名的堂兄葉螽的叫聲聯想在一起。然而，大多數人把這兩種螽斯混淆。更有甚者，聽到的是一種螽斯，看到的卻是另一

第二章 蚱蜢的旁系遠親

種螽斯,他們得出了明顯錯誤的結論,以為聽到的叫聲是看到的螽斯發出來的。

角翅螽斯,雖然不像其他那些螽斯那麼常見,卻有著類似的生活習慣,而且在夜晚能夠聽到牠們在房屋附近的灌木叢裡或藤蔓上歌唱。牠的歌聲是銳利的 zeet、zeet、zeet,三個音節隔開寫成 ka-ty-did,而許多人很有可能誤以為這些角翅螽斯唱出的音符就是葉螽唱出的音符。

廣角螽斯非常溫和,是一種不會猜疑的動物。當牠們被人拾起時,從來不會試圖逃脫。但是牠們非常善於飛行,牠們盤旋在空中的時候很像飛機模型,翅膀筆直地伸向兩側。休息時,牠們有一個古怪的習慣,身體向一邊傾斜,好像頭重腳輕,失去了平衡。

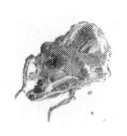

葉螽

我們現在來談一談一種藝術家，牠正當合理的擁有「螽斯」的名稱，在昆蟲界被稱為 pterophylla camellifolia，而且在美國民眾看來是最偉大的昆蟲歌手。當然了，這種螽斯是否真的是音樂家，那要看評論家怎麼說了，但是牠的名望沒有疑問，因為牠的名字家喻戶曉，與我們熟知的一些偉大藝術家的名字一樣，雖然沒有留聲機記錄下牠們的音樂。的確，蟬在全世界的名氣要比螽斯大得多，因為蟬在世界許多地方都有代表，但是牠們的歌聲還沒有以音符的形式寫出來，讓民眾能有所理解。而且如果簡單易懂是檢驗真正藝術的標準，螽斯的歌聲能夠透過檢驗，因為沒有比 katy-did 更簡單易懂的音符。即使是其他的變體，例如 katy，katy-she-did，或 katy-didn't，也非常簡單易懂。

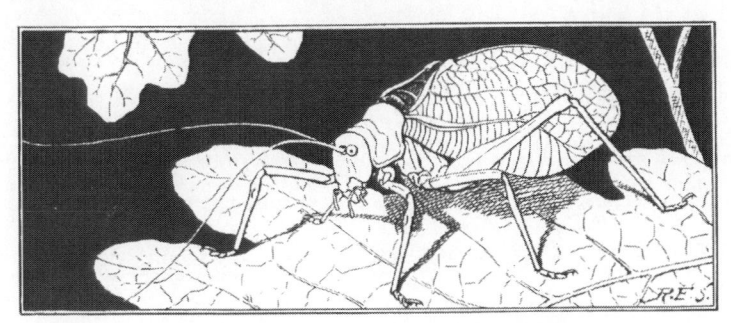

圖 24 葉螽（Pterophylla camellifolia），雄蟲

然而，雖然幾乎每一個土生土長的美國人都親耳聽過或聽別人說過螽斯的音樂，我們卻很少有人熟悉音樂家本身。這是因為牠幾乎始終如一地選擇高高的樹梢做自己的舞臺，很少從那上面下來。此外，牠的高

第二章　蚱蜢的旁系遠親

聲的舞臺還是牠的工作室、牠的家和牠的世界，如果哪個記者想當面採訪，那就需要具有熟練的攀爬技能。當然了，有時候也碰巧會有哪個歌手在較低的樹上安家，這時接近牠們就容易一點，甚至透過晃動樹枝就能讓牠落下來。8月12日以這種方式抓獲的一隻蟲活到了10月18日，為我們的研究提供如下的資料：

圖24和圖25展示的是這隻被捕獲的蟲子的身體特徵和一些姿態。從前額到翅尖，牠的體長是4.4公分；與螽斯科其他昆蟲相比，牠的前腿比較長，也比較粗壯一些，但後腿則非常短。不過，牠的觸角非常長，觸鬚纖細，特別精巧，長約7公分。在頭部兩個觸角根部之間有一個很小的圓錐形凸出物，這個身體特徵區分葉螽與露螽，並使葉螽被劃為螽斯亞科的昆蟲。螽斯亞科除了有我們說的葉螽，還包括許多主要生活在熱帶地區的一些昆蟲。翅膀的後面的邊緣呈平滑的圓形，翅膀的兩側強烈地向外鼓起，似乎是要遮蓋牠們非常圓胖的蟲體，但是兩翅之間的空間幾乎是空的，或許可以形成一個共鳴腔，增強發聲部位產生的音響的音調和音量。或許可以看作是螽斯的馬甲，即暴露在翅膀之下的蟲體部位，其上面沿著中線有一排鈕釦狀的凸出物，隨著每一個呼吸運動有節奏地起伏。所有的螽斯都是利用腹部進行呼吸的昆蟲。

螽斯的顏色是普通的綠色，背部有一處很顯眼的暗褐色三角形，覆蓋著翅膀上的摩擦發音區域。口器的頂端有點發黃。眼睛是透明的淡綠色，但是每隻眼睛中心都有一個黑點，就像一個在作畫的學生，總是在盯著你，無論你躲在哪個角落。

被捕獲的螽斯運動很慢，儘管在野外露天牠能夠跑得很快，而且當牠匆忙趕路時，經常採取很可笑的姿態，正如圖25B所顯示的那樣，頭部朝下，翅膀和蟲體向上抬起。牠從來不飛行，也從來沒有人見過牠們

展開自己的翅膀，但是當牠做短距離跳躍的時候，牠的翅膀會微微的拍動。在準備跳躍時，如果距離只是幾公分或 30 公分，牠會非常小心的進行準備，仔細觀察預定的落地位置，儘管牠夜間的視力也許更好一些，行動也更加敏捷。假如牠準備從水平表面起跳，牠慢慢地將腿收攏，蹲伏下來，就像我們所熟悉的貓做出的動作；但是，如果是從垂直的支撐物起跳，牠伸直自己的長腿，抬起身體，正如圖 25C 所顯示的那樣，令人想起正在吃樹上綠葉的駱駝。牠謹慎地吃著人們放進籠子裡的橡樹葉和楓樹葉，但是牠似乎更偏愛新鮮的水果和葡萄，津津有味地品嚐著泡在水裡的麵包。與大多數直翅目昆蟲相比，牠水喝得比較少。

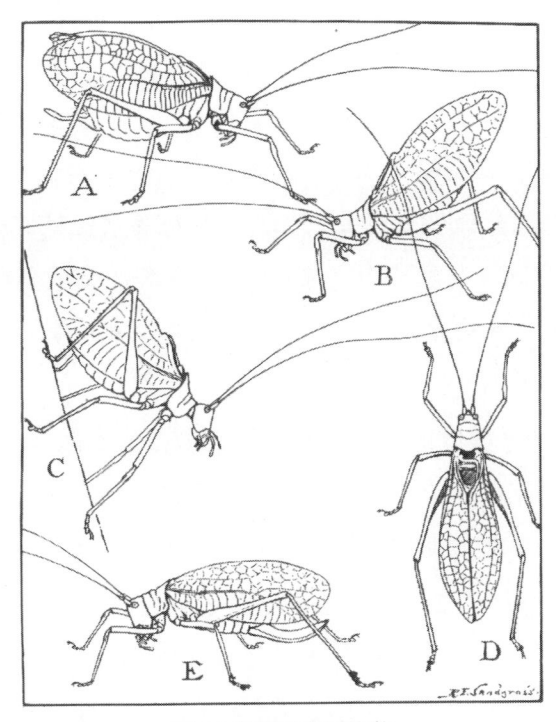

圖 25 螽斯的各種姿態

A. 雄蟲在歌唱時的通常姿態。B. 快速在平面上跑動的姿態。C. 從垂直平面上準備跳躍的姿態。D. 俯視圖，顯示的是雄蟲翅基發聲區域。E. 雌蟲寬大、平坦、有曲線的產卵器。

第二章　蚱蜢的旁系遠親

當灌木叢裡的螽斯在夜晚鳴唱的時候，似乎非常害怕有人打擾，附近如果有人說話或從樹下走過，說話的聲音和腳步聲足以讓樹梢上的螽斯安靜下來。關在籠子裡的這隻雄蟲從來沒有發出一個音符，直到後來把牠安置在黑暗當中，並讓牠安靜了好長一段時間之後牠才繼續鳴唱。但是當牠確信自己不會受到干擾時，牠就會開始自己的音樂演唱，只是在房間裡牠的鳴叫顯得聲音很大，近距離聽上去是那種令人難以置信的刺耳聲，完全不是我們在野外遠處所聽到的那種美妙的樂曲。在牠歌唱的時候，人們只有非常小心才能靠近，即使是這個時候，一道短暫的光線也足以使牠們的歌聲戛然而止。然而，有時候人們偶爾也能瞥見正在演唱的音樂家，最常見的是牠頭朝下的站在那裡，身體很僵硬地支撐在腿上，前翅只是稍微抬起來，後翅的翅尖有點向外突出，腹部下沉，強烈地呼吸著，長長的觸角向各個方向擺動。每一個音節似乎是透過翅膀的快速拖曳，由一個分開的振動系列所產生的，中間的音節速度快一些，而最後一個音節則明顯得到了加強，這樣牠發出的叫聲聽上去像是 ka-ty-did，ka-ty-did，在溫暖的夜晚這種鳴唱通常 1 分鐘重複大約 60 次。剛開始唱的時候，牠經常只發出兩個音符 ka-ty，似乎歌手覺得一下子完整地唱出 ka-ty-did 有些困難。

圖 26 顯示的是翅膀的結構和摩擦發音部位的細節。翅膀（A，B）垂直地靠在蟲體的兩側，但是翅膀內部的基礎部分形成了寬大、硬挺、水平的三角形襟翼，相互重疊，左翅覆蓋在右翅上。左邊鼓膜（Tm）的基部有一個厚實的、凹陷的、橫越的翅脈，這是弦器脈（fv）。根據圖 C 所示，可以看到寬大的、厚重的弦器，上面有一排非常粗糙的銼脊。右翅（B）上相同的翅脈要小得多，也沒有弦器，但是鼓膜內部基礎的角度被引入一個大的凸角，在翅的邊緣處承載著一個強壯的彈器（s）。

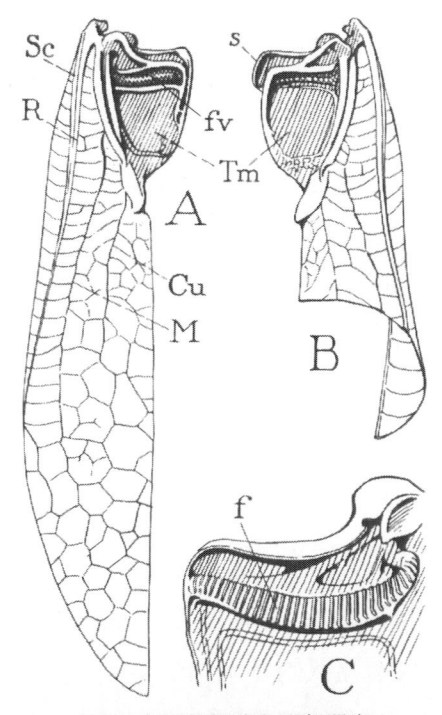

圖 26 螽斯的翅膀和發聲器官

A. 左前翅，顯示的是多倍放大的鼓膜區域（Tm），其中包括厚實的弦器脈。B. 右前翅根部，其內角有一個較大的彈器（s），但是弦器脈非常小。C. 左翅弦器脈表面之下的較大的、平的、粗糙的翅脈（f）。

螽斯歌聲的音質在不同地區似乎也有所不同。在華盛頓附近的部分地區，這種蟲子毫無疑問唱的是 ka-ty-did，與任何其他昆蟲唱的一樣清楚。當然了，重音也是放在最後一個音節上。當只有兩個音節發出來的時候，牠們總是發前兩個音節。有時候，群唱當中的某隻蟲子還會發出四個音節「katy-she-did」；也有時候整個樂團在用四個音節歌唱，其中卻夾雜某隻蟲子不時唱出三個音節。據說，在南方的某些地區，螽斯被叫做「cackle-jack」，必須承認，這個名稱很適合人們用字母把牠們的叫聲表述出來，但是這個名稱缺少感情，與這種昆蟲藝術家應有的名譽不

第二章 蚱蜢的旁系遠親

符。在新英格蘭,來自康乃狄克州和麻薩諸塞州的研究學者說他們聽到的螽斯的叫聲只有兩個音節,而不是常見的三個音節,而且聲音非常尖銳刺耳,是一種響亮地 squa-wak、squa-wak、squa-wak,第二個音節比第一個音節稍微長一些。這種情況與那些鳴唱 ka-ty 的昆蟲就不一樣了。假如所有新英格蘭螽斯都這麼唱,新英格蘭一些研究學者未能弄清楚這些昆蟲是如何獲得「katydid」(螽斯)這個名稱就不會讓人感到驚訝。斯卡德說,「牠們的音符明顯缺少美妙的樂感」,他用 xr 記錄這種昆蟲的叫聲,並表示其叫聲通常只有兩個音節。他說:「他們兩次刮擦自己的前翅,而不是三次;這兩個音符得到了同等的(也是非凡的)強調,後一個音符比前一個音符長大約 1/4;如果發出的是三個音符,第一個音符和第二個音符相似,都比最後一個音符短一點。」

當我們聽昆蟲歌唱的時候,我們總會發出牠們為什麼歌唱這樣的疑問,而且我們也許還會承認我們並不知道是什麼動機驅使牠們這麼做。很有可能是雄蟲出於本能在使用牠們的發聲器官,但是在許多情況下,所發出的聲調顯然受到雄蟲身體狀態和情緒的調整。人們似乎以某種方式把音樂與異性相互吸引聯想在一起,通常的觀點認為這些鳴唱是為了吸引雌蟲。然而,就拿許多蟋蟀來說吧,雄蟲吸引雌蟲真正的展現是從牠背部滲出一種液體,唱歌顯然是作為炫耀自己流出液體的一個廣告而已。無論怎麼講,把雄蟲的愛情喜悅和感情與音樂聯想在一起更可能是人們的想像,而不是實際情況。愛情這個主題是令人陶醉的,在這個領域裡,有些科學家往往由於觀察真實情況的路徑過窄而變得虛弱,偏離了正確的研究方向,像詩人或記者那樣沉迷於自由的想像,希望自己對某些事件的敘述更加生動有趣,出現在每日的新聞當中,但是這種做法對我們了解真正的知識毫無實質價值。

尖頭草螽

這組螽斯科昆蟲是一種類似蚱蜢，蟲體細長的昆蟲，其前額形成了一個較大的圓錐形，臉部明顯地向回縮，但是同樣有著細長的觸角，而這種觸角區分牠們與葉螽或短角螽斯。牠們構成了尖頭草螽亞科。

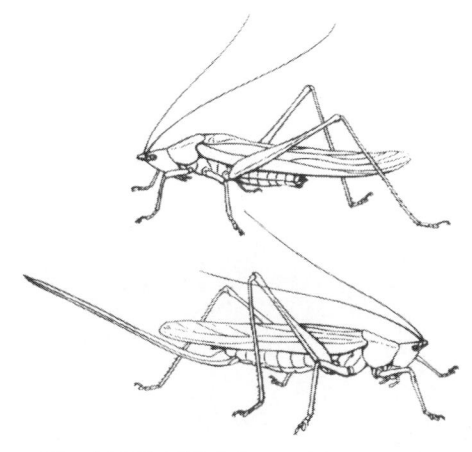

圖 27 微凹新圓錐頭草螽（Neoconocephalus retusus）
上圖為雄蟲；下圖為雌蟲，有一條非常長的產卵器。

最為常見、分布最廣，體型較大的一種尖頭草螽是具劍新圓錐頭草螽[28]，或稱「佩劍尖頭草螽。」然而，只有雌蟲佩劍，而且也並不是真正的劍，僅僅是雌蟲的一個較長的排卵器官，被稱作產卵器。圖 27 中的下圖所顯示的雌蟲具有與此相似的器官，雖然牠屬於一個被稱作微凹新圓錐頭草螽[29]的種。除了頭部圓錐形有些不一樣外，這兩種尖頭螽斯在所

---

[28] 即 Neoconocephalus ensiger。
[29] 即 retusus。

第二章　蚱蜢的旁系遠親

有方面都非常相似。牠們看起來像細長的、尖腦袋的蚱蜢，體長 3.8～4.4 公分，通常顏色為明亮的綠色，雖然有時也呈現褐色。

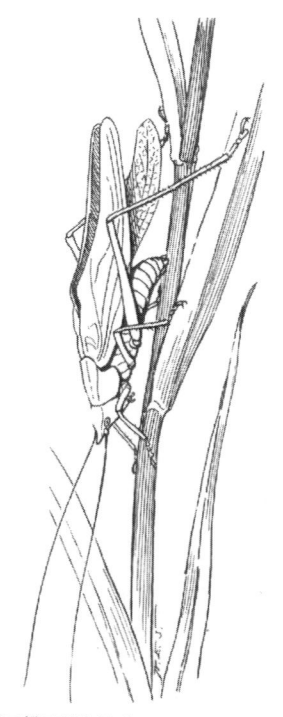

圖 28 強壯新圓錐頭草螽（Neoconocephalus robustus），
牠腦袋朝下，前翅分開，翅膀微微抬起，正在歌唱

佩劍尖頭草螽的歌聲聽起來像是小型縫紉機發出來的噪音，僅僅由一長列單音符組成，即 tick、tick、tick、tick 等等，沒完沒了地重複。斯卡德說，佩劍尖頭草螽以一個類似 brw 的音符開始進行演唱，然後中止一會，接著立即快速地連續發出一連串 chwi 的聲音，每秒鐘五個音符，而且無限制地繼續下去。麥克尼爾把這些音符寫成 zip、zip、zip；戴維斯[30]則表述為 ik、ik、ik；而阿拉德說牠們的歌聲聽上去更像是 tsip、

---

[30]　戴維斯（Bradley Moore Davis，西元 1871～1957 年），美國植物學家。

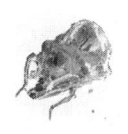

tsip、tsip。微凹新圓錐頭草螽（圖 27）的歌聲就很不同，含有長長的尖厲的嗡嗡聲，瑞恩[31]和赫巴德[32]把牠描述為連續不斷的 zeeeeeeeeee。聲音不是很大，但聲調卻很高，而且隨著翅膀的加速運動，演唱者的音調也調到了最高。雖然有些人的耳朵幾乎聽不到牠們的歌聲，但是對另外一些人來說，牠們的鳴叫聲清晰可辨。

　　體型較大，具有更強壯樂器的尖頭螽斯就是強壯新圓錐頭螽斯（圖 28）。牠是北美直翅類昆蟲中歌聲最響亮的歌手之一，其音調是那種強烈而又持續不斷的嗡嗡聲，有點類似於蟬的鳴叫。被關進籠內的螽斯在房間裡的歌唱製造了震耳欲聾的噪音。伴隨著主要的嗡嗡聲，還有一種低沉的嗡嗡聲，是從什麼部位發出來的現在還不清楚，很有可能是翅膀的二級振動所形成的。螽斯歌唱的時候總是頭向下地坐在那裡，腹部做著深沉而又迅速的呼吸運動。強壯新圓錐頭螽斯習慣於生活在麻薩諸塞州到維吉尼亞州之間的大西洋沿岸的乾燥多沙地區。按照布拉奇利的說法，印第安納州密西根湖畔附近地區也有這種螽斯出現。筆者則是在康乃狄克州紐哈芬北部奎尼匹克峽谷的一片沙地上結識牠們，夏天的夜晚在那裡遠遠就能聽到牠們尖銳的歌聲。

---

[31]　瑞恩（James Abram Garfield Rehn，西元 1881～1965 年），美國昆蟲學家，是新世界直翅目昆蟲的專家。
[32]　赫德（Morgan Hebard，西元 1887～1946 年），美國昆蟲學家，專門研究直翅目昆蟲。

第二章　蚱蜢的旁系遠親

草螽

　　這些螽斯蟲體較小，但身材修長，外表看上去有點像蚱蜢，喜歡白天活動，居住在潮溼的草地，因為這裡的植物總是非常新鮮，汁液豐富。牠們構成了螽斯科的草螽亞科，像最後一組那樣有著圓錐形的頭，但是大多數的頭型較小。草螽有很多種，但是生活在美國東部的大多數都屬於大草螽斯屬[33]和草螽屬[34]這兩大類。數量最大，分布最廣的第一類是普通草螽[35]。圖29所示的是雄蟲。牠體長約2.5公分多一點，腦袋與身體很不協調，顯得太大了，眼睛也很大，呈現出明亮的橘黃色。身體的底色為淺綠色，但是頭頂和胸甲有一個暗褐色的長三角形的斑塊，而翅膀上的摩擦發音部位在各自的角落由一個棕色斑點標示。這些小草螽很喜歡唱歌，即使是被關在籠子裡，而且無論是白天還是夜晚。牠們的音樂非常樸實，毫不誇耀，聲音傳出的距離也不遠，主要是一種輕柔的沙沙聲，持續時間只有兩三秒。這種嗡嗡聲在發出之前或之後經常伴隨著翅膀慢速運動所產生的一連串咔嗒聲。歌手在開始演唱時，通常會打開翅膀發出一個咔嗒聲作為起點，隨之發出嗡嗡聲，最後隨著翅膀逐漸放慢動作而產生的一系列咔嗒聲結束演唱。當然，牠們有時候的演唱並沒有序曲和尾音。

---

[33]　即 Orchelimum。
[34]　即 Conocephalus。
[35]　即 Orchelimum vulgare。

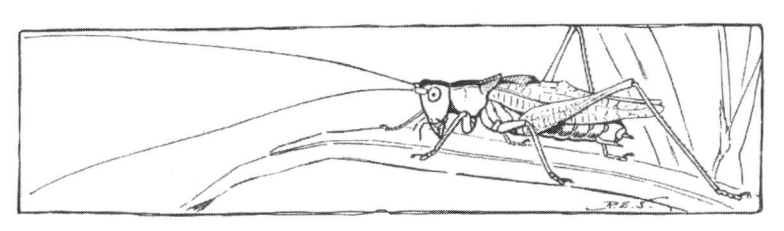

圖 29 普通草螽（common meadow grasshopper，Orchelimum vulgare），螽斯科昆蟲成員

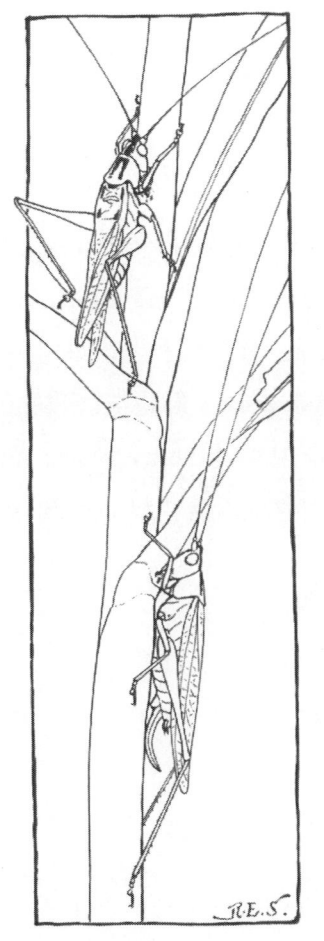

圖 30 漂亮的草螽
（handsome meadow grasshopper）

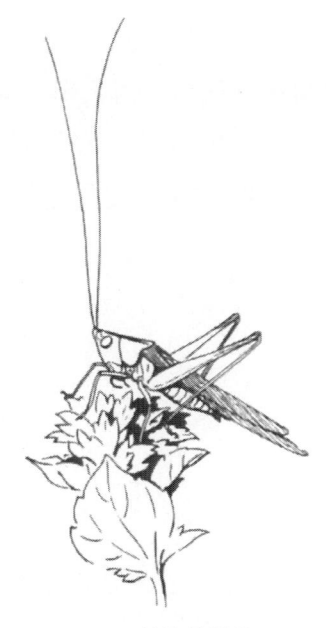

圖 31 苗條的草螽
（slender meadow grasshopper）

第二章 蚱蜢的旁系遠親

這一屬另外的一個常見成員是靈巧草螽[36]。據說，牠的音樂是長長的 zip、zip、zip、zee-e-e-e，其中 zip 這個音節多次重複。zip 和 zee 這兩個音是所有螽斯屬昆蟲的音樂特徵，一些螽斯把重音放在 zip 上，另外一些螽斯把重音放在 zee 上，有的螽斯兩個音節都發，有的螽斯只發其中一個音節，另一個被省略。圖 30 顯示的是一種非常可愛的螽斯屬昆蟲，俗稱「漂亮的草螽」[37]。休息的時候，無論是雄蟲還是雌蟲，通常都是坐在植物的莖葉上，身體的中段靠在支撐物上，長長的後腿在身後伸展開來。戴維斯說，這種草螽歌唱的音符是 zip、zip、zip、z、z、z，與普通草螽的歌聲有著明顯的區別。

屬於草螽屬更小一些的草螽通常被叫做細草螽[38]。圖 31 所顯示的是「苗條的草螽」（C. fasciatus），這是數量最為豐富的一種草螽，體長不到 2.5 公分，蟲體為綠色，胸的背面為暗褐色，翅膀微微呈現紅褐色，腹部的背面有一道較寬的褐色斑紋。阿拉德說，這種體型較小的螽斯所唱出的音符可表述為 tip、tip、tip、tseeeeeeeeeeeeee，但是整首歌曲的聲音非常微弱，幾乎聽不到。皮爾斯則把音符說成是 ple-e-e-e-e、tzit、tzit、tzit、tzit。與普通草螽的歌聲一樣，牠們要麼以斷音開始演唱，要麼以斷音結束演唱。

---

[36] 即 Orchelimum agile。
[37] 即 Orchelimum laticauda 或 Orchelimum pulchellum。
[38] 即 Xiphidium。

盾背螽斯

　　螽斯科昆蟲的另一大族群構成了螽斯亞科，牠們的外觀很像蟋蟀，主要生活在地面，但是翅膀很短，所以不善於歌唱。牠們被叫做「持盾者」，因為第一個體節上大塊的背甲或多或少向外延長，就像是一個盾牌。這種昆蟲大部分住在美國的西部，牠們有時在那裡群居，形成了數量眾多、破壞性較大的團夥。摩門螽斯[39]就是這樣一個種群，而另一個種群是涸谷螽斯[40]（圖32），均生活在華盛頓州中部乾燥地區。這兩種螽斯的雌蟲通常沒有翅膀，但是雄蟲的前翅保持有短小的翅根，上面的發聲器官使牠們能夠發出輕快的唧唧聲。

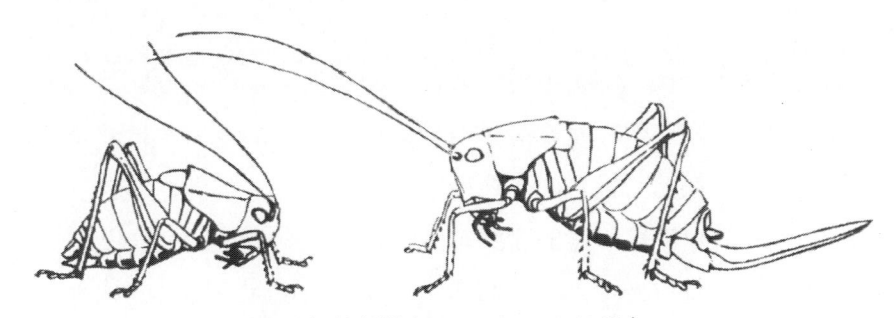

圖32 涸谷螽斯（Peranabrus scabricollis），
雄蟲與雌蟲，螽斯科中與蟋蟀類似的一種昆蟲。

　　螽斯科還有一個數量較大的亞科，名字叫駝螽亞科[41]，其中就包括俗稱「灶馬」的螽斯。但是牠們都沒有翅膀，所以默不作聲。

---

[39]　即 Anabrus simplex。
[40]　即 Peranabrus scabricollis。
[41]　學名 Rhadophorinae。

第二章　蚱蜢的旁系遠親

蟋蟀科昆蟲

在直翅目昆蟲的鳴叫聲中，我們最熟悉的音符也許莫過於蟋蟀的唧唧聲。但是只有一種蟋蟀最為民眾所知曉，這就是田野黑蟋蟀，牠們那活潑的鳴叫聲常常出現在我們的庭院和花園裡。牠在歐洲的堂兄弟姊妹是家蟋蟀，以「火爐邊上的蟋蟀」而聞名，因為牠們喜歡壁爐的溫暖，而這種溫暖由此刺激牠必須把自己的熱情用歌曲表達出來。自古希臘和古羅馬時代起，這種家蟋蟀一直被用拉丁文稱作 Gryllus，而人們又以這個名字為基礎命名蟋蟀科昆蟲，即 Gryllidae，因為還有許多其他種類的蟋蟀，一些住在樹上，一些住在灌木叢中，一些生活在地面上，還有一些住在泥土裡。

蟋蟀與螽斯一樣，都有細長的觸角，翅膀的根部都有發聲器官，前腿長有牠們的耳朵。但是牠們還是有與螽斯不一樣的地方，也就是說牠們的腳上只有三個節（圖 17C）。在這一方面，蟋蟀的腳與蚱蜢的腳相似（圖 17A），但是通常與蚱蜢的腳的不同之處在於，其根部的節比較平滑或毛茸茸的，只有一個爪墊位於腳底表面。還有，在大部分蟋蟀身上，腳的第二個節非常小。有些蟋蟀的翅膀很大，有些蟋蟀的翅膀很小，有些蟋蟀根本沒有翅膀。雌蟲擁有長長的產卵器，用來在樹枝上或地面上排卵（圖 35，圖 36）。

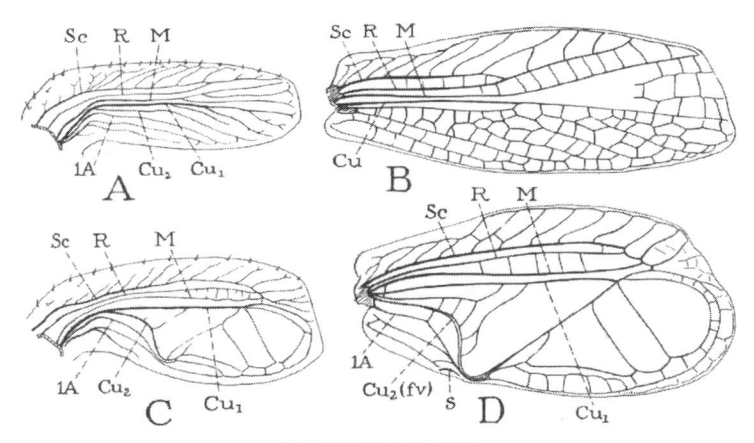

圖 33 樹蟋蟀的翅膀

A. 未成熟雌蟲的右前翅，顯示的是翅脈的正常排列。Sc. 肋下脈；R. 徑脈；M. 中脈；Cu1. 肘脈的第一分枝；Cu2. 肘脈的第二分枝；1A. 第一肛區（康斯托克和尼達姆繪圖）。

B. 窄翅樹蟋蟀成年雌蟲的前翅。

C. 未成熟雄蟲的前翅，顯示的是內部一半的擴大所形成的振動區，或稱鼓膜，以及這一區域翅脈的改變（康斯托克和尼達姆繪圖）。

D. 窄翅樹蟋蟀成年雄蟲的右前翅；肘脈的第二分枝（Cu2）變成了捲曲的弦器脈（fv）；s，彈器。

蟋蟀的樂器或發音器官與螽斯的發音器官類似，都是由前翅根部的翅脈所形成。但是在蟋蟀身上，每片翅膀上的器官得到了相等的發育，看上去好像這些昆蟲能夠利用其中任何一片翅膀進行演唱。然而，大多數蟋蟀堅持保留右翅的領先地位，使用右翅上的弦器和左翅上的彈器，剛好與螽斯的做法相反。

雄性蟋蟀的前翅通常非常寬大，外緣像一個寬大的片狀垂懸物向下翻捲，翅膀收攏的時候在蟲體兩側折疊。雌蟲的翅膀比較簡單，通常也比較小。圖 33 的 B 和 D 所顯示的是樹蟋蟀（圖 37）的雄蟲和雌蟲前翅之間的區別。雄蟲翅膀的內面一半（或翅膀展開時的後一半）非常大（D），而且只有幾條翅脈，這些翅脈支撐或繃緊寬大的膜狀振動區域（鼓膜）。

雄蟲翅膀內側的基部，或稱肛區，也比雌蟲的大，而且含有一個突出的翅脈（Cu2），這個翅脈形成了一道明顯的弧線通向翅的邊緣。這個翅脈在其底部表面有一個發聲弦器。雌性成蟲翅膀上的翅脈（B）相對來說比較簡單，而雌性幼蟲翅膀上的翅脈（A）更是如此。但是雄蟲身上覆雜的翅脈是從雌蟲簡單的類型發展而來的，而這種現象大多數昆蟲普遍存在。雄性幼蟲的翅膀（C）與雌性幼蟲的翅膀（A）區別不是太大，但是相應的翅脈可以加以辨識，正如字母所顯示的那樣。接著看一下雄性成蟲的翅膀（D），確定哪些翅脈被變態而形成發音裝置則是一件很容易的事。當樹蟋蟀歌唱的時候，牠們翹起的翅膀就像兩個大扇子（圖37，圖40）而且向一邊傾斜地移動著，由此右翅的弦器刮擦左翅上的彈器。

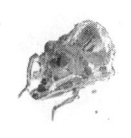

螻蛄

螻蛄（圖34）是地球上莊重的生物。牠們像真正的鼴鼠般生活在地下洞穴裡，通常是在潮溼的田野或溪流岸邊。牠們的前足較寬，並向外翻，用來像鼴鼠的前足那樣挖掘。但是螻蛄不同於真正的鼴鼠在於牠們有翅膀，而且牠們有時候會在夜晚離開自己的洞穴，四處飛行，偶爾會受到光的吸引。牠們的前翅很短，平坦地伸展在腹部的底部，但是長長的後翅則縱向地越過背部折疊起來，超過蟲體的末端伸出來。

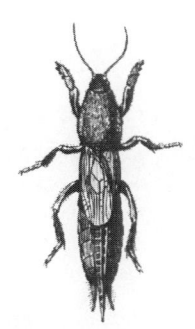

圖34 六指螻蛄（Neocurtilla hexadactyla）

儘管牠們的棲息地令人感到憂鬱，但是雄性螻蛄也歌唱。然而，牠們的音樂是嚴肅的，而且單調的，聽上去像是 churp、churp、churp，非常有規律的重複，大約一分鐘100次，如果歌手沒有受到干擾就會無限制地持續唱下去。由於在大多數情況下這些音符是從多沼澤地的田野或從溪邊傳過來的，很多人可能會以為這是一些小青蛙在鳴叫。在牠們歌唱的時候，你很難捕捉到一隻螻蛄，因為牠很有可能站在自己的洞穴的開口處，人們還沒靠近牠，牠就已經安全地撤退了。

第二章　蚱蜢的旁系遠親

田地蟋蟀

　　這一組蟋蟀包括 Gryllus 這樣典型的成員，但是昆蟲學家首先關注的是一種體型較小的棕色蟋蟀，名字叫針蟋。屬於針蟋屬的蟋蟀品種很多，不過分布最廣的是橫帶地蟋蟀[42]。這種蟋蟀體型很小，身長大約 1 公分，顏色接近棕色，腹部有三道暗棕色條紋，時常出現在田地和庭院裡（圖 35）。到了秋天，雌蟲利用牠們細長的產卵器把卵排放在地上（圖 35D，E），而這些卵到了隔年夏天就會孵化出來。

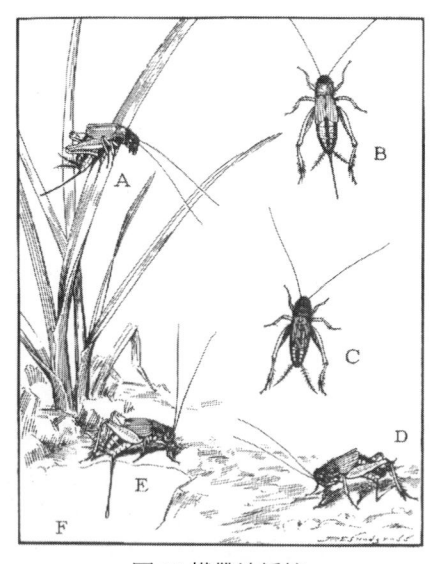

圖 35 橫帶地蟋蟀

　　A、B. 雌蟲，區別特徵是其長長的產卵管器。C. 雄蟲。D. 正在把產卵器插入地下的雌蟲。E. 雌蟲，產卵器已完全插入土裡，並從末端出排卵。F. 地上一個被排出的卵。

[42]　即 Neocurtilla vittatus。

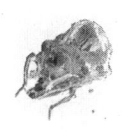

針蟋屬雄蟲的歌聲是一種持續不斷的吱吱顫音，聲音非常小，不注意聽，你是聽不到的。在歌唱的時候，雄蟲呈大約45°翹起自己的翅膀。發音翅脈上有一些完美的脊脈，這些脊脈似乎不可能產生什麼聲響，即使是針蟋發出來的那些耳語般的音符。當受到我們笨拙的手指擺弄或被用一把鑷子夾住時，昆蟲大部分的樂器會發出某種嘶嘶聲、嘎吱嘎吱聲，或刺耳的磨擦聲，但是只有活昆蟲的技能能使這些噪音形成音調和音響，牠們有能力可以這麼做。

　　我們最著名的，也是最常見的蟋蟀是黑田蟋蟀[43]（圖36），無論是在田野還是在庭院，隨處都可能發現牠們，有時牠們甚至會闖進屋裡。真正的歐洲家蟋蟀[44]已經適應我們這個國家的生長環境，出現在美國東部的幾個州裡，雖然數量還不算多。但是中國最常見的蟋蟀則是普通黑田蟋[45]。儘管昆蟲學者傾向於把所有蟋蟀歸於一個物種，他們還是區分了幾個變體。

　　田地蟋蟀的成蟲大多數幾乎都在秋天出現；在新英格蘭南部，每年的這個季節都有數百萬蟋蟀來到這裡，到處都有牠們成群結隊的身影；跳躍著穿過鄉村公路或道路的蟋蟀數量之多，致使人們在行走或開車時不可避免地踩死或壓死牠們。大部分雌蟲在9月和10月產卵，並把這些卵單個的排放在地上（圖36D，E），而這種做法與雌性針蟋一樣。這些卵大約在隔年的6月初就能孵化。但是與此同時，另一組蟋蟀個體也長大成熟，即上一年仲夏孵出，並在幼年度過了冬天的那一批蟋蟀。到了5月末，在華盛頓的這些雄性蟋蟀開始歌唱，而在康乃狄克州，從6月初直到6月底都可以聽到蟋蟀的歌聲。接下來的一個半月裡人們就很少能

---

[43]　即 Gryllus blackfordi。
[44]　即 Gryllus domesticus。
[45]　即 Gryllus pennsylvanicus。

第二章　蚱蜢的旁系遠親

聽到蟋蟀的叫聲。到了 8 月的中旬，春天出生的雄蟲開始成熟。從這時起，牠們的歌聲越來越多，而進入秋季後牠們的鳴叫幾乎是持續不斷，不分白天和晚上，直到霜降才停歇下來。

圖 36 普通黑田蟋（Gryllus pennsylvanicus）

A. 一隻雄蟲，抬起翅膀，正在歌唱的姿態。B. 一隻雌蟲，有一個很長的產卵器。C. 新孵化出來的幼蟲（放大約 2.5 倍）。D. 把產卵器插入土中的雌蟲。E. 已經完全把產卵器埋入土中的雌蟲。

　　田地蟋蟀的音符總是活潑的，令人感到愉快，有時候也會因為憤怒而變了音調。牠們的音符只是一些 chirp，可以透過一種破裂的或振動的聲音與其他蟋蟀做區分。牠們的音符沒有多少樂感，但是演唱者有著足夠的自誇方式來彌補這一缺陷。兩隻精力充沛、被關在同一籠子裡，並

有幾隻雌蟲相伴的雄蟲很少能夠和平相處。無論什麼時候，只有其中一個雄蟲開始演唱，另一隻雄蟲就會馬上隨之唱起來，顯然是對第一隻雄蟲的做法表示厭惡，如果那隻雌蟲在雄蟲演唱的時候碰巧跑向牠，雄蟲總是會感到惱怒，甚至引起憤怒。如果一隻雄蟲正在獨自演唱，另一隻雄蟲靠近牠，這隻雄蟲就會張開嘴巴衝向侵入者，與此同時加速拍打翅膀，直到牠發出的音符幾乎變成尖銳的口哨聲。另一隻雄蟲通常會也利用歌唱的方式進行回應，並竭力使自己的聲音壓過前一隻雄蟲。這時雙方的鳴叫聲開始越來越急促，牠們的調門越來越高，直到各自的聲音達到了極限。然後雙方會休戰一會，接著再次較量。從來沒有哪一隻雄蟲對牠的對手造成傷害，而且儘管牠們都向對方表現出了野性的威脅，但是從來不會用嘴去咬對方的任何身體部位。如果有哪隻雌蟲在牠歌唱的時候不小心打擾了牠，雄蟲就會發狂地撲向雌蟲，但是絕不會張開嘴巴威脅雌蟲。

　　天氣對雄蟲的情緒有著很強的影響：如果天氣晴朗溫暖，牠們的鳴叫聲總是最為響亮，牠們的競爭也最為激烈；在寒冷的日子裡把牠們裝在籠子裡放在陽光下，兩隻雄蟲總是馬上唱了起來。在戶外，雖然蟋蟀在任何時候、任何天氣狀況下都能歌唱，牠們的音符根據不同的氣溫，在音調和力度方面都會有一些明顯的變化。這並不是由於溼氣對牠們的發音器官產生了什麼影響，因為兩隻被關在屋子裡的，好鬥的雄蟲在天氣寒冷或者天氣陰沉時，牠們在溫暖明亮的日子裡所特有的好脾氣就沒有了。聯想到牠們的歌聲總是針對對方，帶有明顯的抱負和憤怒的情緒，這是很好的證據，說明田地蟋蟀是在自我表達，而不是「吸引雌蟲」。事實上，我們經常覺得難以確定牠們是在歌唱還是在發誓。如果我們能理解牠們的話，我們可能會對牠們辱罵對手的惡毒語言感到吃驚。

第二章　蚱蜢的旁系遠親

然而，發誓只是情緒的一種表達方式，而歌唱是另外一種方式。田地蟋蟀，就像一名歌劇演員，僅僅是在用音樂的方式表達牠所有的情緒，而且無論我們能否理解牠們的語言，我們都能理解牠們的情感。

最後，被關在籠內的一隻雄蟲死了；是自然死亡還是因意外死亡永遠也難以查明。在死亡的當天早晨牠還活著，但是顯得很虛弱，雖然蟲體仍然保持完好，沒有受傷。然而，到了傍晚，牠仰面躺了下來，僵硬地伸直了後腿；只有前腿的幾下動作顯示牠的生命還沒有完全終止。一隻觸角正在萎縮，而臉上的上嘴唇和相鄰部分已經不見了，明顯是被嚼斷的。但這並不一定就是死亡隨著暴力而產生的證據，因為在蟋蟀王國裡，更普遍的是暴力隨死亡而起；也就是說，牠們殘忍地吃掉同伴的屍體，而不是把屍體掩埋。幾天前，死在籠子裡的一隻雌蟲很快被同伴完全吞食，只剩下頭蓋骨。這隻雄蟲死後，牠的對手，另一隻仍舊活著的雄蟲就再也不像以前那樣經常演奏自己的小提琴，也不再發出那種尖銳而富有挑釁性的聲調了。不過，這可不是因為悲哀；他曾蔑視他的對手，而且清楚無誤地希望擺脫牠；牠的變化完全是因為缺乏表現自我的特殊刺激。

樹蟋科昆蟲

　　夏季的傍晚，一旦天色暗了下來，戶外總會不絕於耳地響起一陣陣鳴叫聲；尖銳悅耳的旋律似乎不知是從何處來的，又似乎無處不在。這很有可能是樹蟋蟀們在進行大合唱，彷彿是無數的豎琴在黑暗中演奏著協奏曲。在所有昆蟲的鳴叫聲中我們最熟悉的就是這種音符，但是大眾對其演唱者卻不甚了解。當某一隻樹蟋蟀恰好來到窗下或進入房間開始進行獨唱，牠鳴叫的聲音是那麼大、那麼突然，致使你毫不懷疑這位歌手就是你所聽到的混聲樂團中的一位成員，牠們的音符由於距離的緣故而變得輕柔，因樹葉的遮擋而變得低沉。

圖 37 雪樹蟋（Oecanthus niveus）

　　上面的兩隻是雄蟲，右邊的雄蟲垂直地翹起前翅，擺出歌唱的姿態；下面的一隻是雌蟲，窄窄的翅膀折疊，緊緊靠在身體兩側。

第二章　蚱蜢的旁系遠親

在戶外，一隻蟋蟀的歌聲是那麼飄忽不定，即使是當你以為自己已經鎖定某片灌叢或哪條藤蔓，以為聲音就是從這裡發出來的，這個聲音似乎一直在轉移著，躲閃著。你當然以為歌手一定是藏在那片葉子下面；但是當你把耳朵湊過去仔細聽時，叫聲卻顯然是從別處飄過來的；但是等你趕過去，你會發現還是沒有找對地方，聲音似乎來自更遠一點的地方。最後，雖然尋找起來很費力，但是牠的叫聲如此強烈，在你的耳畔鳴響，所以你最終還是能夠找到聲音的來源。你看，一隻小巧玲瓏、體型精緻、腿腳纖細的淺綠色昆蟲正坐在一片樹葉上，背部張開著朦朧透明的帆形翅膀。但是，就是這樣一隻不起眼的小生物，怎麼會發出如此震耳欲聾的聲響？如果你想靠近這個小傢伙，又不打斷牠的音樂，那就需要非常謹慎的行動，因為只要輕輕觸動莖葉或樹幹，牠就會停止歌唱。但是現在，原先看上去像是模糊花飾的薄紗狀翅膀終於現出了其清楚的輪廓；不過，如果遇上干擾，哪怕是很小的干擾，就有可能導致牠們收攏翅膀，平鋪在自己的背部。這時你必須沉默一段時間，否則小傢伙的演唱不會重新開始。接著，突然地，花邊狀的薄膜向上升起，翅膀的輪廓再一次變得模糊，強烈的尖叫聲再次刺穿你的耳膜。說得簡單一些，你正在親眼目睹寬翅樹蟋蟀[46]的一場個人演唱會。

但是如果你注意聽一聽其他歌手的音符，你將會體察到，在牠們的合唱聲中存在著一些曲調上的變化。許多音符是長長的顫音，就像你已經辨別出的那樣，持續時間也不確定；但是其他音符則是較輕柔的嗚嗚聲，持續時間大約 2 秒鐘，還有另外一些音符是短暫的拍打聲，很有規律的重複，每分鐘大概 100 次以上。最後一種音符是雪樹蟋[47]發出來的。這種蟋蟀之所以被稱作雪樹蟋是因為蟲體的顏色較淡。實際上牠的

---

[46]　即 Oecanthus latipennis。
[47]　即 Oecanthus niveus。

顏色是綠色的，但是顏色太淺，在暗處看上去很像是白色。雄性雪樹蟋（圖37）體長超過 1.27 公分，翅膀寬大平坦，收攏的時候在背部交疊，翅緣向下翻轉，靠在身體兩側。雌蟲的體型要比雄蟲大一點，但是翅膀比較狹窄，折疊時沿著背部收攏在一起。雌蟲具有一個長長的產卵器，以便使她能夠把卵排放在樹皮裡。

雄性雪樹蟋大概在 7 月中旬就能達到成熟，並開始鳴唱。歌手垂直地翹起背上的翅膀，並斜向地振動翅膀，速度之快，瞬間就隨著一個個音符發出而變得模糊不清。這種聲響我們前面已經描述過，是 treat、treat、treat、treat，重複得很有規律，很有韻律，就這樣可以唱上整整一個晚上。在這個季節的初期，每分鐘牠們拍打翅膀的次數大約是 125 次，但是後來，尤其是炎熱的夜晚，拍打的速度就會快一些，可以達到每分鐘 160 次。到了秋天，隨著夜晚一天天涼爽，速度會逐漸慢了下來，每分鐘 100 次左右。最後，在這個季節行將結束的時候，歌手因為寒冷而變得遲鈍，所唱出的音符也變成了嘶啞的哀鳴，重複的速度緩慢，也不那麼有規律了，似乎歌唱是讓牠們感到痛苦和困難的事情。

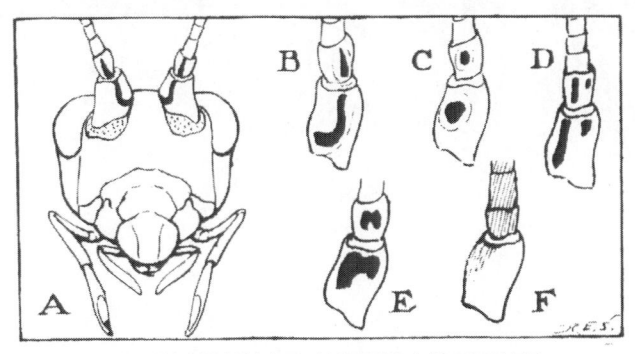

圖38 普通樹蟋蟀觸角基部關節上的區別特徵

A、B. 窄翅樹蟋蟀（Oecanthus angustipennis）。C. 雪樹蟋蟀（Oecanthus niveus）。D. 四斑樹蟋（nigricornis quadripunctatus）。E. 黑角樹蟋蟀（Oecanthus nigricornis）。F. 寬翅樹蟋蟀（Oecanthus latipennis）。

第二章　蚱蜢的旁系遠親

　　屬於蟋蟀屬[48]的樹蟋蟀有好幾種，牠們在外表上非常相似，只是雄蟲在翅膀的寬度方面有些不同，另外有些或多或少呈褐色。但是在牠們的觸角上，大多數樹蟋蟀都有其區別特徵（圖38），很容易被辨識出來。舉例來說，雪樹蟋觸角兩個基部關節上，其側面之下各有一個橢圓形的黑色斑點（圖38C）。另一種，窄翅樹蟋蟀，在第二個關節上有一個斑點，在第一個關節上有一個黑J（A，B）。第三種，四斑樹蟋（D），兩個關節上並排各有一劃和一點。第四種，黑角樹蟋蟀或稱斑紋樹蟋蟀（E），每個關節上各有兩個黑點，或多或少地挨在一起，有時候致使觸角的整個基部都呈現出黑色，還有時候這種顏色可能會遍布身體的前部，而且在某些個體蟋蟀的背上還會形成斑紋。第五種，寬翅樹蟋蟀（F），觸角上沒有什麼標誌，一律呈現的是褐色。

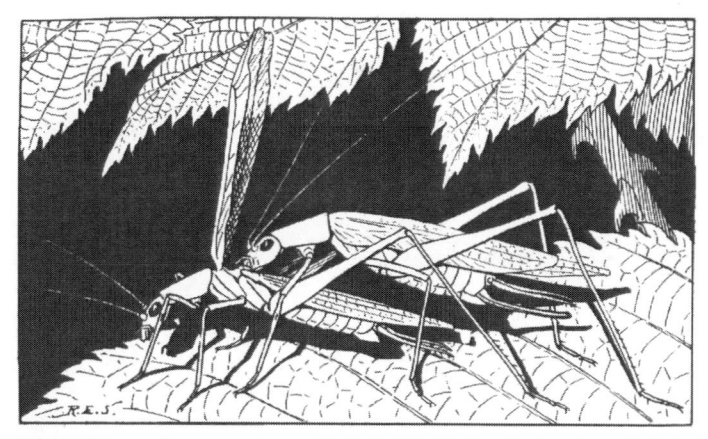

圖39 窄翅樹蟋蟀（Oecanthus angustipennis）的雄蟲和雌蟲，雌蟲正在吸食雄蟲背部流出的體液，而雄蟲張開自己的前翅正在歌唱。（放大三倍圖）

　　窄翅樹蟋蟀[49]幾乎在所有方面都讓人把牠與雪樹蟋蟀聯想在一起，但是牠的音符非常容易被辨識。牠們的歌聲含有較緩慢的嗚嗚聲，通常

---

[48]　即 Oecanthus。
[49]　即 Oecanthus angustipennis。

延長大約 2 秒,並以相同的時間長度間隔,但是隨著秋天的臨近,這些音符會變得更慢一些,更長一些。牠們的音調總是很憂鬱,聲音傳得也較遠。

其他三種常見的樹蟋蟀是黑角樹蟋蟀,或稱斑紋樹蟋蟀[50],四斑樹蟋蟀[51]和寬翅樹蟋蟀[52],牠們都是顫音歌手;也就是說,牠們的音樂包含著一種長長的、尖銳的呼呼聲,而且不確定地持續著。在這三種蟋蟀中,寬翅樹蟋蟀發出的聲響最為洪亮,而且在華盛頓附近地區的數量很多。黑角樹蟋蟀則多半出現在北部稍遠一些地區,尤其喜歡在白天歌唱。在康乃狄克州的許多道路兩旁,到處都能聽到牠那顫音發出的音符;牠們充分享受著 9 月和 10 月下午的溫暖陽光的沐浴,坐在樹葉或枝條上盡情地歡唱。還是在這個季節,無論是雪樹蟋還是窄翅樹蟋蟀也都在白天歌唱,但是通常是鄰近傍晚,並且躲藏在更隱蔽的地方。

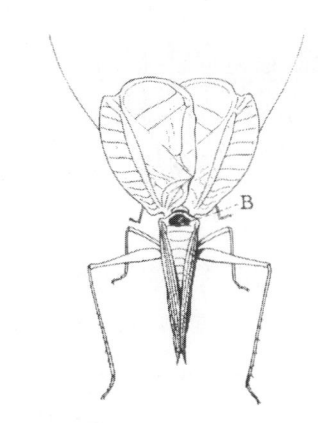

圖 40 寬翅樹蟋蟀(Oecanthus latipennis),雄蟲,
翅膀翹起,擺出歌唱的姿態,
後上視圖顯示的是其背上的一個橢圓形凹陷處(B),
從裡面流出的液體能夠吸引雌蟲。

[50]　即 Oecanthus nigricornis。
[51]　即 O. nigricornis quadripunctatus。
[52]　即 O.latipennis。

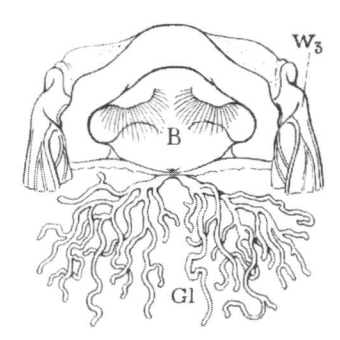

圖 41 寬翅樹蟋蟀第三胸節的背面，
其凹陷處（B）接受體內腺狀組織（GI）分泌出的分泌物

我們當然很想知道這些小動物為什麼這樣堅持不懈地歌唱，牠們的音樂都有哪些用途？真的像人們假設的那樣，雄蟲這麼做是為了吸引雌蟲的注意？我們不知道。但是當雄蟲在歌唱的時候，雌蟲有時會從後面靠近雄蟲，在雄蟲的背部到處嗅聞，而且很快就發現在翹起的翅膀的根部後面有一個很深的盆狀洞穴。這個小洞裡有著清澈的液體，而雌蟲開始非常急切地舔食；儘管雄蟲這時已經停止了歌唱，但是牠的翅膀並沒有放下來，靜靜地讓雌蟲繼續舔食（圖39）。於是，我們一定懷疑，在這種情況下，雄蟲吸引雌蟲的是牠所提供的美食，而不是牠的音樂。因此，歌唱的目的似乎是一種廣告形式，向雌蟲通報自己所在的位置，因為雌蟲知道雄蟲能夠為自己提供美食；或者說，哪怕這種體液是酸的或苦的，這也沒有什麼不同——只要雌蟲喜歡，牠還是會尾隨而來的。那麼，如果這種引誘雌蟲的方法最後會以婚姻的形式而告終，從中我們就可能看出雄蟲擁有演奏的器官，擁有如此持續不斷演奏的本能的真實理由。

圖40所示的是一隻翹起前翅的雄蟲，牠也許正在期待著一隻雌蟲。在牠背部上的盆狀凹陷處（B）是第三胸節背板上一個深深的洞穴。身體

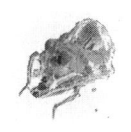

內一對大的分枝腺狀組織（圖 41Gl）正好在盆狀凹陷處的後邊緣張開，而這些腺體為雌蟲提供了牠們可以獲得的液體。

有一種另外種別的樹蟋蟀屬於另一個屬——Neoxabia，被稱作兩斑樹蟋蟀[53]，因為雌蟲的翅膀上有兩個顏色較深的斑點。這種蟋蟀的體型比樹蟋蟀屬的任何一種樹蟋蟀都要大一點，蟲體略帶粉褐色。這種蟋蟀廣泛地分布在美國的東半部地區，但是相對來說數量比較稀少，也很少能夠遇見。阿拉德說，牠的音符與窄翅樹蟋蟀的音符相似，也是比較低沉圓潤的顫音，但是牠們的音調卻更像寬翅樹蟋蟀，持續的時間有幾秒鐘，中間有短暫的間隔。

---

[53]　即 N. bipunctata。

第二章　蚱蜢的旁系遠親

灌叢蟋蟀

　　灌叢蟋蟀與其他蟋蟀的不同在於其足中節大一點，形狀更像蟸斯（圖17B）足上的第三個關節。在灌叢蟋蟀中有一種值得注意的歌手，經常出現在華盛頓的鄰近地區。這就是灌叢跳蟋 [54]（圖42），牠們通常在8月的中旬，或稍晚一些時候登臺獻藝。其音符響亮，是那種清晰、尖銳的喳喳聲，快結束的時候帶有聲調變音，令人聯想到雨蛙的叫聲，而且灌叢跳蟋的鳴叫聲能夠立刻讓聽眾感覺到一種新穎別緻的音符出現在昆蟲的節目單中。不過，一開始的時候，你很難確定這些歌手的位置，因為牠們不是連續不斷地在進行演奏——一個音符似乎來自這裡，第二個音符則來自那裡，第三個音符又來自一個不同的角度，所以幾乎不可能找出任何一隻蟋蟀的藏身之處。但是過了大約一個星期之後，跳蟋的數量開始增多，每一個演奏者持續的時間也越來越長，很快牠們的音符成為晚間音樂會的主旋律，以其嘹亮清晰的歌聲與整個樹蟋蟀合唱團唱對臺戲。正如賴利所說，這一喳喳聲「是如此有特色，只要有人對此進行過研究，就忘不了這種聲音；即使是在蟸斯和其他一些夜晚歌手所造成的喧鬧聲中，人們也能辨別出跳蟋的音符。」

　　進入9月不久，鎖定演奏者的位置已經不那麼困難了。當我們用手電筒照到牠們時，我們發現這是一種體型中等、呈褐色、腿較短小的蟋蟀（圖42），外形有點像普通蟋蟀，但體型小一些。然而，灌叢蟋蟀雄蟲與樹蟋蟀的方式一樣，在歌唱的時候也是高高的翹起自己的翅膀，牠

---

[54]　即 Orocharis saltator。

的背上也有一個盆狀的凹陷處，裡面盛裝著雌蟲渴望得到的液體。事實上，這種液體對雌蟲是那麼有吸引力，至少是在籠子裡，所以雌蟲堅持不懈地努力去爭取獲得這種美味，結果卻使雄蟲有時感到非常苦惱，甚至想竭力甩掉雌蟲。據有人觀察說，一隻雄蟲在試圖擺脫雌蟲的糾纏時（假設是牠的妻子，因為牠是和雄蟲一起被捕獲，並關在籠子裡的），就會透過自己的行動清楚地顯示：我真的希望你不要打擾我，讓我歌唱！這是另一個證據，說明雄性蟋蟀唱歌主要是表達自己的情緒，無論是什麼情緒，並不是為了吸引雌蟲。但是如果就像樹蟋蟀出現的情況那樣，牠的音樂是告訴雌蟲什麼地方能找到她喜愛的甜點，而這麼做反過來在雄蟲心情不錯的時候又導致了結婚，那麼，這就顯現出來雄蟲的發聲裝置和歌聲的實際用途和理由。

圖 42 灌叢跳蟋（Orocharis saltator），上面的是雄蟲，下面的是雌蟲。

第二章　蚱蜢的旁系遠親

竹節蟲與葉蟲

　　天才的特徵似乎總是為一家族所共有，或與家族相關，但是天才並不一定以同樣的方式表達自我。如果說螽斯和蟋蟀是著名的音樂家，牠們屬於竹節蟲科[55]的一些親戚就是無與倫比的模仿者。不過，牠們的模仿並不是一個有意識的行為，而是經由一長串祖先的世系在牠們體內形態上養育而形成的行為。

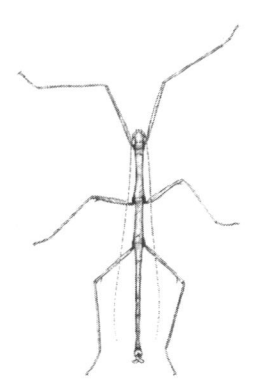

圖43 美國東部普通竹節蟲（Diapheromera femorata），長度為6.4公分。

　　如果什麼時候你在樹林中偶然見到一個短小纖細的樹枝突然動了，緩慢地邁開六條細腿開始散步，眼前的情景你可不要以為是什麼奇蹟，這是一隻竹節蟲（圖43）。這些昆蟲在美國東部地區是很普遍的，但是由於牠們的外表很像樹枝，又習慣於長時間完全保持沉默，身體緊緊貼在樹枝上，所以經常被人們忽略。然而，牠們有時在一個地區成群出現。據推測，竹節蟲與樹枝相像，其目的是為了保護自己不受到敵人的侵

---

[55]　即 Phasmidae。

襲，但是牠們躲避的敵人究竟是什麼，現在還沒有什麼證據可以顯示。竹節蟲在一些南方國家和熱帶國家更為常見，那裡有些竹節蟲的體長可以達到很長的長度。比如來自非洲的一種竹節蟲，完全成蟲時體長是 28 公分。在新幾內亞，那裡生長的一種竹節蟲看上去更像是一個小木棍，而不是小樹枝，一種大塊頭、多刺的動物，身長接近 15 公分，身體最粗的部位差不多有 2.5 公分寬（圖 44）。

竹節蟲科昆蟲的其他成員已經專攻模仿樹葉。這些昆蟲到了成蟲階段長有翅膀，當然了，翅膀讓牠們更容易採用樹葉的形式進行偽裝。生活在東印度的一種著名的竹節蟲看上去非常像是兩片樹葉黏在一起，一種昆蟲能長成這個樣子真的是不可思議，令人驚異（圖 45）。整個蟲體呈扁平狀，身長約 7.6 公分，腿的基部較寬，不規則地出現凹口，腹部鋪開，幾乎像真正的樹葉那樣薄，而樹葉狀的翅膀緊緊地貼在腹部上。最後是這種昆蟲的顏色，其類似樹葉的綠色或褐色為其全面偽裝創造了必要的條件。

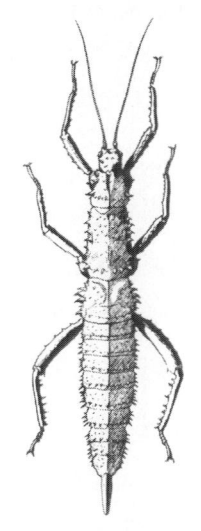

圖 44 來自新幾內亞的
巨體多刺竹節蟲（Eurycanthus horrida）

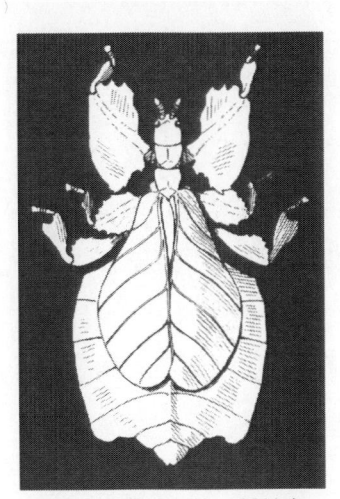

圖 45 熱帶地區的一種葉蟲
（Pulchriphyllium pulchrifolium），
竹節蟲科昆蟲的成員，體長 7.6 公分。

第二章　蚱蜢的旁系遠親

螳螂

　　人們經常會注意到，天賦的智慧也可能被錯誤地運用，甚至用來作惡。與蚱蜢，螽斯和蟋蟀有著親屬關係的螳螂這科昆蟲就是這樣，其成員都非常聰明，但是卻很不老實，十分惡毒。

圖 46 祈禱螳螂（Stagmomantis carolina）（體長 6.4 公分），以及牠上一餐吃剩的殘物。

　　祈禱螳螂[56]（圖46），雖然牠受驚時能像馬那樣提起前腿，但是由於牠在休息時常常採用禱告的姿態，所以人們更多地稱其為「祈禱螳螂」。支撐著腦袋的長長的頸狀前胸抬起，前腿被溫順地折疊。但是如果你近距離觀察這些被折疊的腿，無論其中哪一條，你就會看到第二部分和第三部分武裝著外表可疑的長釘，這些長釘在兩個部分相互封閉時被隱藏。事實上，螳螂是一個詭計多端的偽君子，虔誠的姿態和溫順的長相並不能說明牠的內心有多麼謙卑。多刺的雙臂，那麼天真無邪地合攏在胸部，其實卻是可怕的武器，時刻準備著在第一時間襲擊哪隻沒有戒備的昆蟲，只要這隻昆蟲進入了牠的進攻範圍。設想一下，一隻小蚱蜢走

---

[56]　即 Stagmomantis carolina。

近這個假聖徒：牠的頭馬上就狡猾地傾斜，裝出一幅謙恭的樣子，狡詐的目光斜視著正在靠近的蚱蜢，不放過行動的一絲一毫的細節。接著，突然地，沒有發出任何警告，祈禱螳螂變成了行動的魔鬼。精確的距離計算，迅速敏捷的行動，凶猛可怕的抓握，不幸的蚱蜢命中注定要被俘獲，整個身體就像被用鐵夾子牢牢夾住一樣。就在這個倒楣的傢伙踢腿掙扎的時候，捕捉者的嘴巴伸進牠的腦後，顯然是在尋找腦髓；受害者幾乎來不及做更多的掙扎就被吞食掉了。腿、翅膀和其他一些不合口味的殘體被丟在一邊。當螳螂再次進入休息狀態，牠又虔誠地合攏自己的雙臂，溫順地等候下一個機會的到來，以便一次又一次地繼續享用生吃活食的大餐。

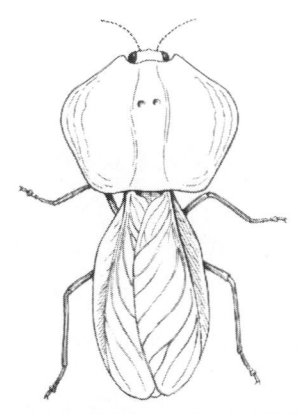

圖 47 來自厄瓜多的一種螳螂（體長 8.6 公分），其背上長有類似噸的盔甲

有一些外來的螳螂品種，其前胸的兩側向外展開，形成了一個較寬的盾（圖 47），而前腿就折疊在盾的下面，完全被隱藏。還不清楚牠們從這套裝置中能獲得什麼好處，但是看上去像是一種更巧妙的欺騙手段。

當然了，正如稍後我們有機會觀察到的那樣，行善和作惡在一定程度上是相對的事情。站在蚱蜢的立場上看，螳螂是一種邪惡的動物；但是也有一些嫉恨蚱蜢的昆蟲把螳螂視為大恩人，因為螳螂為牠們消滅了

第二章 蚱蜢的旁系遠親

死敵蚱蜢。因此，我們至少應該把螳螂看作對人類福祉有益的一種昆蟲。好多年前，有一個很大的螳螂種群被從中國引入美國東部，現在已經被認為是很有價值的自然資源，對農業發展有益，因為有大量的害蟲是被牠們吃掉的。

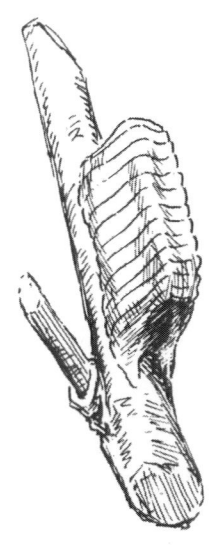

圖 48 附著在樹枝上的螳螂的卵囊（Stagmomantis carolina）

螳螂把牠們的卵排放在一個較大的卵囊裡，黏在樹枝上（圖48）。製成卵囊的物質與蝗蟲封閉牠們的卵的物質類似，是雌性螳螂產卵時從體內滲出來的。螳螂幼蟲是活潑的小動物，還沒有長出翅膀，但是腿很長，而那些寄生於各種植物葉子上的麥二叉蚜、蚜蟲或木蝨，在不受保護的情況下命中注定要成為這些螳螂幼蟲口中的美食。

第三章

蟑螂及
其他遠古昆蟲

第三章　蟑螂及其他遠古昆蟲

我們習慣於自信地把時間說成某種確定下來的東西，可以用時鐘來測量，把 1 年或 100 年當作實際的持續時間量。然而，在當今我們這個講究相對論的年代，關於時間的概念我們覺得並不那麼明確。地質學者以年為單位計算地球可能的年齡，以及地球上某些地質事件自發生以來已經流逝的時間長度，但是他們的數字只是意味著地球在此期間圍繞著太陽大概轉了多少圈。在生物學方面，如果說某種動物在地球上已經存在 100 萬年，而另一種動物存在了上億年，這種說法沒有什麼意義，因為演化的單位不是年，而是代。如果某種動物，例如大多數昆蟲，每年都會有許多代，而另外一種動物，比如我們人類，100 年也就有四代或五代，那麼按照演化論的計算，前一種動物顯然比後一種動物古老得多，雖然兩種動物隨著地球圍繞太陽旋轉的圈數是一樣的。所以，地球上比人類早好幾億年就出現的昆蟲的確是古老的生物。

蟑螂根本不需要介紹，在這個世界上無論你居住在哪個地區，屬於哪個階層，都會對這種昆蟲十分熟悉。不同的民族賦予蟑螂各種不同的別名，而這種現象顯示蟑螂長久以來已經在人類社區扎根。據說，現在蟑螂通用的英語名稱 cockroach 是來自西班牙語的 cucaracha。德國人有點不太恭敬地稱蟑螂為 Kuchenschabe，意思是「廚房裡的蝨子」。古羅馬人把蟑螂叫做 Blatta，而蜚蠊科[57]這個學名就是從這個詞衍生出來的。被昆蟲學者命名為「德國小蠊」[58]的一種歐洲小蟑螂，現在是我們美國最常見的蟑螂，並在紐約獲得了「茶婆蟲」[59]這個綽號，因為不知道是什麼緣故，牠似乎是隨著克羅頓峽谷[60]水系的引入而蔓延開來的，現在這個稱呼在美國的許多地區仍然流行。

---

[57] 即 Blattidae。
[58] 即 Blattella germanica。
[59] 即 Croton bug。
[60] 即 Croton Valley。

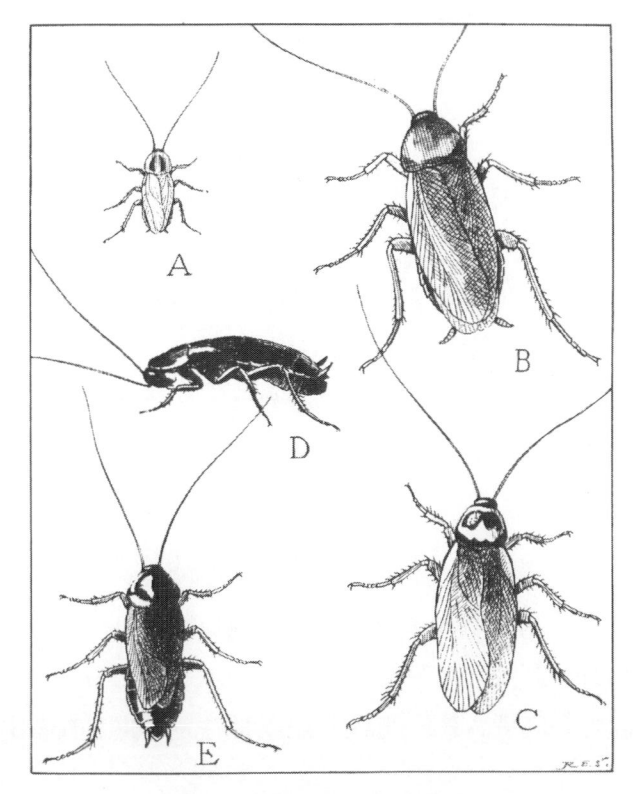

圖 49 家蟑螂的四個常見品種

德國蟑螂，或稱茶婆蟲（Blattella germanica）（體長 2.3 公分）。B. 美國蟑螂（Periplaneta）（體長 3.5 公分）。C. 澳洲蟑螂（Periplaneta australasiae）（體長 3.2 公分）。D. 東方蟑螂的無翅雌蟲（Blatta orientalis）（體長 2.9 公分）。E. 東方蟑螂的有翅雄蟲（體長 2.5 公分）。

茶婆蟲，或稱德國蟑螂（圖 49 A），在各種「家養的」的蟑螂當中是體型最小的。這種蟑螂很苗條，蟲體呈淡褐色，身長大約 1.6 公分，其身體的前盾甲上有兩個暗斑。這種蟑螂是美國東部地區許多家庭廚房的主要害蟲，為那些賣蟑螂的廠商帶來了很大的財富。幸運的是，其他幾種體型較大的蟑螂種群數量不大，不過人們對這樣一些蟑螂也並不陌

第三章　蟑螂及其他遠古昆蟲

生。在這些蟑螂中，第一種被稱作美國蟑螂（圖49B），第二種是澳洲蟑螂（C），第三種是東方蟑螂（D，E）。這四種蟑螂都十分善於長途旅行，不受國籍約束。無論是在海上還是在陸地，牠們就像是在自己的家裡，如同船上未受到邀請的乘客，船走到哪裡，哪裡就留下牠們的身影，所以世界各地都有蟑螂。

除了家蟑螂之外，還有許多種蟑螂生活在野外，尤其是溫暖的或熱帶地區。牠們中的大多數都呈褐色，但色度的深淺不同，或帶一點黑色，也有一些蟑螂呈綠色，少數幾種蟑螂的身上有斑點、條紋或斑紋。不同品種的體型相差很大，如果從合攏後的翅尖量起，最大的蟑螂體長能達到10公分，而最小的蟑螂體長還不足2.4公分。牠們的體型幾乎都是人們熟悉的那種扁平狀，頭部向下彎在身體的前部之下，而又長又細的觸角向前伸出。大多數蟑螂有翅膀，收攏後緊貼在背上。至於東方蟑螂，雌蟲的翅膀非常短（圖49D），這個體徵使得雌蟲在外貌上與雄蟲大不一樣，所以好長時間人們一直以為這兩種性別的同種蟑螂是不同的兩種蟑螂。

當然了，蟑螂並不是天生就被指定為一種家庭昆蟲，而且早在人類能夠建屋造房之前，蟑螂已經在野外生活很多年了，但是其具有的本能和身體形態剛好能適應房屋裡的生活。敏銳的感覺、靈活的動作、夜晚出沒的習性、無所不吃的胃口、扁平的體型，所有這些特質為牠成為人們家裡的害蟲提供了有利的條件。

許多種蟑螂可以生出幼蟲，但是我們現在常見的蟑螂種群卻是透過產卵繁衍後代。牠們把卵封存在硬殼莢囊中，莢囊是一種堅韌而又柔軟，類似角質的物質，作為一種分泌物由雌蟲體內一根通向輸卵管的特殊腺體產生。莢囊是在輸卵管內形成的，當卵囊被夾在輸卵管口的時

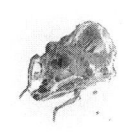

候，卵就流入其中。封口的邊緣開有很細的凹口，而莢囊表面上的橫向印痕顯示裡面的卵所處的位置。

茶婆蟲，或德國蟑螂（圖 49A），所形成的卵囊就像一塊扁平的小塊，雌蟲通常會隨身攜帶一段時間，從身體的末端向外突出，有時候在蟲卵孵化期間，雌蟲仍然帶著卵囊。美國蟑螂和澳洲蟑螂（圖 49B，C）形成的卵囊更像小錢包或煙口袋，長度大約 9.5 公釐或 1.3 公分，上部邊緣有一排鋸齒狀的扣子（圖 50A，B）。某些體型嬌小的蟑螂品種，其卵囊的長度只有 1.6 公釐（圖 50C）。而體型較大的蟑螂品種，牠們的卵囊能夠達到 1.9 公分長（圖 50E）。

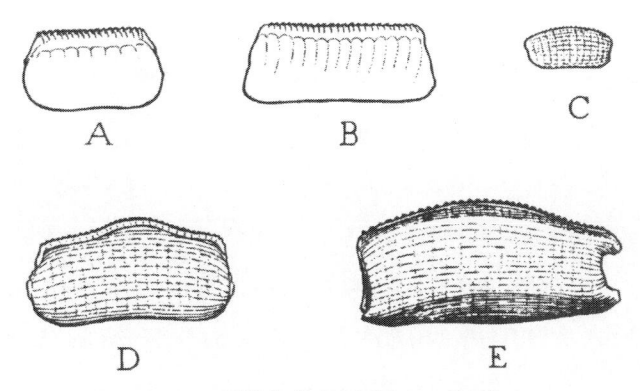

圖 50 五種蟑螂的卵囊（放大三倍圖）

A. 澳洲蟑螂的卵囊。B. 美國蟑螂的卵囊。其他三種是戶外蟑螂的卵囊。

胚胎期蟑螂在卵裡面成熟，而且當牠們準備好孵出時，就會出現在卵囊內。透過某種方式，最後被封閉且被弄得粗糙不平的邊緣這時被打開，以便讓被囚禁的昆蟲逃脫出來。此時，一團團細小的動物開始膨脹，最後卵囊內蠕動的幼蟲全部探了出來。先有一隻或兩隻幼蟲解脫出來，然後是幾隻一起掉下來，接著出來的越來越多，很快卵囊內空了，卵殼遭到遺棄。

第三章　蟑螂及其他遠古昆蟲

當蟑螂幼蟲最初把自己從卵囊中放出來的時候，牠們是孤立無助的動物，因為每一隻幼蟲都被一層胚膜所包裹，迫使牠折疊的腿和觸角緊緊貼在身體上，腦袋被壓向胸部（圖51A）。然而，如此一層封套，纖薄得幾乎看不見，很快就因為急切希望獲得自由的小蟑螂的拚命掙脫而破裂——胚膜裂開，很快從蟲體上滑落下來（B），幼蟲最後終於完全從裡面出來。被丟棄的殘皮皺縮在地上，讓你幾乎不敢相信，就是這個不起眼的東西剛剛還包裹著昆蟲的幼體。

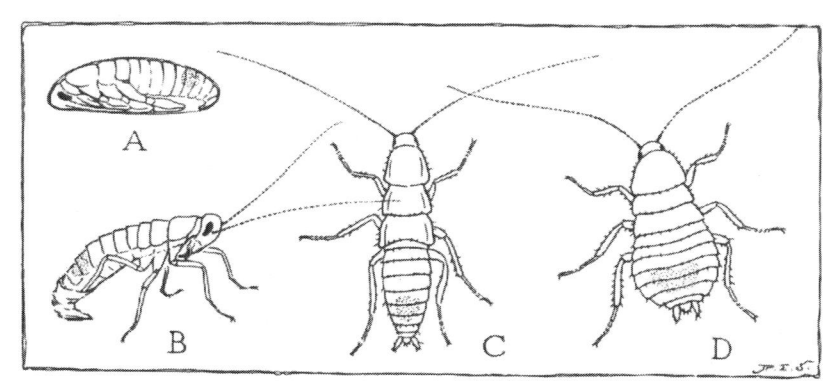

圖51 處於孵化前後不同階段的德國蟑螂幼蟲

A. 臨近孵化，卵內的幼蟲。B. 剛孵化出的幼蟲，正在蛻去胚膜。C. 蛻去胚膜的幼蟲。D. 出生半小時後的幼蟲。

新解放出來的幼小蟑螂一落地就能用牠那細細的腿快速跑動，對於一個此前從來沒有使用過自己的腿的動物來說，這一舉動的確很令人驚訝。牠的體態是那樣纖細（圖51C），看上去根本就不像是一隻蟑螂。除了腹部有一團豔綠色，整個蟲體蒼白無色。但是，幾乎就是一瞬間的事，幼蟲開始出現變化；胸的背板變平，身體由於體節的交疊而被縮短，腹部呈現出一個寬廣的梨形輪廓，頭部被縮進胸盾之下。也就是半個小時的時間，這隻小昆蟲明顯顯露出其蟑螂幼蟲的樣子（D）。

蟑螂有一個強而有力的天敵，這就是家蜈蚣（圖52）。這個傢伙長著

很多腿，所以當牠急速跑過起居室的地板，或者迅速消失在地下室的陰暗角落時，看起來就像是會動彈的一團模糊的影子，你甚至來不及確定自己是否看到了什麼。不過，我們經常會在浴缸裡抓到牠，而牠在這個地方的出現很容易讓家庭主婦歇斯底里地喊叫。然而，除非你非常喜愛蟑螂，否則家蜈蚣應該受到保護和鼓勵。筆者曾把一條蜈蚣放入一個有蓋子的玻璃盤子裡，裡面事先已經放入了一隻德國蟑螂雌蟲和一個正在孵化蟲卵的卵囊。還沒等剛出生的蟑螂幼蟲學會四處跑動，家蜈蚣就已經把牠們擺上了自己的餐桌，只有當最後一窩蟑螂都被吃掉，這一頓大餐才算告一段落。蟑螂媽媽這時還沒有受到騷擾，但是第二天的

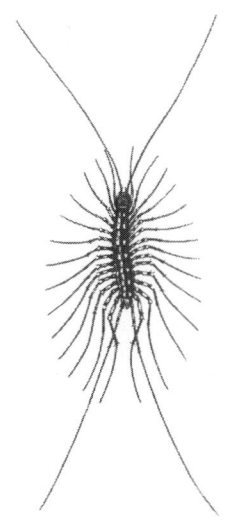

圖 52 常見的家蜈蚣（Scutigera forceps），蟑螂幼蟲的殺手

早晨，她卻四腿朝天地躺在那裡，死了，她的腦袋被咬掉了，被拖到離身體很遠的地方，體液已經被吸乾——所有這一切都無言地證明，夜間的某個時刻發生了一場悲劇，或許是因為家蜈蚣的飢餓感又出現了，牠再次投入捕食行動。家蜈蚣並不是只吃活蟑螂，牠幾乎什麼食物都能吃，但是對家庭的儲藏室來說，牠從來就不是一種害蟲。

　　大多數品種的蟑螂都有著兩對發育良好的翅膀，通常情況下折疊在背後，因為身為家種蟑螂，牠們平常在尋覓食物時並不需要飛行，除非偶爾為了避免被捕獲才會張開翅膀飛走。前翅比後翅長一些，也厚實一些，並覆蓋在後翅上；後翅較薄，在不使用的時候成扇形收攏。就這些特徵而言，蟑螂與蚱蜢和螽斯相似，而牠們所屬的科——蜚蠊科，通常與直翅目的那些昆蟲放在一起。

　　昆蟲的翅膀是非常有趣的研究課題。正如圖 53 所示的那樣，當蟑

第三章　蟑螂及其他遠古昆蟲

螂的翅膀平展地張開以後，我們可以見到翅膀上有很薄的膜狀組織，由從基部向外延伸的多條翅脈所支撐。所有昆蟲的翅膀都是遵照相同的總體樣式而構造的，都同樣有主翅脈。但是，由於昆蟲的主要特長就是飛行，牠們的演化也集中在翅膀上，不同的種群試驗過不同的翅脈類型，結果現在就是依據翅脈排列的某種特殊模式和分支情況來區別昆蟲。這樣，昆蟲學者不僅能夠根據牠們的翅膀結構區分各種不同目的昆蟲，例如直翅目，蜻蜓、蛾、蜜蜂和蒼蠅，而且在很多情況下還能確定昆蟲的科，甚至屬。對研究昆蟲化石的學者來說，這些翅膀十分具有價值，因為蟲體在多數情況都不會得到很好的保存，所以只能藉助對翅膀的研究，古生物學家才能在古代昆蟲的研究方面取得進展。而且實際上，對古代昆蟲的不斷理解，以及對昆蟲化石殘跡的研究在一定程度上幫助我們了解昆蟲這個變化多端、分布廣泛的動物種群。

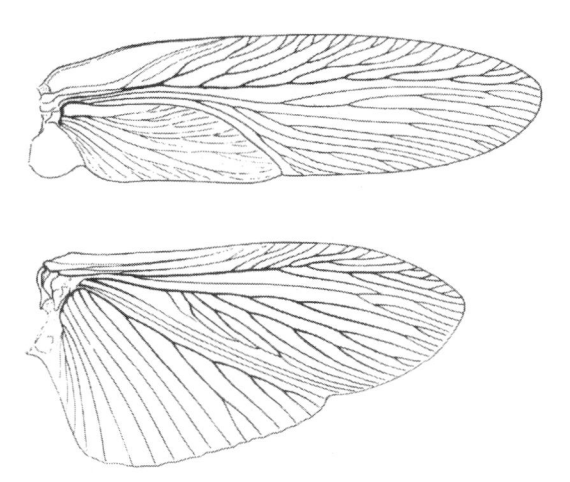

圖53 蟑螂（Periplaneta）的翅膀，顯示的是具有蟑螂科特徵的翅脈式樣

古生物在地球上的生活史向我們顯示，這塊土地上前後曾經居住過許多不同形態的動物和植物。某種特定的動物種群出現在地球上，最初

相對來說還微不足道；然而隨著數量的不斷增加，形態發生變化，通常在個體尺寸方面的增大，這種動物就可能成為占優勢地位的生命形態；接下來，隨著這種動物族群個體的身材見效，種群數量逐漸降低，直至開始走上滅絕之路，牠就可能退化成毫無意義的生命形態。與此同時，表現另外一種結構類型的動物族群就可能異軍突起，興旺發展，然後逐步衰退。然而，如果我們認為所有的生命形態都必須在其生命史中經歷這樣的起伏，這可是一種錯誤的印象，因為有許多曾存在過的動物在極其漫長的時間週期裡並沒有發生多大變化。

昆蟲的歷史給了我們一個關於永久性的很好的例子。早在動物已有紀錄被保存在岩石之前，昆蟲就已經在古老而又遙遠的年代的某個時期、某個地方成為昆蟲。牠們一定是在海洋裡到處都是鯊魚和龐大的甲冑魚的那個年代就出現了；牠們一定是在我們的煤床逐漸形成的時候就已經開始興旺。牠們見證了那些龐大的兩棲動物和巨型爬行動物的出現，例如恐龍、魚龍、蛇鱗龍、蒼龍等，這些龐然大物以及其他一些巨型動物族群的名稱現在已是家喻戶曉的常用詞，而牠們的骨骼陳列在博物館裡供我們大家參觀。還是在鳥類開始有牙齒，逐漸從牠們的爬行動物祖先那裡演化的年代，在開花植物開始裝扮山水風景的年代，昆蟲就已經有了新的形態分支；從哺乳動物年代的開始到大型毛皮動物達到鼎盛，再到一些動物的絕跡，整個過程都有昆蟲在場。牠們陪著我們人類來到這個地球，伴隨著我們人類的整個演化過程一直走到今天；如今牠們仍然和我們在一起──一個活力十足的族群，沒有任何跡象顯示牠們在退化或數量在減少。在所有的陸地動物中，按照世系的長度來算，昆蟲是真正出身名門的貴族。

第三章　蟑螂及其他遠古昆蟲

圖 54 一組常見的石炭紀植物，按樹的尺寸和比例繪製

前面的兩棵樹，左邊的是封印木（Sigillaria），右邊的是鱗木（Lepidodendron）；背景上中間兩棵樹中，左邊的是科達樹（Cordaites），右邊的是蕨類植物；遠處那些高高的樹是蘆木（Calamites），與我們現代的馬尾蕨有親緣關係。

被人們所知道的最早的昆蟲遺跡是在岩石的上部岩床找到的，而這些岩石層則是在地球史上被稱之為石炭紀這個地質學時期形成的。在石炭紀時期，內海或湖泊沿岸的大多數陸地是沼澤地，上面生長著大片的樹林，而我們現在的煤層就是這些樹林石化以後形成的。但是在我們看來，石炭紀的陸地風景讓我們覺得陌生，也覺得奇怪，因為我們已經對豐富的硬木材、闊葉樹和灌木叢，以及各式各樣的開花植物司空見慣了。但是在那個時代，植物的這些形態還沒有哪一個已經出現。

石炭紀沼澤地的大多數下層灌叢是由類似蕨類的植物組成的，其中的確有許多是真正的蕨類植物，而且很有可能是我們現代的歐洲蕨的祖先。這些古老的蕨類植物有一些能夠長得非常高大，高度超過其他一些

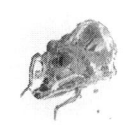

樹狀植物，可以達到18公尺，甚至更高，巨大的葉子像羽冠那樣伸展開來，形成了許多的枝杈。另一組具有石炭紀植物群特徵的植物包含了種子蕨，如此命名的原因是牠們與真正的蕨類植物有些不同。儘管從整體外觀上種子蕨與蕨類植物非常相像，但是牠們結出的是種子，而不是孢子。種子蕨主要屬於小型植物，葉片精緻，也很漂亮，但是這個物種沒有子孫繁衍到現代。

與大量的蕨類植物和種子蕨一起，在石炭紀的沼澤地還生長著巨大的石松，或稱石松屬植物，其高度有時候能達到三十多公尺，在那個時候的樹林裡算得上是最惹人注目的大樹了（圖54）。這些石松屬植物長著高聳的圓柱形樹幹，樹身被許多的小鱗片所覆蓋，很有規則地呈螺旋形排列。一些石松屬植物有很粗厚的側枝，從樹幹的上半部分叉，側枝上長滿了堅挺而又鋒利的樹葉；其他石松屬植物則在樹幹的頂部結出一大撮細長的樹葉，有點像我們現在的絲蘭、千手蘭或鳳尾蘭的巨大變體。較大型的樹的根部，其直徑可達0.9～1.2公尺，由分布在地下的巨大分枝所支撐，而樹根就是從這些分枝長出來的——或許可以說，這種設計讓石松屬植物在沼澤地鬆軟的泥土中有了一個寬敞的基礎。

石炭紀石松屬植物為我們提供了主要的煤炭資源，然而，後來牠們被其他新的植物類型所替代。不過牠們這個物種還沒有絕跡，因為即使是在今天，我們也能夠在被稱之為石松的這種低矮、四季常綠的植物身上看到牠們的許多代表性特徵，其伸展開來的、分叉很多的主枝通常蔓生在地上，由一排排短小而堅硬的樹葉覆蓋著。我們最熟悉的石松屬植物是「扁葉石松」，雖然這不是一個典型的物種。這種不起眼的小矮樹被大量用於聖誕節的裝飾物，而且現在仍然在一些地方以其柔軟、寬大、類似蕨類植物的葉狀莖為我們的樹林鋪上了綠地毯。到了秋天，扁葉石

第三章　蟑螂及其他遠古昆蟲

松那鬱鬱蔥蔥的暗綠色令人喜愛，與這個季節那些枯黃的落葉所形成的憂鬱色調產生了很大的反差，似乎是在表現一種活力，而且就是這種活力確保了石松屬植物從遠古保存到現在，如果從其偉大的祖先所處的時代算起，牠們在這個地球上已經生存了數百萬年。「山蘇」也是古代驕傲的石松樹植物的後裔，常常被人當作神奇的保健植物賣給家庭主婦們，謊稱或誇張地說這種植物具有使人返老還童的效用。

在我們現代的林區裡，沿著河岸或在其他潮溼的地區，還生長著另外一種從石炭紀時代樹林保存至今的植物——即我們通常所說的「馬尾蕨」，或稱木賊屬植物[61]。這種植物的莖呈綠色，上面有粗糙的羅紋，帶有從莖節上長出的細分枝的輪生體。我們的馬尾蕨是一種有維管束的植物，很少能達到幾公尺高度，雖然在南美洲一些國家有些品種可能高達9公尺的；但是在石炭紀，木賊屬植物的祖先的身材已經達到了樹的高度（圖54），其樹幹的粗壯程度也可以與石松屬植物和巨型蕨類植物的樹幹相比。

除了這幾種植物族群的很多代表之外（牠們全都或多或少地與蕨類植物有同盟關係），石炭紀樹林還包含另外一組被稱作「科達樹」[62]的樹狀植物，後來出現的蘇鐵，以及我們現在的銀杏樹都有可能是它的後代。另外，還有某種植物的幾個代表性樹種是我們現在的松柏目植物的起源。

也許只有那些穿越時空回到遠古時代的訪客才有可能向我們完整地講述石炭紀沼澤地裡植物生長的狀況，這要比我們根據岩石紀錄了解情況好多了。不過，古生物學家現在手裡掌握的大量資料已經很充分了，至少可以向我們描繪出一幅可信的場景畫面，幫助我們了解已知的最早的昆蟲生活狀態和死亡原因。

那麼，居住在遠古時代樹林裡昆蟲長什麼樣子呢？牠們也是樣式古

---

[61] 即 Equisetum。
[62] 即 Cordaites。

怪，居住在遙遠仙境的動物嗎？不，不是這個樣子，至少在外表或結構方面不是這樣，雖然從身體這個角度牠們也許「適宜」，因為昆蟲能很適應地記住任何地方。簡言之，石炭紀昆蟲主要的物種是蟑螂！是的，數百萬年前的那些森林和沼澤地生活著蟑螂，而且那個時候的蟑螂與我們現在熟悉的家庭害蟲，或者還沒有放棄在城市居住習慣的許多種蟑螂並沒有多少不同。

　　無論是誰，如果他想透過察看地質紀錄找到昆蟲演化的佐證，那麼他一定會沮喪地感到失望，因為古代蟑螂（圖55）和現代蟑螂（圖53）的翅脈樣式幾乎完全相同。圖55所示的物種，作為石炭紀蟑螂的典型樣本，就能說明問題。儘管樣本缺少觸角，也沒有腿，但是任何人都能看出，這些動物就是普通的蟑螂。因此，我們能很容易地描繪出這些遠古的蟑螂，牠們急促地爬上高高的長滿鱗片的石松樹植物的樹幹，牠們在蕨類植物長滿樹葉的莖的根部爬進爬出，而且我們也可能在纏結成團的植物垃圾堆裡找到大批蟑螂出沒的身影。那個時代的昆蟲一定是自由的，沒有敵人的侵襲，因為鳥類尚未存在，而且所有侵害其他昆蟲的寄生蟲的寄主當時還沒有得到演化，牠們的演化是後來發生的事情。

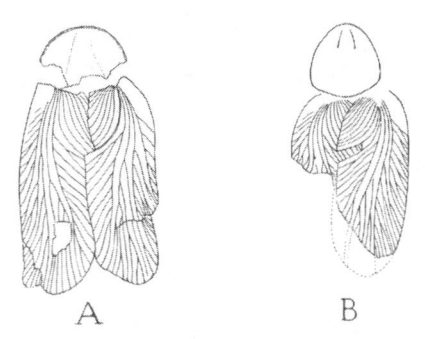

圖55 石炭紀上層岩石的蟑螂化石

　　A. 在伊利諾伊州發現的馬佐納蟑螂（Asemoblatta mazona），翅膀長度為2.5公分。B. 在德國發現的碳蟑螂（Phyloblatta carbonaria）。

第三章　蟑螂及其他遠古昆蟲

雖然到目前為止，已知的石炭紀昆蟲數量比較大的是蟑螂，或是與蟑螂有密切關係的昆蟲，但除此之外還有許多其他形態的昆蟲。昆蟲學者對其中某些昆蟲有著獨特的興趣，原因嘛，就是因為在某些方面，這些昆蟲的身體結構比任何一隻現代昆蟲還要簡單，而且在這一方面，牠們比我們所知道的任何其他昆蟲更接近假象的原始昆蟲。不過，這些最古老的已知昆蟲，即古網翅目昆蟲[63]，牠們的特徵與現代的昆蟲形態差別甚小，不是昆蟲學家，一般人幾乎覺察不出來；對那些隨便看看的觀察者來說，古網翅目昆蟲就是昆蟲。牠們之間的主要區別特徵在於翅脈的排列式樣，其翅脈與其他有翅昆蟲相比更具對稱性，因此很有可能更接近所有有翅昆蟲的原始祖先的翅膀。這些遠古的昆蟲或許不像現在大多數昆蟲那樣在背上折攏起自己的翅膀，由此表現出另一個原始特徵，不過這算不上區別性特徵，因為現代的蜻蜓（圖58）和蜉蝣（圖60）在休息的時候同樣使翅膀保持張開的狀態。

　　昆蟲是如何獲得翅膀的？這個問題總能引起人們的興趣，因為，儘管我們很清楚地知道鳥的翅膀或者蝙蝠的翅膀只不過是前肢的變異形態，導致昆蟲翅膀不斷演化的原始器官的性質卻至今仍然是一個謎。然而，古網翅目昆蟲或許可以幫助我們闡明這個問題，因為有些古網翅目昆蟲，牠們前胸背板的側面邊緣上各有一塊很小的扁平葉片，這在化石標本上就像未發育的翅膀（圖56）。這些前胸葉片的存在，正如出現在某些最古老的昆蟲身上的葉片，使人聯想到這樣一個觀點，即真正的翅膀是從中胸和後胸上類似的葉片演化而來的。如果真是這樣，我們必須把有翅昆蟲的直系祖先描繪成這樣的動物：牠們的身體兩側各有一排葉片，每排三片，從胸部體節的邊緣直挺挺的向外伸出。當然，動物不可

---

[63]　即 Paleodictyoptera。

能真的利用這種翅膀飛行，但是或許牠們可以利用這樣的翅膀在空中滑翔，像現代的美洲飛鼠那樣從一棵樹的樹枝飛到另一棵樹的樹枝上，透過沿著前腿和後腿之間身體兩側伸展的皮膚褶皺來進行。如果這樣的葉片這時能在根部變得柔軟靈活，那麼只需要對身體已有的肌肉稍微做出調整，就可以讓葉片做上下運動了。在大多數情況下，現代昆蟲的翅膀仍然是藉助一種非常簡單的機制，其中包括額外獲得的幾塊肌肉。

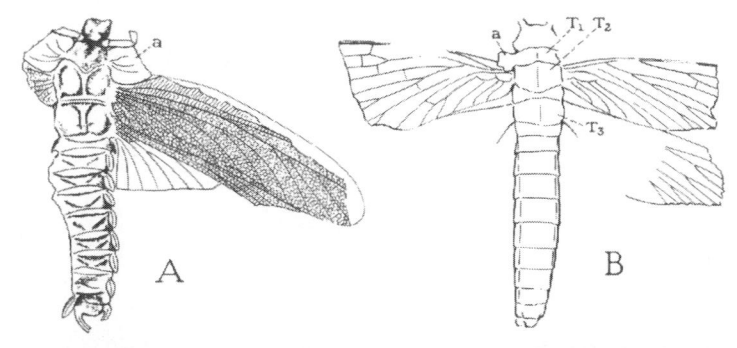

圖 56 已知最早的昆蟲，古網翅昆蟲的化石標本，小葉（a）像翅膀那樣從前胸伸出

A. 石炭紀的化石昆蟲（Stenodictya lobata）。B. 古網翅目昆蟲（Eubleptus danielsi）：T1、T2、T3，前胸體節上的三塊背板。

然而，從機械效能方面看，完全發育的三對翅膀似乎太多了。因此，在昆蟲後來的演化中，前胸上小葉的發育只限於供滑行所用，而且在所有的現代昆蟲身上，已經失去第一對這樣的葉片。此外，後來更多的發現顯示，只用一對翅膀才能獲得最佳的飛行狀態；而且幾乎所有比較完善的現代昆蟲都有一對尺寸縮小的後翅，並鎖定到前翅上，以確保飛行的協調一致。蒼蠅已經把這種演化帶到一種雙翅狀態，而且牠們實際上已經獲得了成功，因為牠們的後翅大幅度的被縮小，再也不具備飛行器官的形態和功能。這樣一些昆蟲被稱作雙翅目昆蟲，牠們只利用高度專門化的一對翅膀有效地飛行（圖 167）。

第三章　蟑螂及其他遠古昆蟲

在石炭紀末期階段，古網翅目昆蟲開始逐漸滅絕，而牠們的消失進一步證實了這樣一個觀念，即牠們是早期昆蟲類型中最後一批倖存者。但是無論怎麼講，牠們並不是昆蟲的原始祖先，因為，僅從牠們擁有的翅膀上看，說明牠們在翅膀的發育過程中一定經歷過漫長的演化；但是，對昆蟲史的這一階段的情況我們一無所知。目前已被揭示的岩石顯示，那上面並不含有石炭紀沉積岩上層之下的昆蟲生活狀況的紀錄，而那個時候昆蟲的翅膀已經得到了充分的發育。這一事實說明，我們在提出有關地球滅絕物種的否定陳述時必須小心謹慎，因為我們知道，早在我們獲得牠們存在的證據之前，昆蟲一定在地球上生活很長一段時期。找不到比石炭紀昆蟲還早的昆蟲化石，其原因很難解釋，因為數百萬年來，其他動物和植物的遺跡都得以保存，被發現的數量相對來說也很大。所以，至於昆蟲變成有翅動物，幾乎已經演化到現代形態之前的狀況，我們並不能實際地進行了解。

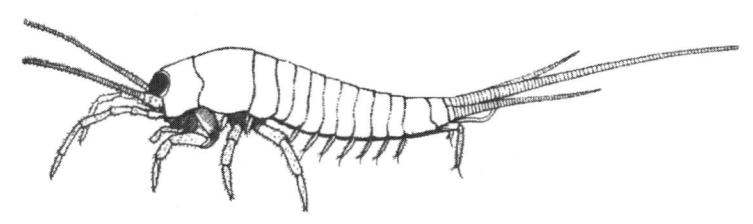

圖 57 石蚤（Machilis），翅膀演化前古代昆蟲的現代代表

目前還有一些無翅膀的昆蟲。其中一些昆蟲清楚地顯示，牠們是有翅昆蟲最近的後裔。另有一些昆蟲則透過自己的身體結構暗示，牠們的祖先從來就沒有長過翅膀。如此說來，像這樣一些昆蟲，或許就是透過一條長長的遺傳世系，從所有昆蟲原始的無翅祖先那裡來到我們面前。俗稱的「衣魚」（昆蟲學家稱之為衣魚屬）和牠的近親石蚤（圖 57），就是我們熟悉的、真正的現代無翅昆蟲的例子。如果牠們的遙遠祖先像牠們

那樣脆弱、容易被壓碎，我們也許就能理解，牠們為什麼沒有在岩石上留下牠們的印記。

　　與石炭紀蟑螂和古網翅目昆蟲並存，那個時候還生活著其他幾種昆蟲，其中許多都是某些現代昆蟲種群的代表。蜻蜓就是其中之一。某些蜻蜓的體型很大，在昆蟲堆裡稱得上是龐然大物了，因為牠們一根翅膀如果完全張開能達到 61 公分，而我們現代的蜻蜓翅膀長度，即使把兩根翅膀加在一起，也不會超過 20 公分。但是已滅絕巨型蜻蜓翅膀的長度並不一定就意味著牠們的身材比現今還存世的最大的昆蟲要大很多。大致上，那個時候的昆蟲體型通常都很普通，大多數的古代昆蟲與現代昆蟲差不了太多。

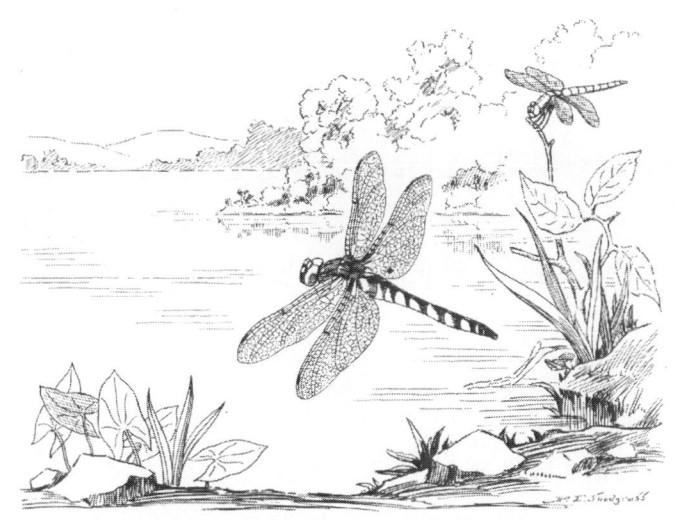

圖 58 蜻蜓（蜻蜓目），古代無翅昆蟲種群的現代代表。成蟲是強壯的飛行者，能在飛行中捕獲其他昆蟲；休息時，翅膀向身體兩側直接伸出。幼蟲生活在水裡（圖 59）。

　　現代的蜻蜓（圖 58）以其飛行迅速而聞名，牠們還有能力在飛行時瞬間改變飛行的方向。這些特質使牠們能在飛行業中捕獲其他昆蟲，作為牠們的食物來源。牠們的翅膀裝備有幾組特殊的肌肉，而其他昆蟲卻

第三章　蟑螂及其他遠古昆蟲

沒有，這就顯示，蜻蜓是從牠們石炭紀祖先那裡沿著自己的血脈一路傳承下來的。牠們至今仍然保留祖先留下的這種特性。在不使用翅膀的時候，牠們不能像大多數昆蟲那樣把翅膀折攏並平放在背上。較大的蜻蜓在休息的時候把翅膀筆直地向身體兩側伸出（圖58）；但是也有一組纖細的蜻蜓，被稱作「豆娘」（插圖1，第2圖），能夠以垂直平面把翅膀合攏在背上。

　　蜻蜓通常喜歡聚集在水域開闊的地方。在一覽無遺的水面上，體型較大的蜻蜓為自己找到了一個方便的獵場；但是蜻蜓喜歡水的一個更重要的理由是，牠們要麼把卵產在水面上，要麼產在水生植物或水邊植物的莖上。蜻蜓幼蟲（圖59）是水棲動物，而且一定要居住在離水近的地方。牠們是相貌普通，甚至有點難看的動物，絲毫沒有牠們父母的高雅氣質。蜻蜓幼蟲以其他生物為食，游泳能力使牠們能夠捕捉到這樣的食物。牠們非常長的下唇末端上長著幾個抓鉤（圖134B），這些抓鉤可以在頭部前方向外射出，而幼蟲就是憑藉著這種武器捕獲獵物。古生代時代寬闊的沼澤湖一定曾經為蜻蜓提供了一個理想的棲息地，而且很有可能已知最遠古的蜻蜓在身體結構和生活習性方面與現代蜻蜓物種沒有多大差別。

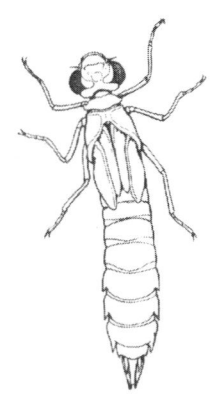

圖59 蜻蜓幼蟲，一種水棲動物，只有準備蛻變成成蟲（圖58）時才會從水中離開

目前,另一種很常見的昆蟲是蜉蝣,看上去好像也是古生代祖先的直系後裔(圖60)。蜉蝣幼蟲(圖61)也生活在水裡,並具有用於水中呼吸的鰓,沿身體兩側排列著一些薄片狀或細絲狀的結構。蜉蝣成蟲(圖60)是非常精緻優雅的昆蟲,長著四扇薄紗似的翅膀,一對長長的線狀尾巴從身體後部伸出。在蜉蝣幼蟲開始變態的時候,牠們常常成群地出現在水面上,而且尤其容易受到強光的吸引。由於這個原因,大批蜉蝣夜裡來到城裡,第二天早晨人們常常能夠在牆上和窗戶上看到牠們。在城市,蜉蝣發覺自己正處在一個對牠們天生習性和本能都非常陌生的環境裡。蜉蝣並不把自己的翅膀水平地折疊,但是在休息的時候則垂直地收攏在背上(圖60)。在這一方面,牠們似乎也保留了古生代祖先的特性;不過我們必須注意到,高度演化的現代蝴蝶以同樣的方式收攏自己的翅膀。

蟑螂、蜻蜓和蜉蝣都證明昆蟲是一個非常古老的物種,因為既然這些存在於古生代時期的昆蟲形態幾乎就是牠們今天的樣子,所有昆蟲的原始祖先(我們沒有找到相關的地質紀錄)一定生活在比古生代更遙遠的時代。然而,儘管我們的尋找也許會一無所獲,在古生代紀錄無法發現昆蟲的起源和昆蟲發展的證據,比石炭紀更晚時期裡被保存下來的物種,卻清楚的顯示現代昆蟲更高形態的演化。像甲蟲、蛾、蝴蝶、黃蜂、蜜蜂和蒼蠅這樣一些昆蟲在古老的岩石上完全沒有留下遺跡,牠們是後來的時期,相對來說離我們現在更近的時期才出現的,由此我們可以透過研究牠們的身體結構來確定這樣一個觀念,即牠們是從更接近與石炭紀岩層中的古網翅目昆蟲的祖先那裡演化來的。

第三章　蟑螂及其他遠古昆蟲

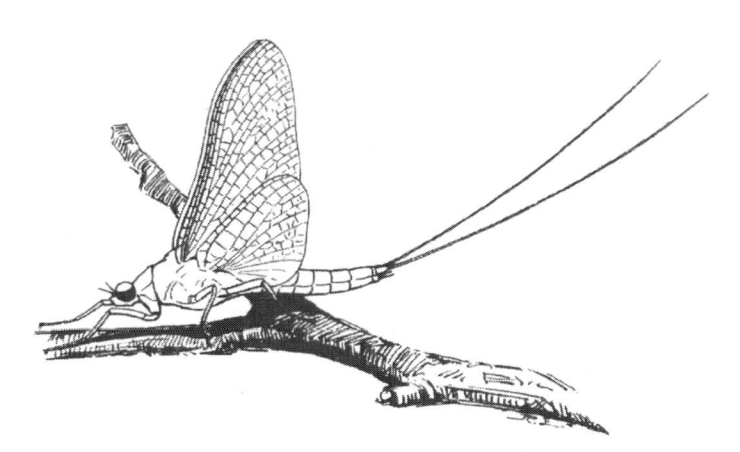

圖 60 蜉蝣，原始有翅昆蟲另一目的代表，在古生代有許多的近親

　　蟑螂漫長的遺傳世系，其結構和形態幾乎沒有什麼變化，為演化論的特殊課程提供了資料。如果演化一直是一個「適者生存」的問題，那麼蟑螂，從其生存的狀況看，一定是最好的「適者」。然而，蟑螂的適應能力具有普遍性；這種普遍效能使蟑螂在各種條件下，各種環境裡成功地生活。大多數其他形態的現代昆蟲則是透過更專門化的習性、更特殊的生活方式和進食方式來適應環境。這樣的昆蟲，我們說是得到了專門化，而以蟑螂為代表的那些昆蟲則得到了普遍化。因此，生存要麼依賴於普遍化，要麼依賴於專門化。動物的普遍化形態與那些特殊適應某種生活的動物的專門化相比，前者在經歷一系列變化的環境過程中能獲得更好的生存機會。不過，如果條件和環境適合，專門化的動物也有其自己的優勢。

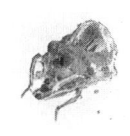

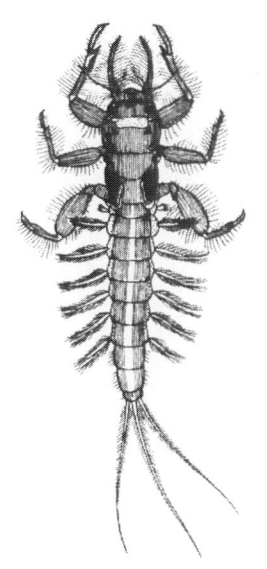

圖 61 蜉蝣幼蟲，一種水棲動物（放大一倍半圖）

這樣一來，蟑螂存活到了今天，而且只要地球適合居住，牠們還會繼續生活下去，原因很簡單，當牠們被迫離開一個環境，牠們有能力讓自己適應另一種環境。但是我們都曾見到專門化的蚊子是如何在其孳生地遭到破壞時消失不見的。出於這種考慮，我們能為人類感到一些寬慰，如果我們不介意把自己比作蟑螂。因為，就像蟑螂，人是一種無所不能的動物，有能力使自己適應所有生活條件，有能力在極端條件下繼續生存。

第三章　蟑螂及其他遠古昆蟲

第四章

生活方式

第四章　生活方式

在我們人類社會，每一個人必須獲取生存所必需的東西；只要能為自己和家人提供食品、衣物和住所，用什麼方式，從事哪一種行業，透過什麼途徑，從生理方面來看都沒什麼關係。所有形式的生命體情況也完全如此。生命物質的生理要求使得某些東西成為維持生命體活著的必需品，但是自然法則並沒有實際指定哪一種必需品可以用哪一種方式獲取。生命本身會受到限制和約束，但是在生活方式和生存方法方面，生命又具有完全的選擇自由。

什麼是生命體？如何區分生命體與非生命體？試圖為這些概念下一個定義沒有什麼意義，因為所有的釋義都無法區分動物和非動物物質。不過我們知道，動物在相互接觸和與環境接觸時會對某些變化做出反應。根據這個現象我們就能把生物與非生物區分。當然了，「環境」必須從廣義上加以解釋。從生物學上講，以任何方式關係到生物體的所有東西和力量都應包括在環境這個範疇內。不僅每一種植物，每一種動物從整體上有其環境，就是每一個部分也有一個環境。例如，動物胃的細胞一方面在血液和淋巴方面有它們的環境，另一方面胃所含之物也有其環境；另外分配給它們的神經能因冷熱所造成的影響，這些也是環境因素。

綜合體動物細胞生命的環境條件太複雜了，很難進行基本的研究；簡單生物或單細胞動物的生命元素及其基本的必需品理解起來要容易一點。但是出於描述的目的，最為方便的還是僅談談原生質的性質。大多數高等動物維持生命必需的都存在於原生質的任何部分，動物就是由這些原生質物質所組成的。

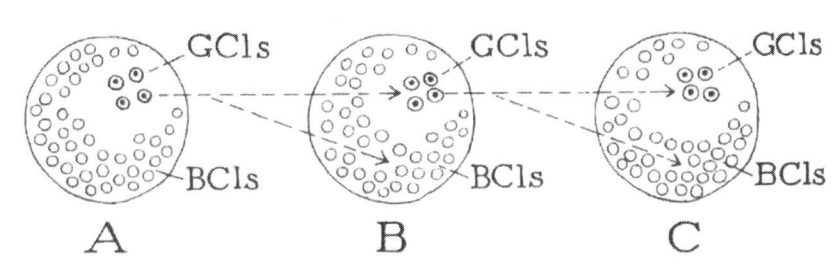

圖 62 代代相傳過程中生殖細胞（GCls）和體細胞（BCls）的關係圖

A 代受精的生殖細胞形成 B 代的生殖細胞和體細胞，B 代受精的生殖細胞形成 C 代的生殖細胞和體細胞等。

B 代的後代 C 從 B 代的體細胞那裡什麼也沒有得到，但是 C 代和 B 代共同起源於 A 代的生殖細胞。

原生質是一種或一組化學物質，其結構非常複雜，但是在環境不受到干擾的條件下能夠得到保持。然而，假設一些很小的事發生，例如氣溫的變化、光的強度的變化、壓力的變化、周圍生活環境的化學成分和原生質分子的變化、氧氣多少的變化等，都有可能打破它們粒子結構的平衡，隨之它們可能部分地分解，因為它們不太穩定的元素與氧結合，就會形成更加簡單、更加持久的化合物。原生質物質的這種分解，與所有分解過程一樣，釋放出一定數量的能量（這些能量是在分子形成中保存下來的），而這種能量本身能以多種方式顯現出來。如果它以原生質塊的形狀改變或運動形式的改變表現出來，我們就可以說原生質塊顯示出生命的跡象。然而，如果行為能夠得到重複，活著的狀態就會更加真實，因為生物的本質特性就是具有能夠回復到以前的化學成分的能力，以及由此而獲得對另一種環境變化作出再次反映的能力。為了恢復其丟失的元素，它必須從環境中重新獲得這些元素，因為它不可能從已丟失的物質那裡把這些元素找回來。

如果用最通俗的術語來表達，這裡要說的就是生命的物質基礎之謎，就是生命形態演化的動機之謎。這樣進行分析並不意味著這些奧祕

第四章　生活方式

會更容易理解，但是的確有利於我們全面了解其中的奧祕。活著就需要保持重複一種行動的能力；其中包括對刺激的敏感性、氧氣的持續存在、廢物的排泄以及某些物質的供應，這些物質能夠產生碳、氫、氧、氮或其他容易用於替換目的的必需元素。所謂演化，其原因是生物為了能以更有效的方式完成生命過程而必須不斷地做出努力；生命為實現其最終目標就要不斷嘗試，並找到有利於生存的方法，而方法不同，所形成的生物種群也不同。生命機體就像是一部機器，在結構上變得越來越複雜，但其從事的工作卻總是一樣。

如果動物在身體機制方面能與機器相比──動物的身體真的像是機器，事實上也會磨損，最後無法修復。但是我們的比喻只能到此為止，因為如果是你的汽車跑不動了、壞了，你可以到銷售商去訂購一臺新車。大自然能夠以更好的體制提供持續不斷的服務，因為每一個生命體需要對其繼承者負責。這種個體替換的生命階段為我們研究生存方式和生存方法開啟了另一個主題，而且同樣可以透過最簡單的表述獲得最好的理解。

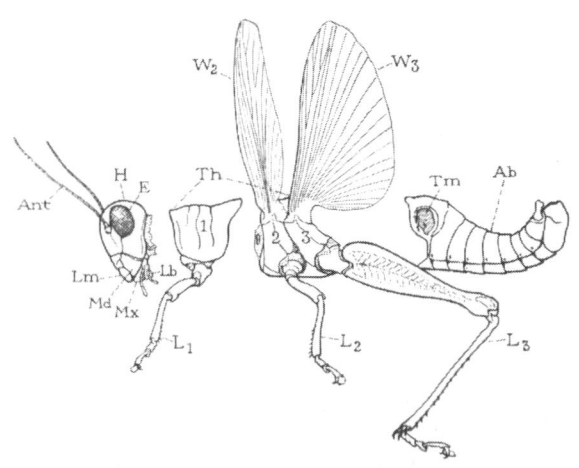

圖 63 昆蟲的外部結構

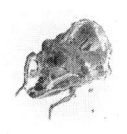

經解剖的蚱蜢蟲體顯示的是頭部（H）、胸部（Th）和腹部（Ab）。頭部有眼睛（E）、觸角（Ant）和口器，口器包括上唇（Lm）、上顎（Md）、下顎（Mx）和下唇（Lb）。胸部由三個體節（1，2，3）組成，第一個體節單獨分開，長有第一對腿（L1），另兩個體節結合在一起，長有翅膀（W2，W3）和第二、第三兩對腿（L2，L3）。腹部由一系列體節組成；蚱蜢的腹部由鼓膜器官（Tm），可能的耳朵，位於其根部的兩側。腹部的末端有繁殖和產卵的外部器官。

動物的繁殖，這種現象用我們的說法並沒有得到很好的表達。更真實的說法應該是「再生產」，而不是「繁殖」，因為個體並不能真的複製自己。世代是序列關係，不是前後相繼的關係；個體一個跟著一個，就像樹枝上長滿的芽；同一根樹枝上的芽總是長那樣，或者說幾乎一模一樣，但這並不是因為前一個生產了後一個，而是因為這些樹芽都是樹枝內同一生殖力的結果。假如芽與芽之間在樹枝上的空間越來越小，一個芽與前一個芽緊靠在一起，或者被前一個芽包覆住，兩個芽之間就會建立一種關係，即類似於生命形態前後代之間的那種關係。換句話說，所謂的父輩含有後一代生殖細胞，但它沒有生產這些生殖細胞。每一代只不過是那些委託給它的生殖細胞的保管員。「兒女」長得像父母，並不是因為「兒女」是父母身上切下來的一塊肉，而是因為父母和兒女是從同一個生殖細胞的世系發展而來的。

父母創造的條件可以使生殖細胞發展，它們在生殖細胞的發展時期提供營養和保護，還有，當每一代為其生存目的效力之後，遲早就會死去。但是從其生殖細胞所生產出來的個體為另一組與它們一起同時生產出來的生殖細胞做著相同的事情，只要物種還存在，這個過程就會延續下去。

第四章　生活方式

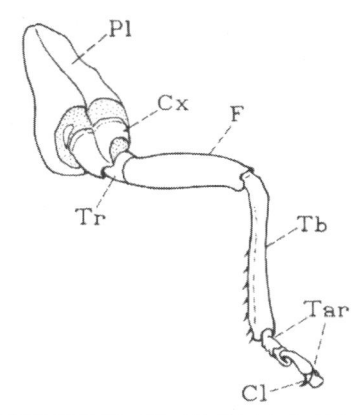

圖 64 蚱蜢幼蟲的腿，顯示的是昆蟲典型的腿的體節

被支撐在其體節側壁上的一塊肋板（Pl）上的腿。腿的自由部分的根部體節是基節（Cx），接下來是一段小的轉節（Tr），然後是一段長的股節（F），膝蓋把股節與脛節（Tb）隔離，最後是足，其中包括亞節的跗節（Tar）和一對終端爪子（Cl），其上面有黏著的瓣蹼。

那麼，為了表述動物每一種實際形態延續的客觀事實，我們就應該把每一個世代分解為生殖細胞和伴隨保護作用的細胞團，而這個細胞團可形成一個軀體，或稱體細胞，即所謂的父母。無論是體細胞還是生殖細胞，都是由單一的原始細胞所形成的。當然這個原始細胞通常透過兩個不完整的生殖細胞（精子和卵子）的結合而產生的。原始生殖細胞分裂，子細胞分裂，這種分裂的細胞再次分裂，分裂繼續無限的進行下去，直到細胞團產生。然而，在一開始分裂的階段，兩組細胞分離，一組展現為生殖細胞，另一組展現為體細胞。生殖細胞的發育這個時候受到限制，而體細胞繼續分裂，逐漸形成與父母一樣的軀體。圖 62 也許能夠表述生殖細胞和體細胞的關係，只是未顯示慣常的父母身分和生殖細胞的結合。再生產的性形式對所有的低等動物、所有的植物繁殖來說並不是必要的；有些昆蟲，即使卵沒有受精也可以發育。

完全發育的體細胞團（其真正的功能在於為生殖細胞服務）就被假設

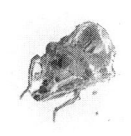

具有這樣的重要性，就像公務人員們可能做的那樣，我們通常也這麼認為，軀體、有感覺能力的活躍動物是本質的東西。從人類這方面來講，有這樣的想法是很自然的，因為我們人類本身是高度組織的體細胞團。然而，從宇宙觀上來看，沒有哪種動物是重要的。動物物種和植物物種能夠存在，那是因為牠們已經找到了能讓牠們存活的生存方式和生存方法。但是物質世界對牠們並沒有什麼特殊的關照——陽光普照並非特地為牠們帶來溫暖，徐風細雨也不是光讓牠們感到舒適。生命必須接受其找到的物質，並充分利用這些物質，而如何進一步更好的完善其自身的福利生活，這是每一個物種所要面臨的問題。

　　細胞體（或稱軀體）為了滿足物質世界不變法則對它們的要求，已經設計出了一些對策，而解剖學和生理學這兩門科學就是專門研究這些方法。所採用的方法，就像自生命起源以來存在過的動、植物的數量一樣多。所以說，一部昆蟲學專著所講述的就是昆蟲已經採用並已在其體細胞組織中完善的生活方式和生存方法。不過，在我們專門討論昆蟲之前，我們需要比較充分地了解大自然賦予所有生命形態的生活條件。

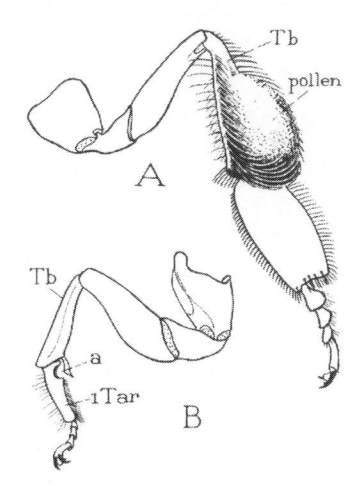

圖 65 蜜蜂的腿，顯示的是其特殊的變體

第四章　生活方式

A. 後腿的外側面，脛節 (Tb) 上有一個盛裝花粉的花粉筐。B. 前腿，顯示的是脛節和跗節之間的觸角清潔器 (a)，以及跗節上多毛的長基節 (1Tar)，可被作為清潔身體的刷子。

正如我們已經看到的那樣，生命是在某種能進行化學反應的物質中的一系列化學反應。「反應」也是一種行動。生命體的每一個行動都會涉及到原生質某些物質的分解、廢物的排泄、新物質的獲取（以替代失去的物質）。反應是原生質化合物的物理特性或化學特性中所固有的，並取決於原生質周圍的物質。剛好是動物機制的功能確保其活體細胞周圍的條件適合細胞繼續進行反應。每一個細胞必須具有排除廢物和恢復其損失物質的方法，因為細胞不能利用它所排出的物質。

然而，由於需要一種刺激才能使原生質進入活躍狀態，即使有了所賦予的生存條件，原生質只是潛在的活著。生命活動的刺激來自能量物理形態的變化，這種能量包圍或侵害潛在活著的物質。因為「活著」的物質，就像其他所有的物質，需要服從慣性定律，而慣性定律規定：在沒有得到其他運動給予的運動之前，它必須處於靜止狀態。然而，即使是程度很輕的刺激也可能導致大量儲存能量的釋放。

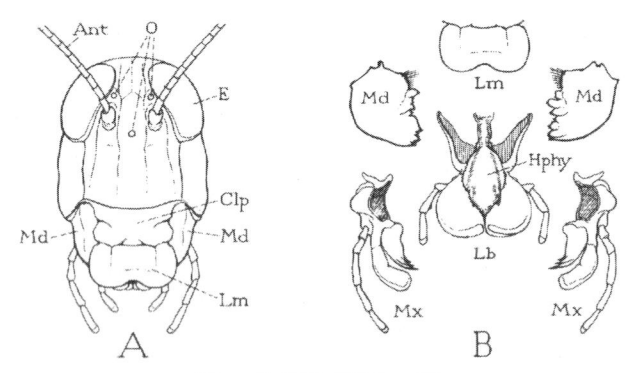

圖 66 蚱蜢的頭部和口器

A. 從頭部的正視圖，顯示的是觸角 (Ant) 的位置，大大的複眼 (E)、單眼 (O)、由唇基 (Clp) 從頭顱懸垂下來的寬大的上唇 (Lm) 和封閉在上唇後面的上顎根部 (Md, Md)。

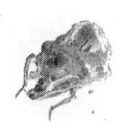

B. 從前方觀察，按照相關位置把口器從頭部分離開來：Hphy，咽部或舌頭，依附在下唇根部；Lb，下唇；Lm，上唇；Md，上顎；Mx，下顎。

所有生物的向量必須含有碳、氫、氮和氧。植物的生理機能可以讓牠們從溶解在土壤水分中的化合物中得到這些元素。動物則必須從其他生物或其生成物中獲取。因此，動物主要是發展運動能力，牠們獲得某種抓握器官，一張嘴和用於存放所獲取食物的一條消化道。

至於昆蟲，其運動功能是透過腿和翅膀實現的。由於所有這些器官——三對腿和兩對翅膀是靠胸（圖63，Th）來承載，蟲體的這個區域顯然是昆蟲實施運動的中心。不同物種的昆蟲透過改變其腿的結構使自己的腿適合行走、奔跑、跳躍、挖掘、攀爬、游泳，並為應對這些行進方式的各種變化形式進行改變，以適應不同昆蟲各自特殊的生活模式和獲取食物的方式。昆蟲的翅膀是牠們運動裝備的重要補充設備，因為翅膀大幅地增加了牠們的活動範圍，也由此擴大了牠們的捕食範圍。進一步來看，腿的結構經常透過一些特殊的方式得到改變，以便發揮某些輔助性的捕食功能。我們大家都知道，蜜蜂在其前腿上有用於採集花粉的刷子（圖65B），而後腿上有盛裝花粉的筐（圖65A）。而螳螂會捕獲其他昆蟲並活活吃掉，已經使其前腿改造成有效的抓取獵物、控制獵物掙扎的器官，這個例子我們前面已經描述過了（圖46）。

昆蟲獲取和加工食物的主要器官包括一套附器，位於頭部，就在口器附近。這套附器，就其特殊的結構而言，具有腿的性質，因為與其他脊椎動物相比，牠們沒有領。具有不同進食習性的各種不同昆蟲種群，牠們的口器在形態上也是不一樣的，但是在所有情況下，口器所包括的基本構造卻是相同的，其中最重要的是被稱為上顎[64]，類似領的附器（圖66B，Md），位於口器（圖66A，Md）的兩側，可以側動，並可在口器下

---

[64] 即mandibles。

第四章　生活方式

方相互扣緊。在上顎的後面是一對形態更複雜的下顎（圖66B，Mx），適合用於控制食物，而不是壓碎食物。在下顎後面的是較大的下唇（Lb），具有兩個下顎的結構，由牠們內部邊緣連成一線。一個很寬的薄片向下垂在口器前面形成上唇（Lm）。在口器和附器之間，依附在上唇的前面，有一個很大的圓形突出物，位於口器後面、頭壁牴觸的中心，這是被稱為咽部或舌（Hphy）的附器。

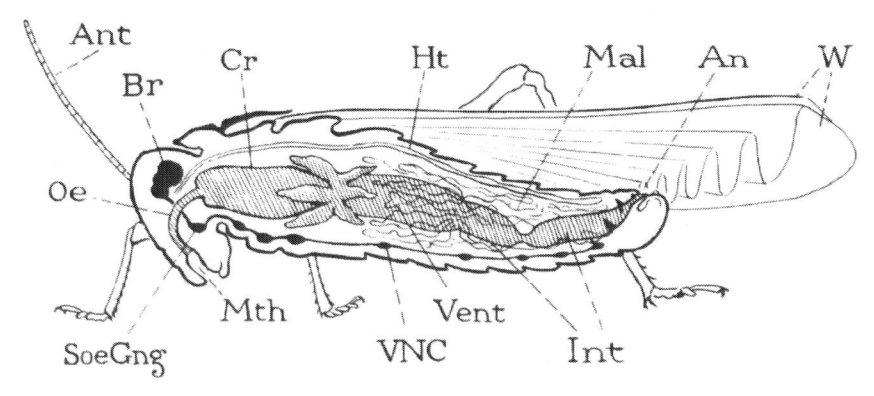

圖67 蚱蜢的縱向剖面圖，
顯示的是其身體內部主要器官的正常位置，
但不包括其呼吸道系統和生殖器官

An：肛門；Ant：觸角；Br：腦；Cr：嗉囊；Ht：心臟；Int：腸；Mal：馬氏管；Mth：口器；Oe：食管；SoeGng：食管下的神經節；Vent：胃；VNC：腹部神經索；W：翅膀。

　　昆蟲的食物有的是固體，有的是液體，所以牠們的口器也需要相應做出改變。這樣一來，根據不同的飲食習性，昆蟲可以分成兩組，所以，就像狐狸和鸛不可能共同吃一樣東西，一種昆蟲也不能到另一種昆蟲的飯桌用餐。像蚱蜢、蟋蟀、芫菁科昆蟲和其幼蟲這類昆蟲能夠咬斷食物的纖維組織，咀嚼食物，因為牠們有上顎和其他口器，其中一些類型我們前面已經提過。那些只能吸食液體的昆蟲，比如蚜蟲、蟬、蛾、

蝴蝶、蚊子和蒼蠅，牠們的口器都適合用於吸食或透過刺入的方式吸食液體食物。吸食類型口器的情況我們將在另外的章節裡進行描述（圖121、圖163、圖183），但是我們現在就可以說，口器形態的所有適應性改變都是以口器普通的咀嚼方式為基礎進行的。昆蟲的演變史紀錄顯示，吸食類昆蟲是離我們現在更近的演化產物，因為所有的早期昆蟲物種，比如蟑螂及其近親，都長有典型的咀嚼式口器。

從解剖生理學方面的研究上來看，關於動物的進食器官我們要注意的主要問題是，在所有的情況下，進食器官就是用來把動物體外的天然食物送進消化道，並在必要的時候把食物壓碎或咀嚼成碎末。因此，動物獲取最終營養的最後幾個步驟就是在消化道內進行的。

大多數昆蟲的消化道是一根簡單的管子（圖68），要麼筆直地穿過身體，要麼在其延伸的過程裡轉幾個彎或繞幾個圈。消化道有三個主要部分構成，其中中間部分是真正的胃，昆蟲解剖學者則稱之為「胃部」[65]。管子的第一部分包括緊貼在口器後面的咽，隨後是一根更窄一些的食管（Oe），在此之後是一個類似囊的膨脹物，或稱嗉囊（Cr），食物就暫時存放在這裡，最後是通向胃部的一個前室，學名叫前胃。消化道的第三個部分是腸，其功能是把胃與肛門連成一線，由一個比較窄的前部和一個比較寬的後部（或稱直腸Rect）所組成。整個消化道周圍由肌肉層包裹，以便食物能夠被吞嚥，從一個區段流向另一個區段，直至從後出口排出。

---

[65] 即Vent，ventriculus。

第四章　生活方式

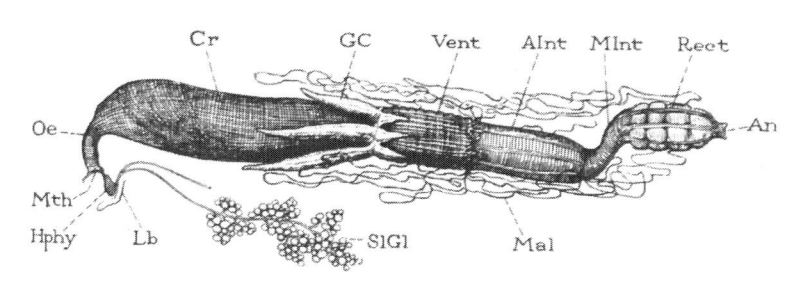

圖 68 蚱蜢的消化道

AInt：前腸；An：肛門；Cr：嗉囊；GC：從胃部延伸出來的盲腸；Hphy：咽或舌；Lb：下唇根部；Mal：馬氏管；Mint：腸的中段；Mth：口器；Oe：食管；Rect：後腸；SlGl：由位於咽根部（或舌根）的連接導管大開的唾腺；Vent：胃。

　　食物被納入消化道後，營養物質還沒有完全被消化，因為動物仍然面臨著營養物質吸收進入體內的問題，只有在體內營養物質才會發揮作用。然而，整條消化道任何地方都沒有通向體腔的出口。因此，無論什麼食物，動物所食用的物質組織必須被帶入並穿過包圍消化道的管壁，而這種變換需要透過把物質組織溶解在液體裡來完成。可是，食物原料中的大多數營養物質在普通的液體裡是不能溶解的；它們必須以化學方式轉變成可溶解形態。把食物原料的營養成分轉變成可溶解形態的過程就是消化過程了。

　　昆蟲的消化液主要由胃壁和通向胃部的管狀腺提供，但是，從口器之間打開的一對被稱為唾腺（圖68，SlGl）的很大的腺體能夠產生分泌物，而這些分泌物在某些情況下也能在食物被吞嚥時發揮消化作用。

　　消化純粹是一個化學過程，但是必須是一個迅速進行的過程。所以，消化液不僅含有能夠把食物原料轉化為可溶解化合物的物質，而且還含有能夠加速這一反應的物質，不然的話，動物就會因為其胃腸運動太慢，服務不到位，雖然吃飽了卻還是感到餓。加速消化液反應的物質叫做酶，而每一種酶只對一類食物原料產生作用。所以，一種動物的實

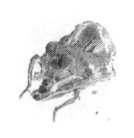

際消化能力完全取決於其消化液所含的特有的酶。缺乏這種酶或那種酶，它就不能消化依賴於它的那些東西。通常，動物的本能與牠的酶有關，這樣牠才不會把自己消化不了的東西吃進肚子。關於昆蟲體內的消化液，已經有人做過一些分析，足以說明昆蟲的消化過程也要依靠酶的存在，牠們的酶與動物（包括人）的酶是一樣的。

比較粗劣的消化物質與酶合作，很快就能把胃裡維持動物生命的食物原料全部變成可溶解的化合物，這些化合物則在消化分泌物的液體部分溶解。這樣就在消化道內產生了豐富的營養液，可以透過胃壁和腸壁吸收，並進入封閉的體腔。下一個問題是營養液的分布，因為食物原料還必須抵達動物組織的細胞個體。

昆蟲的進食方式、消化食物的方式和吸收營養的方式，與高等動物（包括我們人類）的方式沒有什麼根本性區別，因為自古以來「吃飯」就是所有動物的根本功能。然而，如何在其體內分配所消化的食物，昆蟲所採用的方法與脊椎動物大不相同。已被吸收的養分並沒有被吸收入一套淋巴管內，並由此送入充滿血液的管道，打入機體內，而是直接從胃壁進入整個體腔，體腔內充滿清洗所有身體組織內表面的液體。這種體液被叫做昆蟲的「血液」，但是這是一種沒有顏色，或略帶點黃色的淋巴。然而，牠必須藉助於位於身體背部的一根搏動的管子，或稱心臟，才能保持運動狀態；透過這種方式，已被體液溶解的食物被帶入各種器官之間的空間，在這裡，各種器官都有獲取食物的通道。

昆蟲的心臟是一根很細的管子，沿著緊靠在身體脊背的背部中線懸垂著（圖 67Ht）。沿著這根管子的兩側有一些入孔（圖 69，Ost），其前端打開通向體腔。心臟憑藉其管壁上的肌肉纖維向前搏動，由此透過側部通道吸收血液，再經由前出口排出。這樣，利用體腔器官之間的空間，

第四章 生活方式

一個並不完整的血液循環系統得以建立。不過，對昆蟲這樣小的動物來說，有這樣一個系統也足以滿足牠們的需求了。

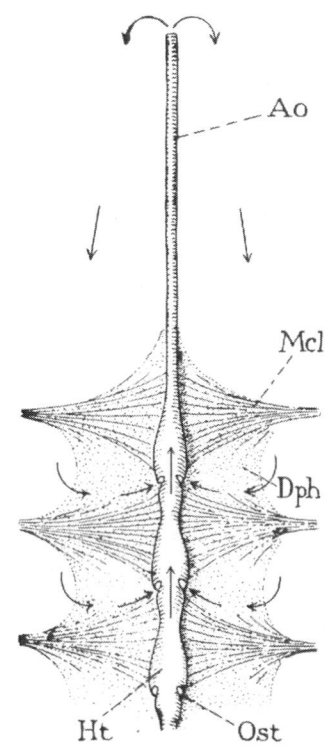

圖 69 昆蟲心臟的典型結構和支撐性隔膜，箭頭所示為血液循環的路線

Ao：主動脈，心臟的前部管狀部分，側面沒有開口；Dph：橫膈膜；Ht：心臟的三個前室，通常延伸至身體的後部末端；Mcl：隔膜的肌肉，其纖維從體壁延伸到心臟；Ost：門，孔，或稱通向心室的側孔。

當裝滿了從消化道內已消化食物吸收營養物質的血液，把這些物質與內部組織接上關係，營養供給的最後行動這時就開始了。組織細胞利用所有生物都具備的那種內在的本能力量（這取決於滲透作用的定律和化學親和力），根據血液安排的食譜為自己選擇所需要的食物，而牠們就是利用這種營養逐漸聚集自己的物質。因此顯而易見，第一，血液必須

保證其所含營養成分的數量和種類充足，以滿足所有可能的細胞的飲食要求；第二，胃壁，及其相關的腺體必須提供從胃內食物原料物質分解所需元素的酶；第三，消化其所處環境的食物原料必須是每一種動物本能的一部分，例如提供細胞所需要的各式各樣營養元素的食物原料。

　　正如我們所看到的那樣，對食物的需求來自細胞活動期間在組織中被分解的物質缺失。也許可以說得更好一些，細胞內的化學分解是細胞活動的原因，或者是細胞活動本身。細胞活動以什麼方式表現出來無關緊要；無論是透過肌肉細胞的收縮，還是透過腺體細胞的分泌，或者是透過神經細胞產生神經能量，以及只是透過維持生命的最小活動，其結果總是相同的 —— 某些物質的損失。但是，就像大多數化學轉化過程一樣，原生質的活動依賴於可獲得的氧的存在，因為原生質不穩定物質的分解是它們的一些元素與氧親和的結果。所以，當來自神經中樞的某個神經過來刺激行動，在這些原生質元素和氧原子之間就會突然發生重新組合，其結果形成了水、二氧化碳和各種穩定的氮化合物。

　　作為細胞活動的結果，被排出的物質就是廢物，必須從生物體中清除掉，因為廢物的存在必定會阻礙細胞的下一步活動，或者毒害細胞。所以，動物除了具有將食物和氧帶給細胞的生理機能外，還必須具有清除廢物的方法。

　　供應氧氣、清除二氧化碳和一些多餘的水分，這些工作由呼吸系統來完成。呼吸的主要作用是交換體內細胞之間的氣體和體外的空氣。如果某種動物小到一定程度，皮膚柔軟，可以直接透過皮膚的擴散進行氣體的交換。然而，大型動物則必須具備一種把氣體轉運到體內的裝置，這樣身體組織才能更近一些利用氣體。那麼，我們將會清楚地看到，達到呼吸的目的並不一定只有一種途徑。

第四章　生活方式

　　脊椎動物把空氣吸入到被稱之為肺的一個氣囊或一對氣囊裡，透過很薄的囊壁，氧和二氧化碳可以分別出入血液。血液在其紅血球的紅色物質——血紅素中含有一種特殊的氧氣運送者，利用這個運送者，從空氣中吸入的氧氣被送到身體組織。二氧化碳一部分由血紅素帶出身體組織，一部分溶解在血液裡。

　　昆蟲沒有肺，牠們的血液裡也沒有血紅素，就像我們前面提到的，昆蟲的血只是填充各個器官之間體腔空間的液體。昆蟲已經採用並完善的把空氣分送給身體的方法不同於脊椎動物。牠們有一套空氣管道系統，稱為氣管（圖70），沿著身體兩側，透過一些小的呼吸孔（或稱氣門，Sp）從外部張開，並在體內形成緊密的枝狀連接組織的所有部分。利用這種方式，空氣被直接運送到呼吸作用發生的部位。昆蟲通常有十對氣門：兩對在胸的兩側，八對在腹部兩側。這些氣門與位於身體兩側的一對大氣管主軸相通（圖70），並從這對主軸分出許多側枝伸入每一個體節和頭部，接著又進入消化道、心臟、神經系統、肌肉，以及所有其他器官，再往下，側枝又分出更細的分支，最終是極其細微的末端氣管，通向身體內幾乎所有的細胞。

　　許多昆蟲都是利用腹部底面有規律的擴張收縮運動進行呼吸，但是實驗人員至今還存在著爭議，無法證明空氣是從同一個氣門進出，還是從一個氣門進、從另一個氣門出。不過，新鮮空氣主要是透過氣體擴散而進入較小氣管的分支還是有可能的，因為有些昆蟲沒有做出可察覺的呼吸運動。

　　來自空氣中的氧與來自體內組織的二氧化碳的交換，其實是透過氣管的小末端氣管那些細薄的管壁進行的。由於這些小氣管與細胞表面直接接觸，空氣不用走多遠就能到達牠們的目的地，而昆蟲的血液裡——

昆蟲身體裡，其實就是肺——基本上也就不需要什麼氧氣運送者。但是有些研究已經顯示，昆蟲的血液似乎也可能含有氧氣運送者，其發揮作用的方式與脊椎動物血液的血紅素的功能有些相似，儘管氧氣運輸的重要性在昆蟲生理學還沒有得到確定。在任何情況下，透過管道呼吸的方法必須非常有效，因為，考慮到昆蟲的活動性，尤其是翅膀肌肉在飛行過程的運動速度，氧的消耗量有時一定非常高。

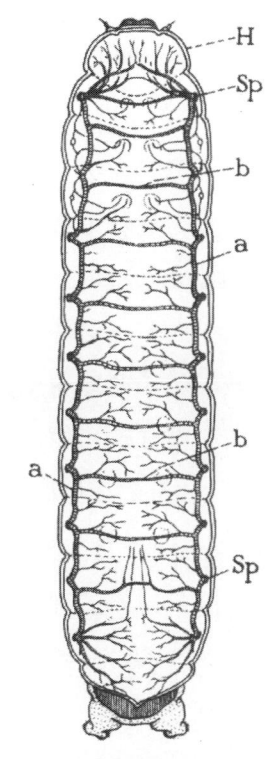

圖 70 幼蟲的呼吸系統。

　　外部呼吸孔，或稱氣門（Sp，Sp），沿身體兩側通向側邊主要氣管（a，a），主要氣管又與橫向氣管交叉相連，並分出更細的分支氣管通向頭部和身體（H）的各個部分。

　　大家都知道，昆蟲的活動在一定程度上受到氣溫的影響。我們都曾注意到，家蠅是如何在秋天的第一股寒風襲來時就消失的，而當天氣轉

第四章　生活方式

暖時又突然出現在我們面前，正好是我們剛剛把紗窗卸下之後。所有的昆蟲都非常依賴外部的溫暖為牠們提供維持細胞活動所必需的熱量。儘管昆蟲的行動可以產生熱量，但是牠們沒有辦法像「熱血動物」那樣把這種熱量儲存在身體內。然而，昆蟲在高溫天氣時散發熱量卻是明顯的現象，比如蜜蜂在冬季就是靠翅膀的運動保持蜂房的溫度。所有的昆蟲都能從牠們的氣管撥出水氣，這一現象也能證明昆蟲可以在其體內生產熱量。

在活動中從細胞那裡被拋棄的固體物質被排放在血液裡。接下來，這些廢物（主要是以鹽的形態出現的氮化合物）必須從血液裡清除掉，因為牠們在體內的累積必定會損害身體組織。在脊椎動物體內，氮類廢物是由腎來清除。昆蟲有一套管子，在功能上可以與腎相比。這套管子在腸子和胃的結合處與腸連通（圖 68，Mal），其名稱「馬氏管」[66]是根據發現者的名字命名的。這套管子延伸，穿過體腔的主要空間，在那裡牠們像細線一樣在其他器官周圍形成環狀或糾結成一團，並不斷地在血液裡得到清洗。管壁上的細胞從血液裡揀出氮類廢物，把廢物排放進腸子裡，然後與未消化的食物渣滓一起從這裡排出體外。

由此我們看到，昆蟲的內部並不是雜亂無章，毫無組織的一團漿糊，就像某些受教育程度不高的人以為的那樣，因為他們關於昆蟲的知識僅僅是來自腳下。所有生命形態的身體整體性顯示，每一種動物必須具備維持生命的重要機能。在許多方面，昆蟲已經採用牠們自己的方式來實現這些機能，但是，就像我們指出的，只要能夠取得有效的結果，在自然界做事採用什麼方法並不重要，基本條件是必需品的提供和廢物的排出。

---

[66]　即 Malpighian tubules。

複雜動物的身體也許可以比作一座大型工廠，工廠裡的工人就像一個個細胞，而一組組工人就像一個個器官。工廠可以透過指揮所釋出指令來完成其生產任務，每個工人的工作必須與另外一些工人的工作協調進行。與此一樣，動物的細胞和器官的活動必須得到控制和協調；動物的指揮所就是神經中樞系統。體內幾乎每一個細胞的工作都要接受到來自神經中樞的神經纖維發送的「神經衝動」的指令和控制。

　　昆蟲的神經組織的內部結構和神經中樞的工作機制在本質上與所有動物基本一樣，但是根據正常的身體組織的安排，牠們的神經組織塊的形態與排列和神經纖維的分布也許相差很大。脊椎動物的安排是中樞神經索沿背部被封裝在一個多骨的鞘裡，而昆蟲則沒有這樣的安排；牠們出於自身的目的，把主神經索自由安排在身體的較低部位（圖67，VNC）。在頭部有一個腦（圖67、圖72，Br），位於食管之上（圖67，Oe），由一對在頭部較低位置，咽部之下的神經索把牠與另一個神經塊連接（圖67，SoeGng）。從這個神經塊起，另一對神經索通向靠在第一體節（圖72，Gng1）節底壁上的第三個神經塊，而第三個神經塊以類似的方式在第二體節上與第四個神經塊連接，剩餘各塊神經就這樣接續地連結下去。所以說，昆蟲的中樞神經系統是由一系列被兩個神經索所結合的小神經塊組成的。神經塊被稱為「神經節」（Gng），而神經索被稱為「連接神經元」（圖71，Con）。一般來說，除了腦和頭底部的神經節外，有一個神經元可用於前11個體節的每一個體節。

第四章　生活方式

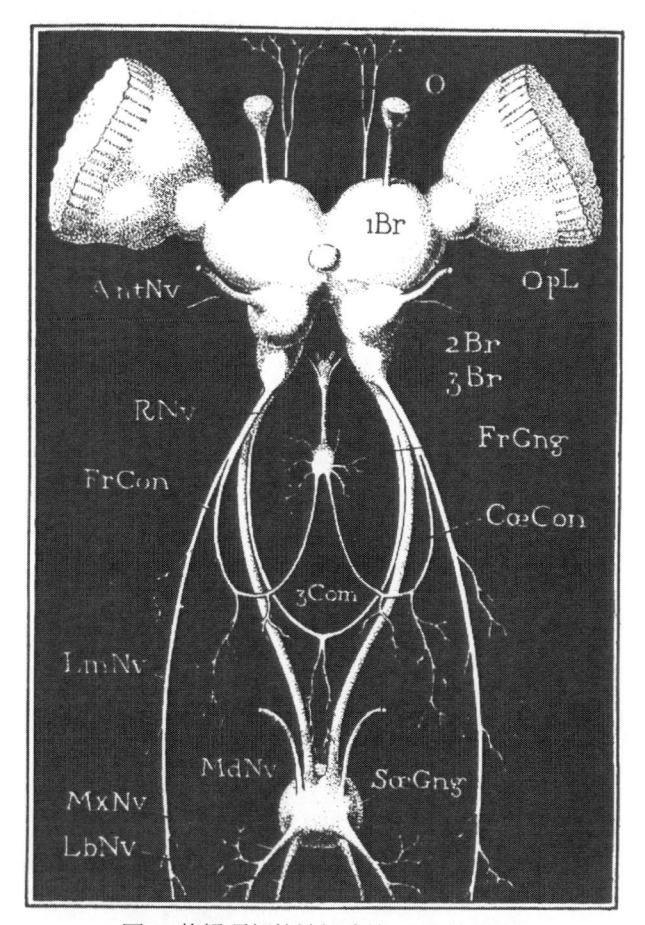

圖 71 蚱蜢頭部的神經系統，正面剖面圖

　　AntNv：觸角神經；1Br、2Br、3Br：腦的三個部分；CoeCon：圍繞食管的連接物；3Com：第三塊腦垂體食管下的結合處；FrGng：前神經節；FrCon：前神經節與腦部的連接物；LbNv：下唇神經；LmNv：上唇神經；MdNv：上顎神經；MxNv：下顎神經；O：單眼；OpL：與腦連接的視神經葉；RNv：複眼神經；SoeGng：食管下的神經節。

　　昆蟲的腦（圖71）具有高度複雜的內部結構，但是與脊椎動物的大腦相比，卻是一個不那麼重要的控制中心。其他神經節也有很強的獨立功能，每個神經節都能刺激其自己體節的運動。由於這個原因，昆蟲的頭也許可以切掉，而剩餘的身體部分還能行走，做各種事情，直至餓死。

與此相似，有些昆蟲的腹部可以切下，但牠們仍然還能吃東西，只不過食物從消化道被切掉的末端漏掉。被切下的腹部，如果受到適當的刺激還能產卵。儘管昆蟲在一定程度上似乎是一種自動調節的動物，但是沒有腦還是不能產生行動，而且只有在整個神經系統保持完好的時候，才有可能充分調整功能。

　神經中樞的活躍分子是神經細胞；神經纖維只是從細胞延伸出來的導線。如果說刺激其他種類細胞進入活動狀態的神經力源自神經細胞，接下來就會產生這樣一個問題：活化神經細胞的原始刺激是從哪裡來的？我們必須摒棄神經能夠自行行動這樣的舊有觀念，作為物質，牠們必須服從物質定律——牠們在被迫作出行動之前是無自動力的。神經細胞的刺激來自牠們之外的某種東西，要麼來自外部世界的環境力量，要麼來自體內其他細胞所形成的物質。

　至於昆蟲的內部刺激，目前還沒有什麼結論可以確定下來，但是有一點是不容置疑的，即直接或透過神經系統控制其他器官行動的物質是由昆蟲組織的生理活動所形成的，類似於荷爾蒙，或者其他動物的無管腺分泌物。所以，當昆蟲的肚子空了，某種內部狀態必須促使昆蟲去進食，而食物進入咽部入口時必須刺激消化腺準備消化液。很有可能，當卵在卵巢中成熟時，雌蟲繁殖器官滲出的一種分泌物能夠刺激求偶交配，然後又會啟動控制產卵的本能反應。幼蟲為了這麼做，會在適當的時間結繭；很有可能，刺激來自生理變化開始發生在體內的產物，而這種產物很快導致幼蟲轉變成繭，因為到了這個階段，昆蟲需要繭的保護。我們把昆蟲的這些活動稱為「本能」，不過這個術語的使用僅僅是為了掩飾我們對引起活動的過程知之甚少的窘境而已。

第四章　生活方式

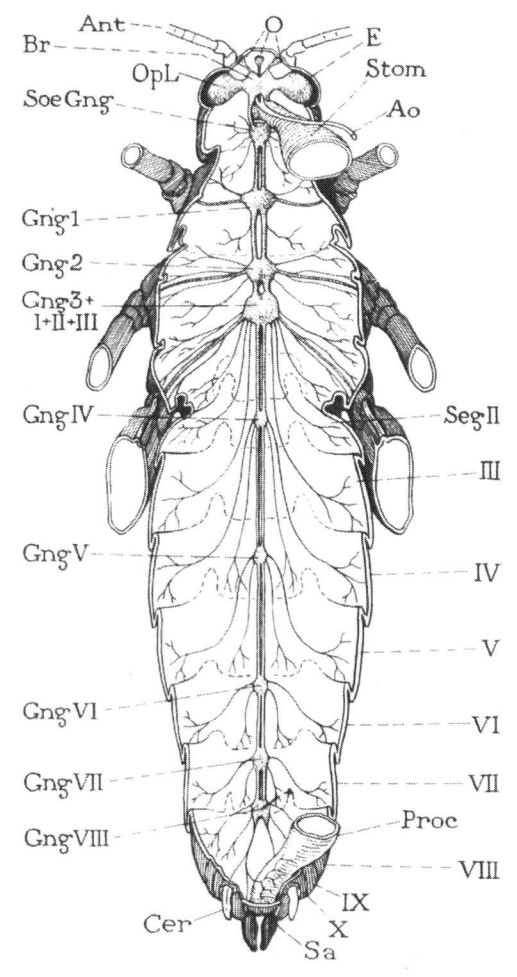

圖 72 蚱蜢的神經系統，俯視圖

Ant：觸角；Ao：主動脈；Br：腦；Cer：尾鬚；E：複眼；Gng1：前胸神經節；Gng2：中胸神經節；Gng3+I+II+III：後胸複合神經節：包括屬於後胸和腹部前三個體節的幾個神經節；GngIV-GngVIII：第四到第八腹部體節的神經節；O：單眼；Proc：肛道：即消化道後部；Sa：肛板；SegII-X：腹部的第二到第十體節；SoeGng：食管下的神經節；Stom：口道：即消化道前部。

　　外部刺激是影響生命器官的外部環境中的某些事物，其中包括物質、電磁能量和地球引力；但是已知的刺激卻不包括所有的物質活動或

「以太」活動。常見的刺激有固體、液體和氣體的壓力、溼度、化學性質（氣味和味道）、聲響、熱度、光線和地心引力。透過與皮膚或與被稱作「感覺器官」的皮膚特殊部位連結的神經，大多數這樣的事物能夠間接地刺激神經中樞。因此，動物只會對那些牠所敏感的刺激，或者特殊強度的刺激做出反應。比如說，如果一種動物沒有接收聲波的裝置，牠就不會受到聲音的影響；如果某種動物對某些波長的光不敏感，相應的色彩就不可能對牠產生刺激作用。環境中動物不能感知的自然活動的種類很少；但是，即使是我們人類的感知力也遠遠注意不到任何活動的所有程度，儘管我們知道這些活動的存在，物理學家也能測量出來。

　　昆蟲對大多數種類的刺激所作出的反應，我們人類都能透過感官來感知；但是假如我們說昆蟲能看、能聽、能聞、能品嚐、能觸摸，我們就會造成這樣一個印象：昆蟲是有意識的。最有可能的是，昆蟲對外部刺激的反應在多數情況下是無意識做出的，而且牠們在刺激的影響下的行為是自動行動，完全可以與我們人類的反射作用相比較。因反射作用的結果所產生的行為，生物學家稱之為「向性運動」。幾組相互協調的向性運動構成了本能，當然正如我們已看到的，本能也許還要依賴於內部刺激。我們不能說，意識不能在決定某些昆蟲的活動當中發揮作用（儘管很小），尤其是那些有一定記憶力的昆蟲種類，牠們儲存的印象使牠們有能力對出現的不同狀況做出選擇。然而，昆蟲心理學的課題過於複雜，我們在這裡就不討論了。

　　到現在為止，我們所描述的生命階段、身體組織的複雜性、對刺激的反應、從最低階到最高等所表現的意識現象，均屬於體細胞範疇。然而，不管怎麼講，這座巧妙建築物的規劃圖一直被攜帶在生殖細胞裡，並透過生殖細胞，整個軀體結構得到重建，每一次在細節方面都會出現

第四章　生活方式

一點改變，一代一代繁衍下來。生命活動的這一階段對我們來說至今還是一個謎，因為在我們努力做出的解釋當中，似乎都不能適當地說明生殖細胞的組織力量，而就是依靠這種力量才能完成一次次重新發育，我們把這種熟悉的現象稱為繁殖。如果我們能夠解釋樹枝上樹芽的重複，我們也許可以拿到揭示生殖細胞奧祕的鑰匙——而且還可能拿到揭示生物演化奧祕的鑰匙。

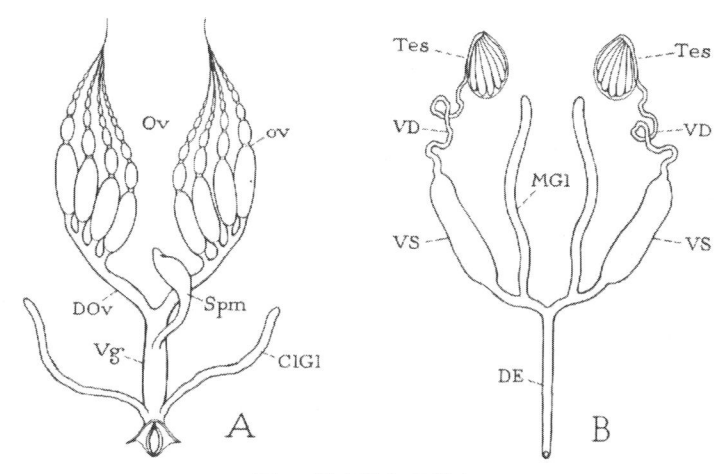

圖 73 昆蟲的生殖器官

A. 雌蟲的生殖器官，包括一對卵巢（Ov），每個卵巢有一組卵管（ov），一對輸卵管（DOv），一根中央出口管，或稱卵鞘（Vg），通常帶有一對側突腺（ClGl），流入卵鞘，一個精液接收器，或稱受精囊（Spm），與卵鞘上部表面相通。

B. 雄蟲的生殖細胞，包括一對睪丸（Tes），其中有一些細精管，一對輸精管（VD），一對精囊（VS）和一根出口管，或稱射精管（DE），通常帶有一對黏液腺（MGl），流入精囊管。

成蟲儲存生殖細胞的器官，在雌蟲身上有一對卵巢（圖 73A，Ov），卵就在這裡成熟，而在雄蟲身上則有一對睪丸（圖 73B，Tes），精子在這裡完成發育。相稱的幾根管子把卵巢或睪丸與身體後部末端的外部器官連接。雌蟲通常有一個囊與輸卵管相連（圖 73A，Spm），交配時所接受

的精子在卵準備好排放之前，就儲存在這裡，這時精子被擠壓在卵上，從而使卵子受精。卵細胞通常來說都長一樣，而精子卻有兩種；根據任一個卵子所接受的精子的不同，決定未來的個體可能是雄性或者雌性。

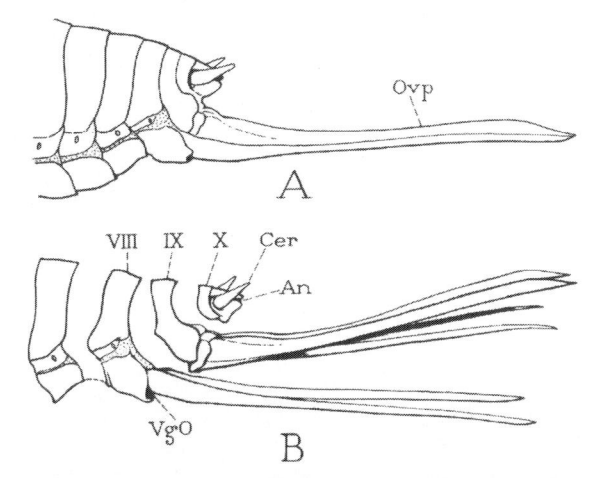

圖74 長角蚱蜢（螽斯科昆蟲）的產卵器，顯示的是雌蟲排卵器官的典型結構

A. 自然狀態下的產卵器（Ovp），從身體末端附近伸出。

B. 拆分的產卵器的六個主要組成部分，兩個出現在第八腹部體節上（VIII），四個出現在第九腹部體節上（IX）。An：肛門；Cer：尾鬚；IX：第九腹部體節；Ovp：產卵器；VgO：卵鞘出口；VIII：第八腹部體節；X：第十腹部體節。

生殖細胞伴隨著每一個新的軀體在父母體內經歷一系列變態，然後牠們才能有能力實現自身的目的。牠們以成倍的數量繁殖。有些動物，牠們所能生產的新的種群成員數量很少；但是昆蟲，牠們的座右銘是「以數量保證物種的安全繁衍」，每一個種群在每一個季節裡都能產下數量非常大的新生個體，即使多種力量組合在一起對付昆蟲，最終也不能讓昆蟲滅絕。

世界似乎充滿了與有機體生命作對的力量。但實際情況是，所有的有機體都是既定力量的對抗者。現已存在的生命形態在自然界已經有了

第四章　生活方式

自己的位置，其原因在於牠們找到並完善自己的生活方式和生存方法，可以在一段時間內對抗消耗牠們能量的力量。生命就是對慣性的反叛。至於那些已經滅絕的物種，要麼是牠們賴以生存的自然資源已經枯竭，要麼是因為牠們固執地堅持某種生活，不願作出適應性改變，所以沒有能力應對生存條件突然改變的緊急情況。與只適用於某種特殊的生存方法的專門化相比，普通生存方式的有效性似乎是物種持續存在的最好保證。

第五章

白蟻

第五章　白蟻

　　離我們現在並不遠，人們習慣於教導那些沒有生活經驗的年輕人，說意志力可以幫助實現任何理想和志願。「相信你能，你就能，只要你工作足夠努力」；這是眾多勵志格言的一個主題，毫無疑問，對年輕的冒險者來說，這樣的話的確能夠鼓舞人心。不過，格言可以引導一個人走進第五大道的攝影棚，或在證券交易所找到一席之地，也可能讓一個人成為流浪漢，躺在聯合廣場的一把長椅上。

　　如今，人們測驗智商，提出就業建議已經成為一種時尚的事情；他們力勸我們，如果大自然已經把我們造就成了某種東西，我們就不要試圖成為另一種東西，怎麼努力也不管用。這真的是一個不錯的忠告；唯一麻煩的是，我們很難在一個人的幼年就能夠查明他的特性，以便把水電工和醫生、廚師和演員，或者銀行家和昆蟲學家區分。當然了，各個階層的人們之間，從他們一出生時就的確存在著差異，如果我們在年幼時就知道我們中的每一個人注定會成為什麼樣的人、從事什麼職業，那是再好不過了。在這一章裡，我們將了解到，某些昆蟲似乎已經能夠預知自己的未來。

　　白蟻是喜歡群居的社會性昆蟲。不斷地研究白蟻，我們就會碰上行為方面的問題。這樣一來，我們最好在一開始的時候先來觀察一下道德這個主題。不過要明確的是，我們不是去了解白蟻令人討厭的規矩，而是去發現白蟻的生物學意義。

　　一些人認為，無論是對還是錯，這樣的問題是存在於事物本質中的普遍抽象概念。反過來說，對與錯是由環境所決定的特定屬性。所謂對的行為就是與動物的天性相符的行為；所謂錯的行為就是違背動物天性的行為。這樣一來，某個動物種群做對的行為，對另一個動物種群來說就是錯的，反過來也是這樣。

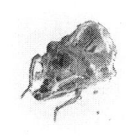

根據人類的對錯標準，我們把成年個人的舉止品行稱之為「道德」，其他動物類似的舉止屬於被生物學家稱為「行為」的這一部分。但是當我們說到孩子的一舉一動時，我們卻無意識地承認在道德和行為之間存在某些共同的東西，把孩子的舉止稱作「行為」而不是「道德」。換句話說，我們總是認為道德涉及的個人責任要比行為大。由此我們說，動物和孩子是在表現，而成年人是有意地正確地做事或錯誤地做事。然而，兩種模式的行動產生了類似的結果：如果孩子的舉止合宜，他的行動就是對的；如果成年人具備某種正確發展的道德感，他也會做對的事情，或至少控制自己不做錯事，除非受到環境或他的推理的錯誤引導。

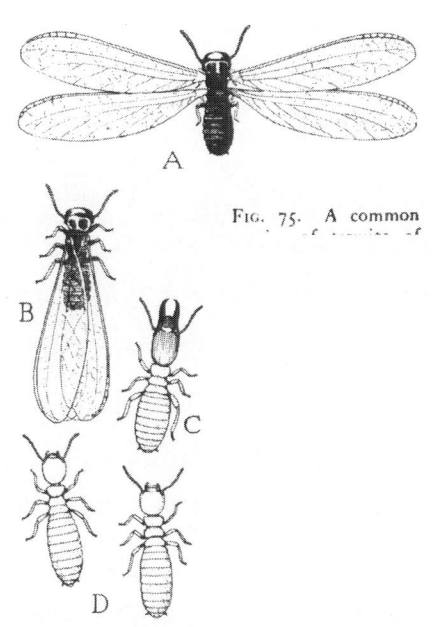

圖75 北美東部一種棲息在死木中的普通白蟻（黃肢散白蟻，Reticulitermes flavipes）。

　　A、B. 有翅形態。C. 兵蟻。D. 工蟻。

　　動物與人不同，只要從牠們的立場上看是對的事情，牠們似乎就會去做；但是我們要說，動物的行為是出於本能。有人也許會堅持認為，

第五章 白蟻

所謂「對」和「錯」這樣的詞不能應用到動物身上。那麼好吧,如果你願意的話,可以用別的詞來替換,比如「適合」與「不適合」動物的生存方式。而且進一步講,我們人類道德也可以分析出相同的要素;我們行為是對還是錯,那要看是否適合我們的生存方式。

人的行為與動物的行為之間的差異從本質上講並不是行為本身,而是導致行為發生的方式。動物主要是受本能控制,而人則是受有意識的感覺所控制,他應該做這件事,他不應該做那件事,也就是我們所說的「良知」。至於什麼是對、什麼是錯,一個人的特定行為往往是其判斷能力和受教育程度的結果,當然不包括某些個人的反常行為,他們要麼缺乏基本的良心,要麼缺乏得到很好調整的推理能力,或者,在他們身上早期生活方式所形成的本能行為依然很有力量。然而,普遍真理是,在行為方面,就像在生理學方面,獲取共同結果的方法並不只有一個,而且大自然也許利用不同的方法來決定並活化動物的一舉一動,這一點是很清楚的。

既然對與錯並不具有抽象的性質,而是依據環境,或依據動物的生存方式做出判斷的兩個術語,表示適應還是不適應,那麼很顯然,行為的性質將取決於動物種群如何生活,其形成的差異非常大。尤其是在必要的行為上,個體生活方式的生物種群和群體生活方式的種群之間也存在著不同。換句話說,對個體性物種來說也許是對的事情,對群體性物種來說就是錯的;因為在後面的情況下,集體取代了個體,各種關係建立在群體當中,應用在個體上的關係作為整體屬於群體,與此同時,原本存在於個體之間的關係變成了群體之間的關係。

大多數動物以個體形式生活,各自遊蕩在這裡或那裡;可能是一時的興趣,也可能是食物的吸引,反正想去哪裡就去哪裡,根本不用顧及

與同物種的其他成員的關係和責任，甚至與同伴進行競爭，為了獲取各自的利益打得你死我活。少數動物的生活模式是共產主義的或者群居性的；比較突出的就是我們人類和某些昆蟲物種。社會性昆蟲最著名的例子就是螞蟻和某些種類的蜜蜂和黃蜂。然而，白蟻構成了另一種群居昆蟲團體，其趣味性一點也不比螞蟻和蜜蜂差，但是其生活習性並沒有得到人們的長期觀察。

對某些人來說，他們把白蟻誤以為是所熟悉的「白螞蟻」。但是，由於白蟻並不是螞蟻，其顏色也不是白色，甚至連灰白色都算不上，我們就應該拋棄這個讓人誤解、沒有道理的名稱，利用昆蟲學家普遍使用的名稱去學會了解白蟻。

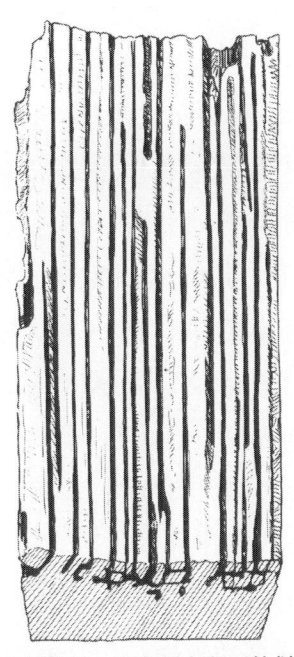

圖 76 白蟻在一塊木頭上留下的傑作。
美國東部常見的地下白蟻（黃肢散白蟻 Reticulitermes），
順著木材紋理挖出的溝槽

第五章　白蟻

　　如果你劈開一塊扔在地上的舊木板，無論是在什麼地方；或者你外出走進一片樹林砍伐一棵死樹的殘樁或樹幹，你很有可能會發現，這些木頭上有許多細小的管狀蟲道，順著木材紋理完全洞開了，但是又被小的缺口和短的通道四處交叉地連結在一起。打開蟲道，你會見到裡面有無數微小的、灰白色的無翅昆蟲跑來跑去，企圖找地方躲藏自己。這些蟲子就是白蟻。牠們就像是礦工，或者說是那些為自己開挖溝槽巢穴的礦工們的後裔。巢穴中的蟲道並不都是開放的跑道，其中有許多被很小的糞球所塞滿。

　　如果白蟻把自己的工作對象局限於沒有什麼用途的木頭，人們也許只是把牠們看作是有趣的昆蟲；但是，由於白蟻經常把牠們的作業場擴展到圍欄樁、電線桿、房屋的木質構造，甚至木製家具，牠們就把自己置身於害蟲的行列裡，並在經濟昆蟲學著作裡占有重要的位置和很多的篇幅。儲藏的文件、書籍、衣物和皮革製品同樣經常受到白蟻的侵襲。在美國，由於白蟻的「工作結果」讓人始料不及，人們不得不換掉被蟲蝕的地板或房屋木質結構的部件，這樣的事時常發生，而堆放的木材更容易受到這些隱伏的蟲子的侵害。但是在熱帶國家，白蟻的數量要比溫帶地區多出很多，所造成的破壞也大得多。牠們隱居的習性也使白蟻成為一種令人惱火的害蟲，因為，還沒等你察覺或懷疑什麼地方有白蟻，牠們已經完成了一次讓你無法挽回的損害。因此，研究白蟻的昆蟲學家把大部分的注意力集中在防治蟲災的方法上，想出了很多辦法阻止白蟻接近有可能遭到蟲蝕的木質物品。

　　許多農業方面的出版品已經描述了白蟻的危害，並介紹了許多防治蟲害的手段和辦法，有興趣的讀者不妨找來讀一讀，了解一些相關資訊。這裡我們將更密切地觀察白蟻本身的生活狀況，看一看我們能從牠們那裡學到什麼經驗，因為牠們也多少採用一些我們人類的生活方式。

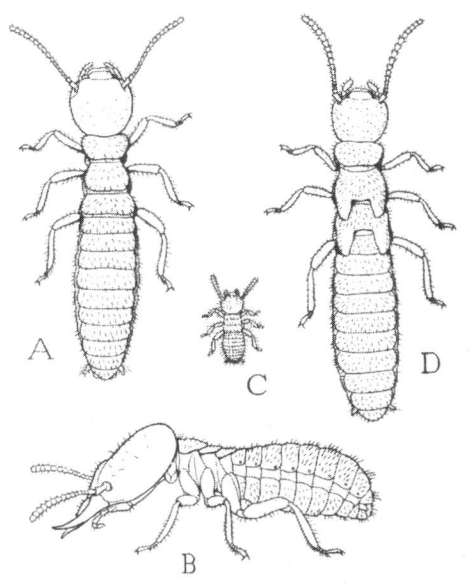

圖 77 黃肢散白蟻（Reticulitermes flavipes）（多倍放大圖）

A. 成熟的工蟻。B. 成熟的兵蟻。C. 白蟻幼蟲。D. 未成熟白蟻的有翅形態。

當我們打開白蟻的巢穴，我們似乎並沒有看到這些慌忙地在蟲道縫隙尋找藏身之處的昆蟲當中有什麼組織，不過，如果一顆炸彈落進我們的房屋，同樣不太可能留下更多的生活有序的痕跡。然而，即使是對白蟻最漫不經心的觀察，也能讓我們看到一些有趣的現象。首先，這個群體的成員並非都一樣。通常在數量上比較多的是一些細小、普通、身體柔軟、無翅、腦袋圓圓的、下顎也很不起眼的白蟻（圖 75D，圖 77A）。數量比較少的另外一些白蟻，雖然身體和前面的一樣，也沒有翅膀，但腦袋相對來說非常大，上面長著巨大而又強壯的下顎，在前面向外伸出（圖 75C，圖 77B）。後一種個體被稱為「兵蟻」，而這個名稱也並完全是毫無根據的，因為一個人在軍隊服役也未必需要天天去打仗。另一些小腦袋的個體被叫做「工蟻」，牠們得到的這個頭銜真的是名副其實，因為儘管牠們的下顎很小，挖掘蟲道的大部分工作是由牠們承擔並完成的，

第五章 白蟻

而且巢穴內其他的工作，無論是什麼工作，也由工蟻來做。

無論是工蟻還是兵蟻都有雌蟲和雄蟲，但是說到生殖能力，牠們也許可以被稱為「無性動物」，因為牠們的生殖器官永遠也不能成熟，也從來不參與群體繁衍的任何任務。在大多數白蟻物種裡，工蟻和兵蟻都是瞎子，因為牠們沒有眼睛。即使有，也是已經退化了的眼睛器官。在幾種更原始的白蟻屬昆蟲中是沒有工蟻的，而在更高等一些的屬種裡，白蟻則有兩種結構類型。兵蟻的大下顎（圖78A）在某些物種裡是防禦武器，而且據說，兵蟻總是出現在巢穴壁上的一些裂口處，隨時準備抵禦入侵者對牠們這個群體的進攻。在有些物種中，兵蟻長有一對很長的管狀觸角，從面部向前伸出（圖78B），一種腺管透過觸角打開，射出一種黏稠的半液體物質。這種液體被排放在來犯之敵的身上，正常情況下是螞蟻；螞蟻在完全被黏住的時候只能束手就擒——這種戰鬥方法至今仍被人類戰爭所採用。在白蟻科昆蟲的許多物種當中，面腺體作為一種武器發展到如此有效的程度，所以這些物種中的兵蟻根本不需要使用下顎，而且牠們的上顎也已經退化。在所有情況下，兵蟻的軍事專業化致使牠們沒有能力覓食，必須依靠工蟻為牠們供給食糧。

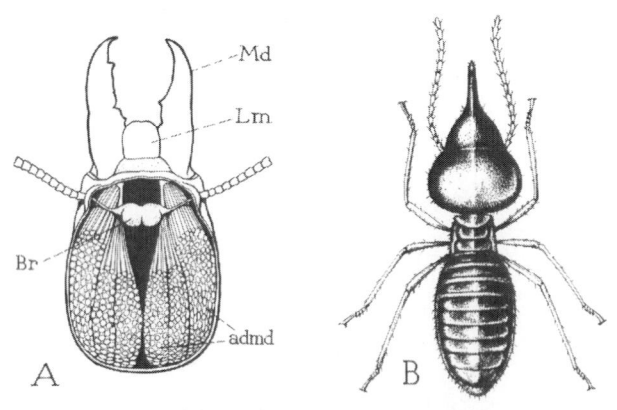

圖78 白蟻兵蟻的兩種形態的防禦器官

A. 原白蟻科（Termopsis）兵蟻的頭部，顯示的是高度發展的上顎（Md）和頭部內部的大塊肌肉（admd）。B. 象白蟻屬（Nasutitermes）兵蟻；頭部有很小的下顎，但是卻裝備著很長的觸角，用於防禦的一種膠狀液體就是從這裡發射出去的。

除了工蟻和兵蟻，在一年的某些季節裡我們還可能在白蟻的巢穴裡看到許多別的個體（圖 77D），在牠們的胸部體節上留有很小的翅膀雛形。隨著季節的向前推移，這些個體的翅墊長度不斷增加，直到最終長成長長的、薄紗似的、完全發育的翅膀，其長度遠遠地超出了身體的末端（圖 75A、圖 75B、圖 79）。身體的顏色也變得深了一些，最後在成熟的時候變黑。接下來，在某個特定的日子裡，牠們這些有翅膀的一窩白蟻就從巢穴裡成群結隊地爬出來。由於昆蟲通常是有翅動物，所以很顯然，這些能飛的白蟻展現了白蟻種群的完美形態——事實上，牠們是性發育成熟的雄蟲和雌蟲。

白蟻社區中不同個體的形態被稱為「級」[67]，即社會性昆蟲中成熟個體的不同形態，例如兵蟻和工蟻。

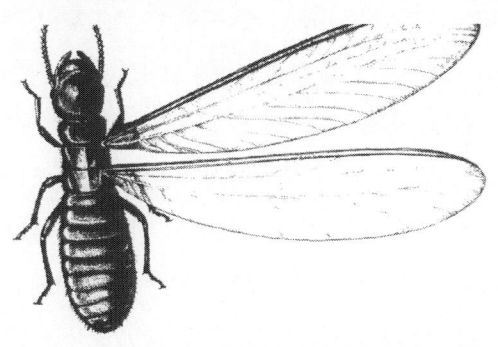

圖 79 散白蟻（Reticulitermes ibialis）有翅成蟲生殖蟻，圖中只顯示身體一側的翅膀

如果徹底觀察白蟻巢穴裡的蟲道，除了工蟻、兵蟻和不同發育階段的有翅白蟻成員，你也許還能見到幾個屬於別的「級」的個體。牠們的腦袋長得跟有翅白蟻一樣，但是身軀卻大得多；一些具有很小的翅膀雛形

---

[67] 即 castes。

第五章 白蟻

（圖80），其他一些則沒有；最後，有兩個個體，一個是雄蟲，另一個是雌蟲，身上留有翅膀殘根，顯然完整形態的翅膀已從這裡折斷。雄蟲雖然身體是黑色的，但相貌平平（圖82A），雌蟲的腹部非常大，與種群裡的其他成員相比顯得氣度不凡（圖82B）。

透過昆蟲學家的調查，人們知道，這一組白蟻的短翅成員和無翅成員既包括雄性也包括雌性，牠們都潛在地具備生殖能力。但是通常情況是，這個群體裡所有的卵實際上都是由那個大塊頭的雌白蟻產下的。換句話說，這位多產的雌白蟻就相當於蜜蜂蜂巢裡的「王后」，但是與蜂后不同，白蟻王后允許「蟻王」在群體裡與她住在一起，陪她度過一生。

這樣說來，白蟻族群似乎是一個等級複雜的社會，因為在原有的工蟻和兵蟻這兩個階層的基礎上，我們還必須新增上另外兩個具有潛在生殖力的個體階層，以及由蟻王和蟻后所組成的「王室」階層，或者說實際上的繁殖後代的階層。由此我們被引入一個與我們人類文明已知的任何事物都十分不同的社會狀態，因為，雖然我們人類也分階層，但是各階層之間的差別在一定程度上是那些不太有抱負或野心的社會成員所作出的禮貌讓步的問題。我們在理論上聲稱「人人生來平等」。儘管我們知道這只是令人滿意的幻想，我們人類的不公正事例或行為至少不是按照普遍認可的階層來判斷。然而，一隻白蟻在社會的位置卻是在牠一出生時就確定下來的，最終把牠的階層銘刻在身體構造上，難以去除。這樣的狀況推翻了我們的民主所提倡的基本人權和基本權利方面的觀念和準則。而且，如果大自然真的不僅認可階層的存在，還創造階層，我們就得更加仔細地觀察白蟻社會的問題，看一看這樣的事究竟是怎麼發生的。

讓我們回頭研究一下已經從巢穴飛出來的有翅白蟻雄蟲和雌蟲。鳥類早已喜歡以白蟻為食了，因為白蟻的飛行能力畢竟還是很虛弱的，也

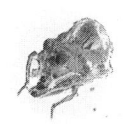

缺乏確定性。風能驅散牠們，而且在很短的時間內，蟻群就會被吹得七零八落。然而，昆蟲成群飛行的目的是就是擴大昆蟲的分布，

而且只要有少數倖存下來，種群繁衍所需要的必要條件也就有了。當拍翅飛行的白蟻落下來時，牠們不再需要翅膀了，而透過與物體摩擦，或扭曲身體，直到腹部的尾端抵在翅基上，此時已經變得礙事的翅膀就被折斷了。也許可以觀察到，每隻翅膀的基部都有一道骨縫穿過，使白蟻能更容易地折斷自己的翅膀。

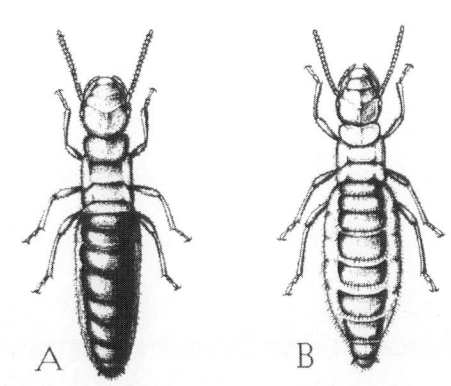

圖 80 乾地散白蟻（Reticulitermes tibialis）的第二形態，或稱短翅生殖蟻

A. 雄白蟻 B. 雌白蟻

現在已經是無翅的白蟻了，身為年幼的雄蟲和雌蟲，逐漸進入成熟期，然後自然而然地結伴而去；但牠們的結合不是那種「友愛結婚」，儘管我們承認這種婚姻形式得到了大多數昆蟲的歡迎。白蟻們立下誓言一輩子忠於對方，或者說，「生死不離」，因為對雌白蟻來說，牠把全部熱情都傾注在料理家務和當好母親方面。找到一個安家地點並在那裡建立一個部落是牠的最大願望，不惜耗盡自己的精力，而且，無論雄蟲喜歡還是不喜歡，都必須接受雌蟲的條件。因此，雌白蟻在死樹或殘樁上，或爬到躺在地上的木頭底下尋找洞孔或裂縫，而雄蟲則跟隨在牠身後。

第五章　白蟻

　　如果地點被證明合適，雌蟲就會利用牠的下顎作為開鑿工具，開始挖掘木頭，或者挖掘木頭下面的地面，雄蟲有時也會稍微地過來幫助一下。很快一個井就被挖成了，在井底掏空一個洞穴，大小容得下這一對小夫妻，作為牠們的愛巢，在這裡開始了牠們真正的婚姻生活。

　　當然啦，根據新婚的某一對夫婦的生活狀況來追蹤白蟻社區建設的整個過程和所發生的事件，顯然是一件很困難的事情，因為白蟻過著一種絕對隱蔽的生活，巢穴受到任何打擾，都會破壞牠們的日常生活，從而也使研究人員的努力無法獲得成功。不過，美國東部一些常見的白蟻，尤其是屬於散白蟻屬[68]的物種，牠們的生命階段和生活習性都被美國昆蟲學家 T.E. 斯奈德（T. E. Snyder）所發現，並記錄在他所撰寫的大量論文裡。感謝斯奈德博士的研究工作，我們才能在這裡講述白蟻的生活和白蟻種群的發展史，介紹一對白蟻的後代是如何繁衍成一個很複雜的社區。

　　年輕的新婚夫婦在牠們狹窄的小窩裡以夫妻關係幸福地生活在一起。也許，雄蟲需要被迫地驅逐一兩個可能的對手，但是最後蟲道被永久性地封閉，而且從現在開始這小倆口的生活將完全與外部世界隔離。到了日子，通常是交配後一個月或 6 個星期，雌蟲產下她的第一批卵，6 個或者 12 個，成團地存放在房間的地板上。大約 10 天後，蟲卵開始孵化，而隨著一窩小白蟻的出生，這個家變得充滿活力。

　　白蟻幼蟲雖然活躍又能四處亂跑，但是還不能自己進食，所以牠們的父母現在面臨的任務就是要滿足這些幼蟲日益增長的食慾。白蟻幼兒園的食物配餐需要預先消化的木漿；不過幸運的是，這種食品不需要從外面提供──巢穴的牆壁就可以提供大量的原料，而消化則是在父母的

---

[68]　即 Reticuitermes。

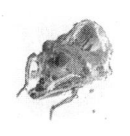

胃裡完成的。接下來只需要反芻木漿，餵給蟻嬰就行了。白蟻經濟的這一特色有著雙重的方便性，因為不只是幼蟲得到了廉價的餵養，而且食物的採集自動地擴大了巢穴，從而適應了這個不斷成長的家庭對居住空間的需求。

　　昆蟲能夠在死木上咬出蟲道，這並不令人驚訝；但是昆蟲能用木屑養活自己就真的是非凡的事情，只有少數幾種動物才能完成這種飲食的壯舉。乾木頭主要由被稱作纖維素的物質組成，這種東西雖然與澱粉和糖有一點關係，其實是普通動物完全不能消化的一種醣類（碳水化合物），只是被大量地當作所有蔬菜食物的一部分而被食用。然而，白蟻被賦予了非凡的消化能力，但不是利用一種特定的消化酵素，而是利用居住在牠們消化道內蟲子，一種微小的消化纖維素的原生寄生蟲。就是透過腸內這些居民的斡旋，白蟻們才能依賴死木頭為主要食物生活。白蟻幼蟲則從父母餵養牠們的食物那裡獲得了這樣的有機生物，而且很快也能成為木頭的食用者。然而，不是所有已知的白蟻都擁有這樣的腸內原生動物，正如我們將見到的，許多白蟻吃的是其他食物，而不是木頭。

　　這窩白蟻透過食用木漿而茁壯生長，而到了12月，以及隨後的春季裡，孵化的幼蟲成為新一代的成員。與其他任何生長的昆蟲一樣，經過一系列蛻變，這些幼蟲開始走向成熟。但是請注意，這一代個體並沒有發展成為牠們父母的複製品，而是具備了工蟻和兵蟻的形態！然而，與昆蟲打交道，我們永遠也不要表現出驚訝，所以到目前為止我們必須現實地接受白蟻幼蟲這種奇特的發育方式，並繼續觀察下去。

　　在隆冬季節，新的家庭部落裡一切照常進行。住在地下或者從木頭穿過爬進地下的白蟻物種可能已經把蟲道深挖到地下深處，以抵禦寒冷。但是在2月，白蟻母親，現在群落裡的蟻后，再一次對自己母性需

第五章　白蟻

求做出反應，又產下了一些蟲卵，而這一次產下的卵在數量上遠遠超過第一季。1個月後，或在3月裡，巢穴由於小白蟻的降臨而再度熱鬧起來。不過，這個時候，蟻王和蟻后把照料嬰兒的日常工作交給第一窩出生的工蟻來承擔。工蟻們接管了餵養和看護新出生的弟弟或妹妹的工作，同時為了擴大居室面積，牠們還要承擔全部的挖掘任務。

在春天裡，白蟻爬到地面，躲在木板或圓木的下面，或者樹樁的根部，重新占領牠們的居住地。隨著蟲道的延伸，家庭也隨之向前移動，就這樣慢慢遷移到木頭上未吃過的部分，把老蟲道留在後面，大多數裡面充滿了白蟻的糞便和泥土。

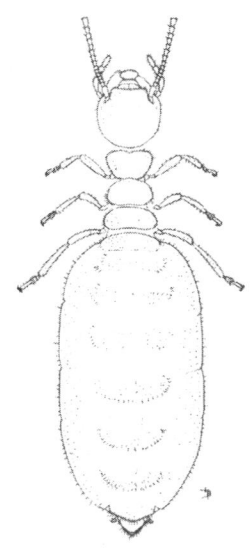

圖81 黃肢散白蟻（Reticulitermes flavipes）

無翅生殖級，第三形態的蟻后等到6月再次光臨，年輕的家庭已經包括了幾十個個體；但是除了蟻王和蟻后，其餘全都是兵蟻和工蟻，而工蟻的數量遠遠超過兵蟻。在第二年裡，蟻后又產下一批數量更大的蟲卵，生產的時間間隔也許更加頻繁，而隨著卵巢活動量不斷增加，牠的

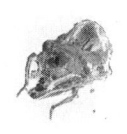

腹部也在膨脹，顯現出牠母儀天下的派頭，身材和腰圍與牠少女時代的體型相比，差不多超出了2倍還多。然而，國王對牠的配偶保持忠實；而且牠自己也有些發福，魁梧的身材足以讓牠在越來越多的臣民當中擁有特殊的地位。以現代的方式看，蟻王是真正的國王，因為牠已經放棄了所有的權利和職責，過著無憂無慮的生活，只遵守上流社會的禮儀，堅持傳統的紳士風度；但是牠也獲得了民主政治的最高榮譽，因為牠是名副其實的國家之父。

又一年過去了，產生了更多的蟲卵，更多的工蟻，更多的兵蟻。而且現在，也許，在其他幾窩正在成熟的白蟻當中出現了一些別的形態。這些白蟻發育到了某個階段就會呈現出明顯的標記，通常在翅基體節的背面長出短小的翅根或翅墊。隨著接下來的幾次蛻變，翅墊變得越來越大，直到在大多數個體身上發育成了很長的完整翅膀，就像蟻王和蟻后第一次飛出父母的領地時的翅膀。最後，新的家庭將開始第一次分群，而且當羽翼豐滿的成員都為此做好了準備，某種合適的時機也來到，工蟻們便在蟲道上打開幾個出口，讓有翅的白蟻飛走。我們已經知道這些白蟻的未來，因為牠們所能做的，只是在做牠們之前父母做過的事，只是在做數百萬年以來一代代祖先做過的事。讓我們還是回到蟲道吧。

少數一些長出翅墊的白蟻個體注定會感到失望，因為牠們的翅膀永遠也不能發育成形，尺寸太小、不具備飛行功能，所以不能在分群時與其他有翅白蟻一起飛走。然而，牠們的生殖器官和牠們的本能已經成熟，這樣一來，這些短翅的個體就成了有生殖力的雄蟲和雌蟲。除了翅膀的長度外，牠們在其他幾個方面也與那些全翅的、有生殖能力的白蟻不同，從而牠們構成了白蟻社區的一個真正的階層，即短翅雄蟲和短翅雌蟲（圖80）。這一階層的成員與其他白蟻一起成熟，而且，斯奈德博士

第五章　白蟻

告訴我們，牠們儘管身體有缺陷，但是其中很多短翅白蟻在長翅白蟻分群的時候，實際上也離開了；似乎牠們也感覺到了自己的飛行本能，雖然牠們身上的器官在飛行時發揮不了什麼作用。

這些不幸的傢伙最終變成了什麼樣子，至今仍還是一個謎，就像斯奈德博士說的，在蟻群飛走之後，蟻巢裡沒有發現一隻短翅白蟻。其中一些也可能成雙結對，並找到新的領地，仿照有翅形態的白蟻建立家庭，但是關於牠們的生活史，我們對其實際情況尚不了解。不過至少我們可以猜測，某個時候這些白蟻建立起自己的群落，繁殖出來的個體還是這個短翅生殖蟻階層的成員，這也許是真的。

最後，我們還在白蟻群落裡發現了某些無翅個體，但是牠們在其他方面酷似有翅形態的白蟻，而且與有翅白蟻一樣，成熟時在功能上也有生殖力。這些個體構成了第三個生殖蟻階層——無翅雄蟲和無翅雌蟲。對於這一階層的白蟻成員，我們知道的不多。但是據推測，牠們可能是透過地下通道離開蟻巢，找到牠們自己的新領地。

一個白蟻群落的蟻后，其產卵能力究竟能保持多長時間呢？沒有人知道。但經過數年之後，牠通常總會耗盡自己的資源，而且在此之前，牠還可能遭遇意外事件而受到傷害或被殺死。然而，無論如何，牠的死亡並不意味著群落的結束，因為蟻王可以為自己種群的延續提供保障，與此同時在喪偶期間透過接納一整群雌性短翅白蟻來安慰自己。但是，假如蟻王也死了，工蟻們就把王位的繼承權交給第二階層或第三階層的一對或多對繁殖蟻，授予牠們王室特權。任何一種有生育力的繁殖蟻都包含父母的階層及其以下的所有階層。換句話說，只有有翅形態能夠生產整個系列的各階層白蟻；短翅白蟻父母生不出來長翅的後代；無翅白蟻的父母生不出任何形態的有翅後代；但是無論是短翅還是無翅白蟻父

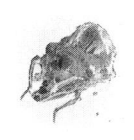

母都能培育兵蟻和工蟻。因此，每一種有缺陷的繁殖蟻，在其身體上都缺乏產生全部白蟻個體所必需的某種東西。

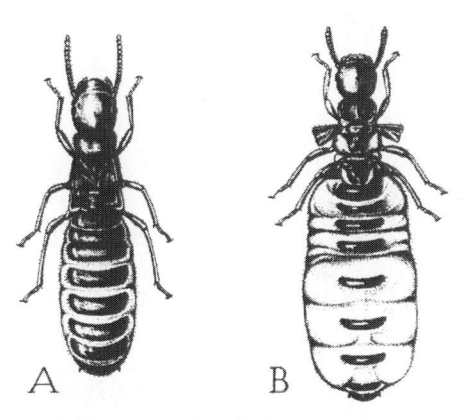

圖82 黃肢散白蟻，或稱有翅生殖蟻（Reticulitermes flavipes），
　　　失去翅膀之後的普通蟻王（A）和蟻后（B）

一對父母的蟲卵卻產生出在體質結構方面存在差異的不同階層的後代，這種事情如果不是發生在白蟻部落，而是發生在別的任何地方，一定是一個令人極端困惑的事件，而在白蟻種群裡就是普通的事。但是白蟻種群裡的這個現象依然讓昆蟲學者感到困惑，因為這似乎是對遺傳法則的公然違抗。

階層制度的實用性不容懷疑，因為有了這樣一個制度，各階層的成員就會清楚自己的位置和責任，也不會有哪個成員能想到發起一場社會革命。但是我們想要知道的是，這樣一種制度是如何建立的，為什麼一個家庭的個體不僅生下來時就不一樣，而且還能認可這些差別，並按照自己的地位和指責做事。

這些都是難以解答的疑問，而且昆蟲學者的意見也多有分歧，無法給出適當的答案。一些昆蟲學家堅持認為，在各種不同的個體還年幼時，白蟻的階層劃分並不明顯，但是之後由於進食方式的不同才形成了

第五章　白蟻

差別——換句話說，他們宣稱，階層之分是白蟻們自己形成的。另一些昆蟲學家反對這種觀點，他們特地指出，還沒有哪個人已經成功地發現這種創造奇蹟的食物可能是什麼，而且也沒有人能透過控制白蟻的飲食來導致白蟻體質結構方面的改變。另一方面，有人已經指明，在某些物種裡，幼蟲在孵化時就存在著實際的差別，而如此細緻的觀察確立了這樣一個事實，既來自同一隻雌性白蟻所排出的卵的昆蟲，至少能生產兩種或兩種以上形態的後代，不包括性別形態，而且，潛在的差異在卵中就已經被決定下來。非常有可能的是，在早期胚胎時期很難發現這些形態在體質結構方面的差異，因此在孵化期不易察覺的這些差異只有到了生長的後期階段才會顯現出來。所以要等到對蟲卵本身做過研究之後，我們才有可能找到白蟻階層問題的答案。

這樣，我們可以就此得出結論，白蟻階層之間的體質結構差異可能是先天性的，而且這些差異起源於生殖細胞中影響體質的要素，因為就是這些要素引導卵中胚胎和孵化後的幼蟲後來的發育和成長。

然而，在控制白蟻行為的自然力方面仍然存在著一些疑問。白蟻為什麼堅持群居在一個社區裡，而不是分散開來，像大多數其他昆蟲那樣過著自己的生活？工蟻為什麼接受自己的命運，像僕人那樣把所有分配給牠們的吃力的工作都包了下來？兵蟻為什麼會在危險來臨時挺身而出，充當蟻巢的衛士？結構可以說明某種動物不可能去做的事情，但是解釋不了動物做出選擇時所表現出來的積極行為，因為幾條可能的行動路線擺在動物面前時，牠們似乎能做出選擇。

正如我們在第四章所了解的那樣，在組成動物的身體的細胞社區中，組織和控制的發生要麼透過神經，將一種活化力或抑制力從中央控制站傳輸到每一個細胞，要麼透過透入血液裡的化學物質。然而，在昆

蟲社區裡，不存在任何相當於這些調整影響力的東西；既不像人類社會那樣有什麼立法個人或立法群體，也沒有警察來執行任何所頒布的法令。這樣看來，在一條條蟲道裡必定存在著某種維護法律和秩序的神祕力量。那麼，我們是否應該承認，就像諾貝爾文學獎得主梅特林克[69]讓我們相信的那樣，的確存在著一個「巢穴之魂」——一種能把個體聯合起來，並決定部落整體命運的力量？不，科學家不能接受任何諸如此類的觀點，因為這種觀點假設人類想像力的資源遠遠超過自然資源。大自然總是自然的，而大自然創造奇觀的方式，一經發現，從來不乞靈於人類頭腦不能理解的事物，除非人類最終把牠們分解成基本原理。那些相信自然一致性的人們努力向前一點點推進，將小的未知置入大的可知的未知。

有助於解釋白蟻一些顯在祕密的事情，我們了解得還很少。舉例來說，白蟻部落的成員總是相互舔或啃咬，工蟻似乎總是清潔蟻后，而且牠們經常一絲不苟地輕撫幼蟲。此外，這種用唇表示關心的禮儀，或稱唇愛，並非得不到回報，因為部落裡的每個成員似乎都能透過皮膚向外排出某種物質，而這種物質得到了其他成員的喜愛。進一步講，從消化道噴出的食物原料，有時從這一端，有時從另一端。因此，每個個體對牠的同伴來說就是一個三重營養品的來源——牠必須透過皮膚提供滲出物，透過嘴唇提供嗉囊食物，透過肛門提供腸內食物——而這種食物相互交換的形式似乎為部落成員之間存在的那種相互依戀關係奠定了基礎。這種關係表現出了母愛，工蟻對蟻后和幼蟲的關愛，工蟻和兵蟻之間的兄弟情愛。白蟻部落的金科玉律就是「餵養別人其實也是餵養你自己。」

---

[69] 梅特林克（Maurice Maeterlinck，西元 1862～1949 年），比利時詩人、劇作家、散文家，1911年諾貝爾文學獎獲得者，其作品主題主要關於死亡及生命的意義。

第五章　白蟻

因此，白蟻是社會性動物，因為從身體的原因看，遠離同伴，沒有哪一個個體能生存並感到快樂。說及我們人類，情況也是如此，雖然，當然啦，我們更喜歡相信我們的社會本能並不是純粹以身體為基礎的。不管怎麼樣，我們必須承認，任何類型的社會關係只能是可能的生存方法之一，憑藉其中某種方法，社會成員確保自己在社區生活當中獲得福利。

白蟻部落的食物交換習俗無論怎麼講也不能用來解釋白蟻所作的一切事情。如果其他解釋講不通時，我們總是要回到「本能」這個話題。真正的本能是一種由神經系統培育出來的反應，與其他所有昆蟲一樣，白蟻的行為在一定程度上是由自動反射所引起的，這種反射在內部條件和外部條件都合適的時候引發行為。致使某些反應自動發生和不可避免發生的神經系統的物理性質是遺傳性的，這些特性從父母那裡傳給後代，從而引發動物所有的這些特徵，並一代代重複，因此不能把這些特徵歸因於個體對環境變化的反應。

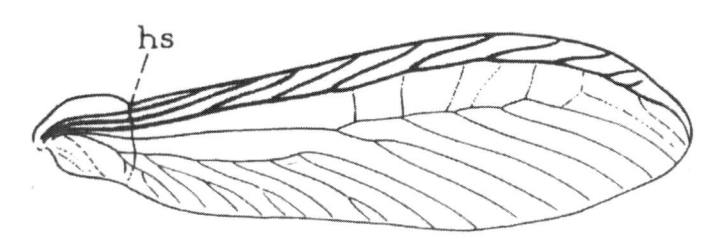

圖 83 深色東方木白蟻（Kalotermes approximatus）的前翅，顯示的是肱骨骨縫（hs），翅膀被丟棄時就是從這裡折斷的

白蟻有著古老的世系。儘管在早期紀錄上沒有找到牠們家族的蹤跡，白蟻祖先與蟑螂祖先的密切關係還是無容置疑的；正如我們在第三章裡看到的，蟑螂家族算得上最古老的有翅昆蟲之一。在人類社會，祖上屬於某個「大家族」，或者屬於這個大家族的某個成員，那可是了不

起的事，但是在生物學上，正常來說，白蟻還是一種較新的物種形態，屬於最近冒出來的、身體組織達到最高程度的新貴，大多數社會性昆蟲——螞蟻、蜜蜂和黃蜂都屬於起源相對較晚的家族。因此，找到被古老而光榮的血統世系所證明的貴族信仰會為我們帶來一種新鮮感，其代表就是蟑螂和繁榮興旺的白蟻。

翅膀提供的一件特殊證據說明了白蟻具有的蟑螂血統。在大多數白蟻身上，翅膀（圖83）都沒有得到很好的發育，而且翅膀上的肌肉也部分退化。然而，有些白蟻的翅膀（圖84）卻明顯地帶有蟑螂翅膀的結構特徵（圖53），這些形態的白蟻與那些具有通常白蟻翅膀結構的物種相比，毫無疑問更接近地展現了白蟻祖先。

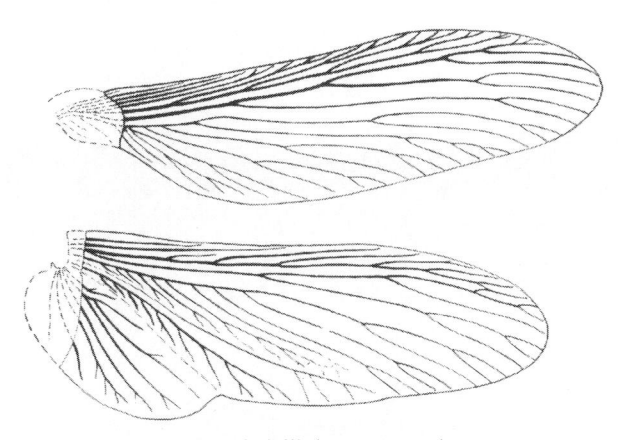

圖 84 乳白蟻（Mastotermes）

乳白蟻（Mastotermes）的翅膀，後翅及其翅根擴展部分與蟑螂的後翅（圖53）非常相似，顯示蟑螂和白蟻之間的關連。美洲的白蟻和其他溫帶地區的白蟻僅僅構成了白蟻文明的次要部分。白蟻是非常喜歡溫暖氣候的昆蟲，就是在熱帶地區，牠們找到了最適合居住的環境，並充分表現出了牠們的發展前途。

第五章　白蟻

　　在熱帶地區，典型的白蟻並不是那些居住在死木頭裡的白蟻，而是建造界限確定的永久性巢穴的物種。一些巢穴建在地表下的泥土裡，一些巢穴稍為高出地面，還有一些巢穴是靠在樹樁或樹枝上建造的。在建造巢穴時，不同的物種採用不同的建築材料。一些白蟻使用土粒、沙粒或黏土；其他白蟻則用唾液攪拌泥土；另有一些利用從身體噴射出來的未完全消化的木漿；還有一些實用混合原料。此外，某些類型的白蟻還有食草習性。這些物種的工蟻大軍離開巢穴，在兵蟻的保護下，光天化日之下列隊來到草地，採集葉片、枯莖或地衣，然後滿載著供家庭食用的糧草回到巢穴。

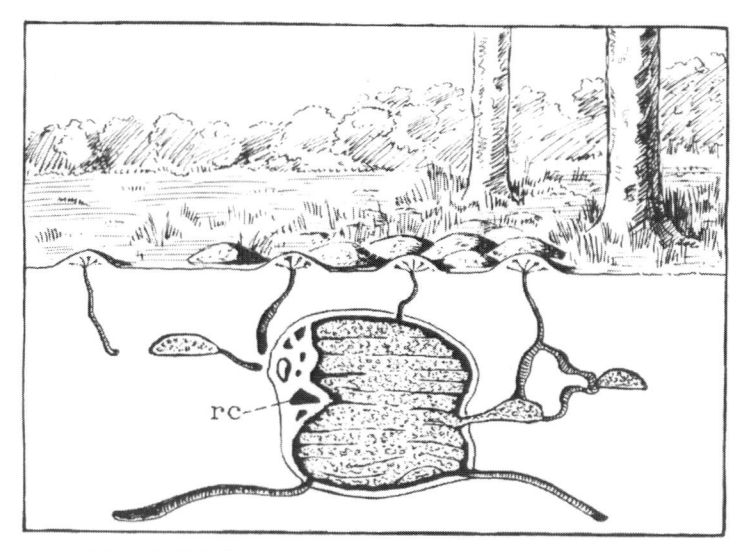

圖 85 非洲白蟻（Termes badius）的地下巢穴，垂直剖面圖

　　寬敞的中央大廳是主要的「真菌園」；左壁內是蟻后的居室（rc）；蟲道從巢穴的主體部分通向含有真菌的一些較小房間，並通向地面上的小土包。

　　地下巢穴（圖 85）主要包括一個洞穴，孔徑大概是 0.6×0.9 公尺，在地表之下 0.3 公尺，牆壁糊有很厚的黏土內襯，但是有一些蟲道從巢

穴向上延伸到地面，或水平地向那些離中央房間遠一些的小房間延伸。居住在這些巢穴的白蟻主要依靠本地產的食物過活，而就是在這個寬敞的、有圓頂的中央房間裡，牠們培植了自己的主食。洞穴裡幾乎完全充滿著多孔、海綿狀塊的活真菌。我們通常見到的真菌是一些傘菌和蘑菇，但是這些真菌形態只是真菌的子實體，來自植物隱藏在地下的根部或死木，而這個隱藏部分所具備的形態就像是一張由纖細的多個分枝（稱作菌絲體）所組成的網路的形式。菌絲體依靠朽木生存，而白蟻培養的恰好是真菌的菌絲體部分。牠們以很小的長著孢子的莖為食，而這些莖是從菌絲體的分枝細線上長出來的。白蟻真菌菌床的底層通常利用部分消化的木漿小球做成。

　　白蟻豎立在地面上的巢穴，其建築結構在昆蟲所建造的各種巢穴當中是最為出色的。這樣的蟻巢在南美洲、澳洲，尤其是在非洲都有發現。各種巢穴在大小方面很不相同，有的是只有幾公分高的大廈，有的是高達 2 公尺、3.6 公尺，甚至 6 公尺的大廈。有些巢穴僅僅是一個小土包（圖 86A），或者說是小丘；其他一些則呈現出塔形、方尖石塔形和金字塔形（圖 86B）；另有一些看上去很像奇特的大教堂，建有扶壁和尖頂（圖 87）；最後一種，也是最奇怪的一種巢穴，樣子很像巨大的傘菌，有著很粗的圓柱形菌柄和寬邊菌帽（圖 86）。利用土包建造巢穴的白蟻也是種菌物種，牠們會在巢穴裡騰出一間室或幾間室專門用來培養真菌。

　　建在樹上的白蟻巢穴通常是居住在地面上的白蟻群落偏遠的隱退處，因為這樣的巢穴（圖 86D）由一些沿著樹幹向下延伸的隱蔽通道與地底下的巢穴相連。

第五章 白蟻

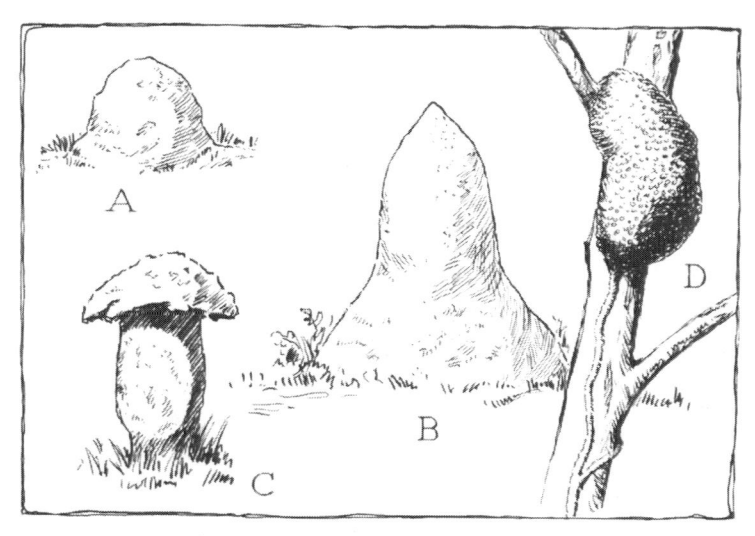

圖86 熱帶白蟻建造的四種常見類型的地上蟻巢

A. 小土包形巢穴，高度從幾公分到幾公尺不等。B. 塔形或大尖塔形巢穴，高度2.7～3公尺。C. 由某些非洲白蟻種群建造的蘑菇形巢穴，高度從7.6～40.6公分。D. 樹巢，隱蔽的通道通向地面。

幾乎所有居住在永久性巢穴的白蟻蟻后都會因腹部增長而變得體型碩大，而笨重的身體致使蟻后完全不能自理生活，必須由工蟻來照料牠所有的生活需求。有了工蟻這樣的物種的照顧，蟻后居住在專門的王宮裡，從不離開。牠的身體實際上變成了一個大袋子，裡面裝著準備產出的蟲卵，而這些蟻后的產量非常高，所以成熟的蟲卵不斷地從牠身體裡排出。有人做過估計，這個物種的蟻后一天就能產出4,000個蟲卵，而另一個物種的蟻后，其日產量能達到3萬個。一年數百萬個蟲卵的產量，大概算得上是一個世界紀錄吧。王室的位置通常緊靠在真菌園邊上，與蟻后產卵的速度一樣快，工蟻迅速地把蟲卵運到真菌園，並把蟲卵散放在真菌菌床上，等待孵化的幼蟲可以在這裡進食和成長，就不需要更多的照料了。

圖 87 由非洲白蟻建造的山峰形巢穴，高度有時可達 6 公尺以上

  根據對白蟻的研究，我們也許可以從中為我們人類吸取一些教訓。首先我們見到，生活的社會形式只是多種生存方式的一種；但是，無論這種方式在什麼地方採用，都會涉及到個體之間相互依存的關係。社會性的或群體性的生活只有透過個體的勞動分工才能得到最好的促進，允許每一個個體專門從事某一種工作，由此在其特殊類型的工作中達到熟練精通。白蟻們在社會生活中已經獲益，但牠們所採用的方式與螞蟻或社會性蜜蜂所採用的方式並不一樣，與我們人類社會組織的原則也沒有

第五章　白蟻

什麼共同點。所有這一切歸結到一起，顯示在社會世界中，如同在物質世界，只要涉及大自然所賦予的天性，目的本身就能使方法正當化。個體的公正公平是人類的觀念；我們努力協調社會生活中的不平等現象，均衡生活的社會形態中的利益和艱辛，就實現這個目標而言，我們的文明不同於昆蟲的文明。

第六章

蚜蟲

第六章　蚜蟲

「呀，蚜蟲！」你說，「誰願意讀到這些令人噁心的東西！我想知道的就是如何除掉蚜蟲。」是的，這些軟乎乎的小綠蟲子，到了某些季節就會爬上你家的玫瑰、旱金蓮、高麗菜、果園；就在你以為蚜蟲已經被你根除的時候，牠們又那樣頑強地再次出現了。這樣一個事實顯示，蚜蟲具有某種隱藏的力量來源；所以，這種數量龐大、十分機敏的敵人，牠們的祕密真的值得我們去了解 —— 此外，蚜蟲也許是一種很有趣的昆蟲。

然而，昆蟲真的不是我們的敵人，昆蟲只是在過著被指定的生活，而我們食用的一些瓜果蔬菜碰巧是牠們以及牠們祖先一直賴以生存的食物。昆蟲為我們帶來的麻煩只不過是一種古老的經濟利益衝突，與引發大多數戰爭的衝突並無兩樣；就我們與昆蟲的關係而言，我們人類才是侵略者，昆蟲的敵人。在這個地球上，我們人類是新來者，但是我們卻對周圍的一切感到不滿，怒氣沖沖，因為我們發現地球早已被許多其他動物所占據，還要質問人家有什麼權利待在這裡干擾我們人類的生活！早在我們人類獲得了人的形態和人的願望之前，昆蟲已經存在了數百萬年，所以昆蟲享有完全合法的權利食用牠們賴以生存的每一樣東西。當然了，必須承認，動物不尊重私有財產；在這一點上存在著牠們的惡運，也存在著我們人類的惡運。

任何人，只要他有一個小花園、一間溫室、一片果園、一塊菜地，都會非常了解蚜蟲。有些人把蚜蟲叫做「綠蟲子」；昆蟲學家通常則把牠們命名為「蚜蟲」[70]。

---

[70] 即 aphids。

圖 88 一組蘋果綠蚜蟲正沿著蘋果樹葉主脈底面進食

　　蚜蟲突出的特徵是牠們的進食方式。前幾章描述的所有昆蟲都是以一般的方式進食，將食物咬碎，咀嚼成漿狀，然後吞嚥。蚜蟲是吮吸食物的昆蟲；牠們以棲息處植物的汁液為食。牠們沒有下顎，但是有著一個銳利的吮吸食物的蟲喙（圖 89），包括一個外鞘，裡面封裝著四根細長尖頭剛毛，這幾根剛毛能夠深深地刺入葉或莖的組織（圖 89B）。在最裡面的一對剛毛之間有兩根管，透過較低的一根管（b），來自頭部腺體的一種液體分泌物被注入植物，可能是為了破壞植物的組織；透過另一根管（a），植物的汁液和可能的植物細胞中的原生質成分就被吸入到嘴裡。蚜蟲所具有的這樣的吮吸裝備，與蚜蟲有親緣關係的所有昆蟲都有，由此構成了半翅目[71]，在接下來的一章裡，我們將結合蟬這個數量龐大的表親的情況，進行充分的描述。

---

[71] 即 Hemiptera。

第六章　蚜蟲

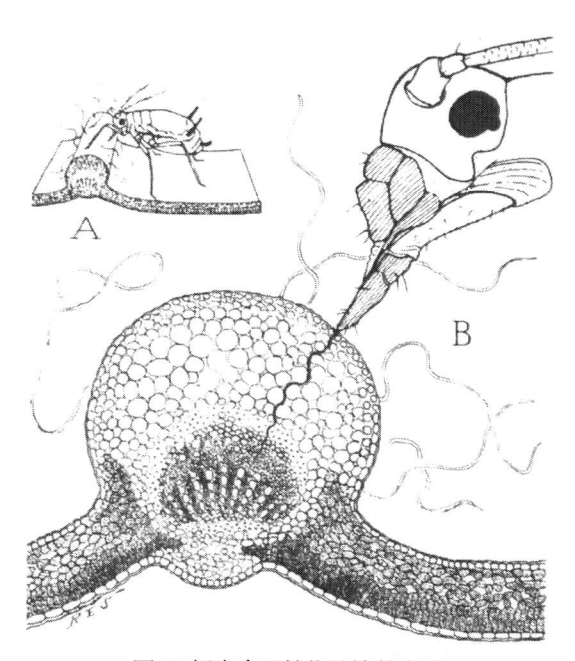

圖 89 蚜蟲食用植物汁液的方式

A. 一隻蚜蟲用其蟲喙刺入葉子的主脈。B. 蘋果樹一片嫩葉中脈的截面圖，顯示的是蟲喙嘴部剛毛透過葉組織細胞之間縫隙刺入脈管束，喙的外鞘收縮回來，折攏在頭部之下。

這樣我們就注意到了，不同的昆蟲以兩種完全不同的方式進食，一些透過口器的咀嚼，一種透過吮吸，因此很顯然，我們必須知道，被我們當作害蟲處理並加以控制的昆蟲究竟是什麼樣的蟲子。啃咬並咀嚼食物的昆蟲，我們把有毒的滅蟲藥抹在食物表面就可以毒死蟲子，除非牠們意識到食物有毒而停止食用；但是這個辦法對依靠吮吸食物的昆蟲沒有什麼效果，因為牠們刺破並吸取的食物位於植物的表面之下。所以，吮吸類昆蟲只能透過把霧狀或粉塵狀藥液噴灑在蟲子身上才能被殺死。消滅蚜蟲通常使用刺激性噴霧劑，正常情況下把寄生在植物上的蟲子除掉並不是難事，儘管這種除蟲活動在整個季節裡需要反覆進行幾次。

當蚜蟲，在植物上很好地安頓下來，葉子上就會爬滿寄生的蟲子（圖88），其擁擠程度不亞於盛夏午後紐約市曼哈頓東部的大街。但是那裡沒有熙攘喧鬧、沒有騷動，因為每一隻昆蟲都把牠的剛毛刺入葉子裡，忙著把液體食物打入自己的胃裡。蚜蟲群就是一群蟲子而已，而不是像白蟻、螞蟻或蜜蜂那樣形成自己的部落或社會性群體。

　　什麼地方有蚜蟲，什麼地方就有螞蟻，與蚜蟲形成鮮明的對比，螞蟻總是四處跑動，好像牠們正在找尋什麼，並且每一隻螞蟻都想第一個找到這個東西。突然，一隻螞蟻在葉子上發現了一小滴清澈的液體，便一口吞掉，速度之快，好像那滴小水珠魔術般地消失了，然後螞蟻以同樣的興奮狀態投入到另一次搜尋工作。螞蟻出現在蚜蟲之中，以及牠們的行為表現，有關的解釋是：植物的汁液供給一種不平衡的飲食，糖的含量在比例上遠遠高於蛋白質。結果，蚜蟲從牠們的體內射出幾滴甜甜的液體，而這種被稱作「蜂蜜似的露珠」就是螞蟻積極尋找的飲料。一些螞蟻還透過撫摸蚜蟲的身體引誘蚜蟲排出蜜露。在城市林蔭大道的樹葉上，人們經常能見到閃閃發亮的葉片和點綴在樹下人行道上閃爍的液體，這就是寄生在樹葉底面上數不清的蚜蟲排出的蜜露。

　　在研究白蟻的時候我們獲知，一對昆蟲有可能規律性地生育幾種後代，不算性別，牠們在某些方面有所不同。在蚜蟲身上，相似的情況也有發生，每個物種由許多形態表現出來，但說到蚜蟲，這些不同的形態可以構成連續的世代。設想一下這樣的事情發生在人類家庭，正常父母生下來的孩子，長大後卻與他們的父母完全不像，既不像媽媽，也不像爸爸，這些孩子的孩子同樣與他們的父母不像，當然也不像他們的祖父母。等到長大成人後，他們或許遷居到這個國家的其他地區；他們會在這裡有了自己的孩子，而新的第四代孩子又會與他們的父母、祖父母和

第六章　蚜蟲

曾祖父母長得不一樣；這一代接著生出另一代，仍然還是不相同；而第五代會回到祖父母和曾祖父母的家鄉，並在這裡生下孩子，可是第六代孩子長大成人後竟然與祖父母的祖父母一模一樣！這聽上去像是一個虛構的神話故事，太荒謬了，讓人無法當真。然而，在蚜蟲那裡這可是常見的現象，而實際的世系可能比我們以上的概述更為複雜。此外，這並不是一個完整的故事，因為蚜蟲的所有世代都是 —— 不包括每一系列的一代 —— 完全由能夠自我繁殖的雌蟲所組成，這一點我們必須補充說明。在溫暖的氣候裡，雌蟲蚜蟲的世代延續似乎可以接連不斷。

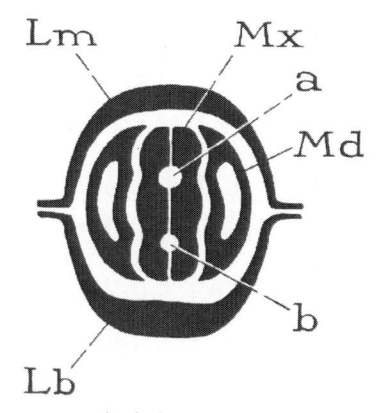

圖 90 蚜蟲蟲喙根部（截面圖）

蟲喙的外鞘是下唇（Lb），底部被上唇（Lm）所覆蓋。被封入的四根剛毛是上顎（Md）和下顎（Mx），兩條下顎之間含有一條食道（a）和唾液道（b）。截面所示只是唇的內壁下唇。

昆蟲的行為就這樣顛覆了我們人類的規律，也打破了我們內心的平靜！我們都聽說過女權改革家希望廢除男人。我們耐心地聽著她們的千年預言，那個時候沒有人知道男性，也不需要男性，不過我們並沒有把她們的話當作一回事……但是這裡，蚜蟲向我們顯示，這種事情不僅是可能的，也是可行的，至少在某一段時間內，如果條件適宜，時間絕對還可以延長。

既然特殊情況總比普通陳述更有說服力，那就讓我們以通常寄生在蘋果上的物種為例，追蹤某些特定的蚜蟲的季節生活史。

　　假設時間是 3 月初的一天。可能還颳著一陣陣寒冷的西北風，只有銀槭樹以其暗紫色、氣味難聞的花束向人們暗示春天的臨近。隨便到什麼地方找一棵沒被噴灑過藥的蘋果老樹，就是昆蟲學家總喜歡圍著轉來轉去的那種蘋果樹，因為那上面一定有許多蟲子。仔細看一看某些樹枝的末梢，尤其是苞芽四周，或者樹身上的斑痕和樹縫的突出邊緣，你很有可能找到一些緊貼在樹皮上的又小又黑、亮晶晶的斑點（圖 91）。每一個小斑點均呈卵形，長度約為 0.7 公釐。

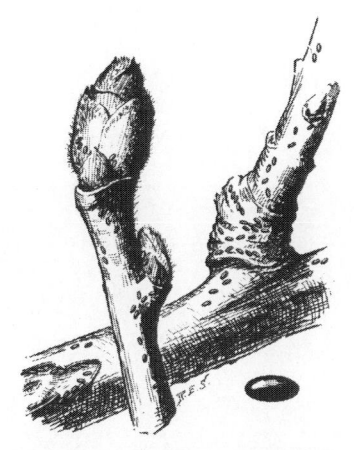

圖 91 3 月分蘋果樹上的蚜蟲蟲卵

　　圖下方是放大的蟲卵，用手摸一下，你會覺得這個東西很扎實，還有彈性，如果將其刺破，裡面會流出一種漿狀的液體；或者至少用裸眼看上去似乎是這樣的⋯⋯但是放在顯微鏡下，你會看到液體裡面是有組織的。簡言之，這是一個蚜蟲蟲卵，細小的卵囊裡含有一隻蚜蟲幼蟲。這個蟲卵是去年秋天雌性蚜蟲排放在樹枝上的，而且從那時起，其含有的物質一直是活的，儘管完全暴露在冬天的寒冷氣候當中。

　　秋天，蟲卵被排出後，蚜蟲蟲卵的生殖核立即開始發育，並很快縱向地在卵黃表面之下形成了一道組織帶。接著，這個剛剛成型的胚胎在

第六章　蚜蟲

蟲卵內經歷了一次奇特的反轉過程，頭部沿橫軸線最先進入蛋黃，最後背部朝下，頭部朝向蟲卵原先的尾部，整個身體在卵內伸展開來。整個冬天就保持這個樣子。到了3月，蟲卵再一次活躍，恢復到最初的位置，至此牠完成了自己在卵內的發育。

圖92 綠色蘋果樹蚜蟲的蟲卵，孵化前外部覆蓋層裂開。下方是移去覆蓋層的蟲卵。

　　蘋果樹蚜蟲蟲卵的孵化在一定程度上受到天氣的影響，因此隨不同的季節、不同的海拔和不同的緯度而出現變化；就華盛頓北部地區的緯度來說，孵化的日子大概是4月的某幾天，通常是這個月的第一週到第三週這個期間。大多數蟲卵就像種子，能夠躺在那裡一動也不動，直到溫度和溼度等方面的條件適宜了，在卵內耐心等待時機的蟲子才會出來。然而，一隻蘋果樹蚜蟲的蟲卵也可能因為溫暖氣候提前到來或者人工孵化的日子比正常日子早得太多而導致死亡。正常來說，蘋果樹蚜蟲胚胎的最終發育應該與蘋果樹苞芽的生長保持同步，因為兩者都受到同樣的氣候條件的控制，而且這種協同成長可以保證蚜蟲幼蟲不至於餓死。但是，蟲卵的孵化往往要比苞芽的綻開稍微早一點，所以隨後的寒冷天氣就會使蚜蟲幼蟲等很長時間才能吃上牠們的第一餐。

　　在大多數情況下，孵化期的臨近是以蟲卵鞘殼的破裂為訊號的（圖

92)，這時露出蟲卵內亮晶晶的、黑色的真殼。後來的一天或幾天，卵殼本身在外表皮的破裂處顯露出一個裂縫，沿著卵殼表面，在中間這個位置向下延伸到前端附近（圖 93 C）。從這個裂縫裡，蚜蟲幼蟲軟綿綿的頭部就出現了（圖 93D），頭上長著堅硬的齒形肉冠，顯然這是打開堅韌的卵殼所使用的工具，並由於這個原因被稱為「蟲卵破裂器」。一鑽出卵殼，頭部繼續不斷地向外膨脹，似乎覺得自己還一直被壓縮在蟲卵內部。很快肩膀露了出來，蚜蟲幼蟲這時開始蠕動、彎曲，膨脹身體的前部，並收縮其後部，直到牠設法使自己的一大半身體從卵中脫離出來（圖 93E，圖 93F），最後筆直地豎起來，但腹部末端依然卡在卵殼的裂口處（圖 93G）。

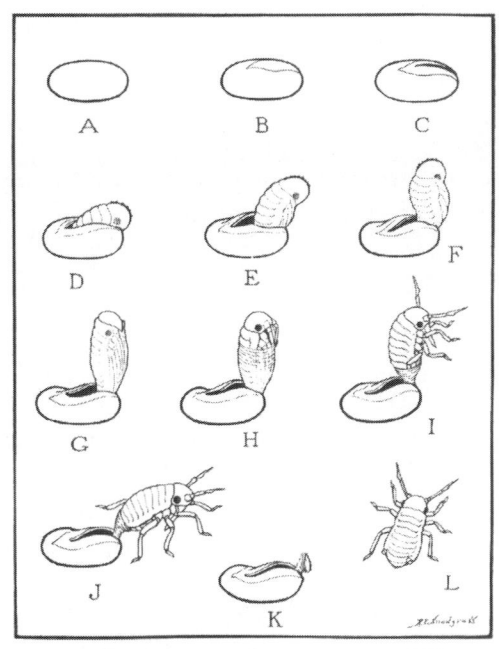

圖 93 綠色蘋果樹蚜蟲（Aphis pomi）的孵化

A：蟲卵。B：外衣裂開的蟲卵。C：內殼在一端裂開的蟲卵，D-F：幼蟲爬出蟲卵的三個階段。G-J：蛻掉孵化膜。K：空了的卵殼。L：蚜蟲幼蟲。

第六章　蚜蟲

然而，處在這個階段的蚜蟲幼蟲，就像蟑螂幼蟲，仍然被封閉在一個薄薄的、緊身的胎膜裡，沒有用來裝腿或其他身體部件的袋囊，所有這些都被束縛在裡面。被緊緊包裹住的腦袋膨脹和收縮，尤其是面部，突然，袋囊的頂部，貼近破裂器右側的位置裂開了（圖93H）。裂縫在頭的上方扯開，擴大成一個環，越過肩部滑落，接著向下滑過身體。隨著緊繃的膜快速地收縮，附器得到了釋放，出現在身體上（I）。收縮的表膜最後被縮小成一個很小的高腳杯狀，支撐著直立的蚜蟲，但是腹部的末端和後腿仍然被卡著（I）。為了完全地解放自己，昆蟲還必須做出更多的努力（J），最後，當牠從正在乾燥的表皮裡拔出自己的腿和身體時，牠終於成為一隻自由的蚜蟲幼蟲（L）。

從卵裡爬出來，脫掉胎膜，對蚜蟲的一生來說是至關重要的一個時期。整個過程也許要用幾分鐘就能完成，也許需要半個小時，但是虛弱的小傢伙如果最後還不能從正在乾燥並開始收縮的組織裡自我解脫出來，牠仍然就像是個俘虜，在自己的胎衣裡掙扎，直至死亡。成功誕生出來的蚜蟲幼蟲用其軟弱無力、無色的腿邁出了一生的頭幾步，雖然不那麼堅定，搖搖晃晃的，然後沾沾自喜的休息一會，但是20分鐘或半個小時之後，幼蟲就能像成蟲的樣子走路了，還能向上爬到樹枝上，這是通往苞芽必須要走的一條通道。

在蚜蟲蟲卵孵化期間或稍後，蘋果樹的苞芽開始綻放，並深綻開牠們精美的淡綠色葉子，而蚜蟲幼蟲這時從各處聚集在苞芽周圍，直到末梢處由於蚜蟲數量太多而被弄得黑乎乎的（圖94）。飢餓的蟲群投入到苞芽的最深處，很快，新長出來的嫩葉就被蚜蟲用來為自己盜取食物的細小蟲喙所刺破；果樹開始春天生長的新葉遭到損傷，漸漸發黃。對果園的主人來說，如果他還沒有幫果樹打藥，這個時候就必須進行了。

圖 94 春天，聚集在蘋果樹苞芽周圍的蚜蟲幼蟲

然而，昆蟲學家注意到，蘋果樹上的所有蚜蟲並不都一樣；果園裡的蚜蟲大概可以分為三種（圖 95），差別雖然細微，但是足以顯示各自屬於不同的物種。當寄生的第一批苞芽枯乾了，蚜蟲們會轉移到其他苞芽上，再往後逐漸蔓延到更大的葉子、花蕊和幼果上。所有蚜蟲成長的速度都很快，也就是兩三個星期的時間就能達到成熟。

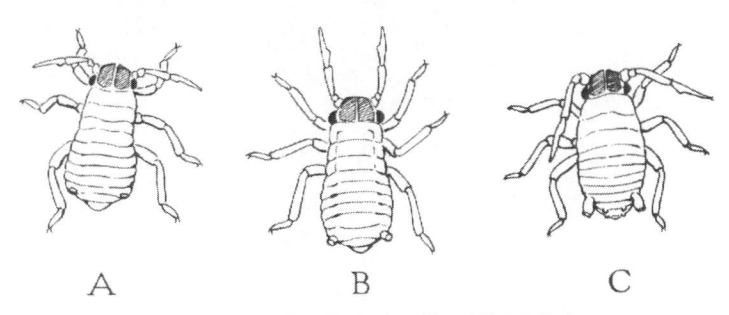

圖 95 春季在蘋果樹上發現的三種蚜蟲幼蟲

A. 穀草蘋果蚜蟲（Rhopalosiphum prunifoliae）。B. 綠色蘋果蚜蟲（Aphis pomi）。C. 玫瑰色蘋果蚜蟲（Anuraphis roseus）。

第一代完全發育的蚜蟲，就是從冬天蟲卵裡出生的那些蚜蟲，完全沒有翅膀，都是雌蟲。但是這種狀態絕不會妨礙物種的繁衍，因為這些非同尋常的雌蟲能夠自身生產後代（這種能力被稱為「單性繁殖」），而

第六章　蚜蟲

且更奇特的是牠們不產卵，直接生出鮮活的幼蟲。由於牠們生下來的孩子注定要形成一條長長的夏生蚜蟲世系，這些雌蟲由此被尊稱為繁殖母蟲[72]。

蘋果樹苞芽上的三種蚜蟲物種之一被稱做綠色蘋果蚜蟲[73]（圖95B）。在這個季節剛開始的時候，你可以在蘋果樹葉底面找到這種蟲子。這些蟲子以其特有的方式致使寄生的樹葉打卷變形（圖96）。繁殖母蟲（圖97A，圖97B）在成熟後大概24小時就開始生出幼蟲，而且任何一位繁殖母蟲，在其10～30天的一生中，可以平均生育50或50以上個女兒，因為牠的後代都是雌性。然而，當這些女兒在這個大家庭裡長大後，牠們當中沒有一隻長得像媽媽。牠們在其各自的觸角上都多了一個體節，大多數是無翅蚜蟲（圖97D），但是其中許多長著翅膀……一些長的翅膀不過是類似於爪墊的翅樁，但另外一些翅膀發育良好，能夠飛行（圖97E）。

圖96　寄生的樹葉打卷變形

---

[72]　即 stem mother。
[73]　即 green apple aphis。

第二代蚜蟲，無論是有翅還是無翅，其個體也是孤雌生殖，但牠們生出來的第三代與牠們相像，其中包括無翅、半翅和全翅形態的蚜蟲，全翅所占的比例要大一點。從這時起，接下來這樣的世代很多，一直延續到這個季節的結束。有翅形態的蚜蟲從一棵樹飛到另一棵樹，或飛到遠一點的果園，建立新的部落。在夏天，綠色蘋果蚜蟲主要出現在蘋果樹嫩枝上的新梢和果園裡的徒長枝上。

　　進入夏季不久，蚜蟲部落裡的生產速度快速增長，夏生代個體蚜蟲在牠們本身出生後一個星期，有時就能生出自己的孩子。然而，到了秋天，生產週期再次拉長，家庭規模也隨之縮小；在秋季快結束的時候，最後一批雌蟲每隻生產的幼蟲還不到六隻，不過秋季出生的幼蟲比夏季出生的幼蟲活的時間要長很多。

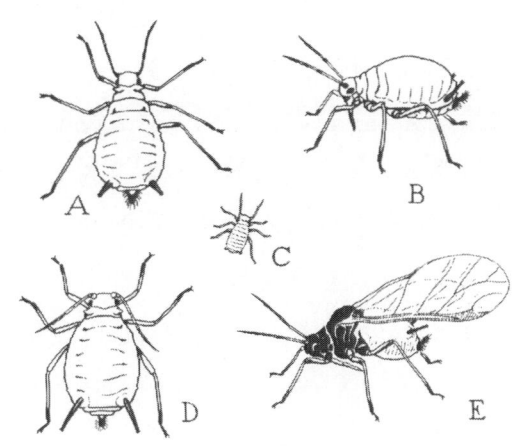

圖 97 綠色蘋果樹蚜蟲（Aphis pomi）

A、B. 成蟲繁殖母蟲。C. 夏季新出生的幼蟲形態。D. 無翅夏生代形態。E. 有翅夏生代形態。

　　夏生代蚜蟲出生時被包裹在一件緊繃的、無縫、無袖和無腿的緊身衣裡，與那些從冬天蟲卵裡孵出的蚜蟲一樣活潑。就這樣被包裹著，每

第六章　蚜蟲

一隻幼蟲從母體裡出現，先出來的是尾部，但是最後就要獲得自由的時候，臉部卻被緊緊的卡住。在這一個位置，胚胎袋在頭部的上方裂開，滑過幼蟲的身體在腹部末端收縮成一團，此時胚胎袋就像是頂用膜做成的皺巴巴的帽子，直到最後脫落下來或者被幼蟲用腿蹬開牠。此時，幼蟲活力十足地踢著腿，但仍然還是被母體緊緊地夾住，只有經過非常猛烈的掙扎之後，牠才能獲得最終的解放；不過，掙脫出來的幼蟲很快就能行走，並在樹葉上的同伴之間尋找自己的進食位置。母親對自己孩子的出生並不太關心，一邊生產一邊像往常那樣進食，雖然牠有時對嬰兒又蹬又踢感到惱怒。夏天的雌蟲平均每天能產下兩到三隻幼蟲。

家族中形態的延續是蚜蟲生活最有趣的一個階段。調查的結果已經顯示，有翅的個體主要是由無翅形態所生產出來的，而實驗也已經證實，有翅形態的發生，與氣溫、食物和光照時間的變化有著相互關係。溫度在攝氏 18.3 度左右時，有翅個體出現的數量很少，但高於或低於這個溫度，出現的數量就會很多。與此相似，有人發現，當食物供應因樹葉乾枯或因樹葉上蚜蟲過於密集而出現供不應求的情況時，有翅形態蚜蟲就會出現，這樣才有可能促使蚜蟲遷移到新的進食場地。另外還有某種化學物質，尤其是鎂鹽，加在水裡或溼沙子裡，然後把蚜蟲寄生的植物剪枝放入其中生長，也能導致後來出生的有翅形態昆蟲的增加。如果植物生根，這種情況不會出現，但是這個實驗仍然顯示，食物的改變對翅膀的形成的確有影響。

最後，由 A. 富蘭克林・沙爾博士（Arthur Franklin Shull）最近進行的試驗顯示，也許可以透過人工的方式創造馬鈴薯蚜蟲有翅和無翅的條件，也就是說改變每 24 小時蚜蟲交替接受光亮和黑暗的相對量。把光照時間縮短到 12 個小時或更少，就能致使無翅父母生出的有翅形態蚜蟲在

數量上明顯增加。然而，連續的黑暗所產生的有翅幼蟲數量就很小。8小時光照時間所獲得的結果也許最大。根據沙爾博士的實驗，光照時間減少對幼蟲的直接效果展現在其出生前 16～34 小時期間，而且不應歸因於生理作用對昆蟲正在食用的植物所產生的效果。

由此可見，各種不利的當地條件可能在無翅蚜蟲的部落裡導致有翅個體蚜蟲的出現，這樣就會使有翅個體作為部落裡的代表向外遷移，有機會為家系的延續找到更合適的地方。通常的春天生產和秋天遷移，很有可能是因為初春和晚秋的日照時間比較短所造成的結果。

蚜蟲故事的最後篇章是從秋天開始的，就像按照慣例所有的最後章節應做的那樣，這一部分包含了故事情節的結局，並最終和盤托出蚜蟲的所有事情。

整個春天和夏天，蚜蟲部落清一色由未曾交配的雌蟲組成，無論是有翅的還是無翅的，牠們又以不斷增長的數量生產未交配的雌蟲。一個繁榮興旺、自我經營的女權王國似乎就要建立。然而，當夏天的溫暖讓位於秋天的寒意，食物補給開始出現短缺，出生率也開始持續下降，滅絕的危險似乎降臨到牠們的頭上。在 9 月底之前，生存條件已經到了十分惡化的地步。到了 10 月，倖存下來的那些雌蟲懷著愁苦的希望產下最後一窩幼蟲，而這些幼蟲似乎注定要走向死亡。但就在這個時候，頻繁出現在昆蟲生活當中的奇異事件又一次發生在這裡，因為你馬上就能看出，這窩新生的成員與牠們的父母很不同。當牠們長大的時候，發育的結果顯示這是一代由雄性和雌性組成的有性的蚜蟲世代（插圖 2A，B）！

女權主義遭到廢黜。物種得到了解救。透過交配結合的本能如今占有優勢地位，而且現在是 10 月，如果新世代的婚姻關係很寬鬆，在冬天來之前還有許多事情需要牠們來完成。

第六章　蚜蟲

　　有性蚜蟲的雌蟲與牠們未曾交配過的母親、外祖母有許多方面的不同，牠們的顏色是暗綠色的，有著較寬的梨形身材，端部最寬（插圖2A）。雄蟲的體型比雌蟲要小許多，牠們的顏色是土黃色或者褐綠色，長著類似蜘蛛的長腿，喜歡在周圍四處亂跑。綠色蘋果樹蚜蟲的雄蟲和雌蟲都有翅膀。很快，雌蟲開始生產，但產下來的不是活蹦亂跳的幼蟲，而是蟲卵（插圖2E）。大多數情況下，蟲卵被排放在蘋果樹的樹枝上，樹皮的縫隙中，或者苞芽的根部附近。新生的卵呈微黃色或者淡綠色（插圖2D），但是很快就會變成綠色，接著又變成暗綠色，最後變成深黑色（插圖2E）。蟲卵的數量並不多，因為每隻雌蟲只生產1～12個蟲卵；然而，就是這些留在樹上越冬的蟲卵，牠們當中將產生隔年的繁殖母蟲，由此開啟蚜蟲生命的又一個循環，繼續重複演繹我們剛剛講過的故事。

　　有性形態蚜蟲在氣候溫和的秋天生產，似乎與較低的氣溫有著某種直接關係，因為有人說過，蚜蟲在熱帶地區可以無限期地透過孤雌生殖繁衍下去，而且大多數熱帶地區的蚜蟲物種也沒有性別區分，沒有人聽說過這些蚜蟲有什麼雄蟲或者雌蟲。在美國西海岸比較溫暖的地區，每個秋季都能有規律地生產雄蟲和雌蟲的蚜蟲物種，到了東海岸卻不需要性形態的返祖，遺傳就可以繼續延續下去。

　　春天寄生在苞芽上的蘋果樹蚜蟲還有另外兩個物種，其中一個被稱作玫瑰色蘋果樹蚜蟲（圖95C）。其名稱來自這樣一個事實，即這個物種初夏的個體具有蒼白的粉紅色彩，或多或少分布在綠色的底色上（插圖3），儘管許多成蟲的繁殖母蟲（圖98B）是深紫色的。玫瑰色蘋果樹蚜蟲的早期幾代通常寄生在樹葉上（圖98A，插圖3A）和幼果上（圖98C，插圖3A），致使樹葉打卷，呈螺旋形緊緊地收攏在一起，造成幼果的果形縮小變形。

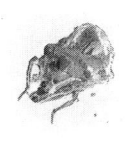

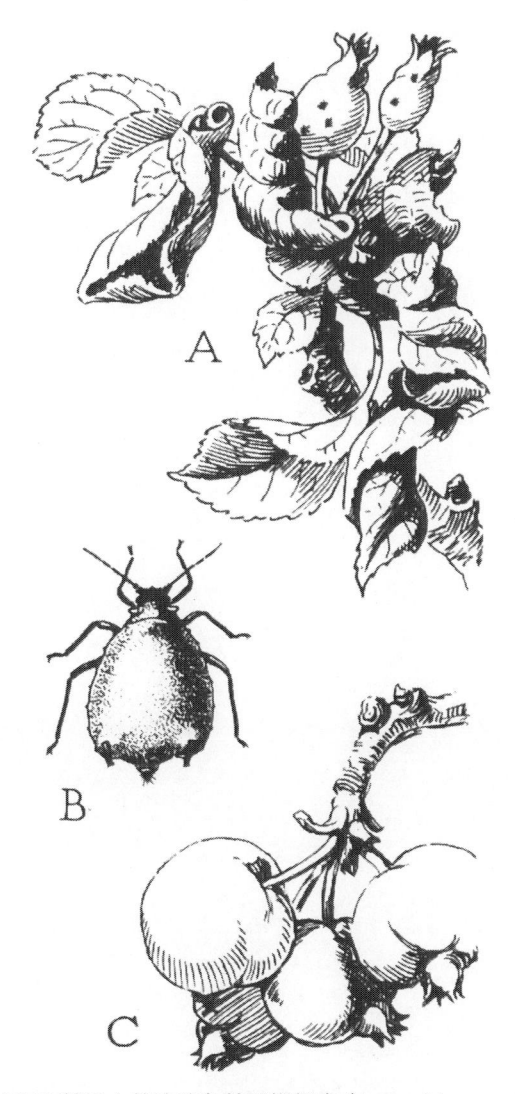

圖 98 蘋果上的玫瑰色蘋果樹蚜蟲（Anuraphis roscus）

A. 一束被寄生並扭曲的樹葉。B. 一隻成蟲的繁殖母蟲。C. 因蚜蟲進食而萎縮變形的幼果。

　　玫瑰色蘋果樹蚜蟲的繁殖母蟲以孤雌生殖的形式生出第二代雌蟲，這些雌蟲大多數與母親一樣是無翅蚜蟲；但是到了下一代，許多個體就

第六章　蚜蟲

有了翅膀。隨後，很快又有幾代誕生了，都是雌蟲。事實上，就像綠色蚜蟲的情況一樣，只有到了這個季節的末期才會有雄蟲出生。然而，這個時候有翅形態的蚜蟲出現得越來越多，到了7月，出生的個體幾乎都有翅膀。在此之前，這個物種仍然留在蘋果樹上，但是現在，有翅的蚜蟲開始渴望改變，一次在棲息地和飲食方面的徹底改變。牠們離開蘋果，再看到牠們的時候，這些蚜蟲已經在常見的、被稱為車前草的草叢裡建立起自己的夏生部落。牠們選擇的主要是車前草的窄葉品種，稱作長葉車前草，或英國車前草（圖99）。

圖99 夏季在窄葉車前草上的玫瑰色蘋果樹蚜蟲；上方為無翅夏生形態蚜蟲。

遷移的蚜蟲在車前草叢一落腳就開始生育後代，但是牠們與自己或前幾代完全不一樣。這些個體的身體呈一種黃綠色，幾乎都沒有翅膀（圖99）。這個物種很善於偽裝，所以昆蟲學家花了很長時間才弄清牠們的身分。無翅、黃色的幾代雌蟲這時繼續留在車前草叢裡。但是雜草堆並不

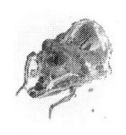

適合儲放越冬蟲卵，所以，隨著秋天的到來，有翅形態蚜蟲再一次大量出現，這些蟲子又回到蘋果樹上。然而，秋季遷移者屬於兩類：一類是有翅雌蟲，就像從蘋果樹遷移到車前草的那批移民一樣，另一類是有翅雄蟲（圖100A）。兩種形態的蚜蟲回到蘋果樹上，在那裡雌蟲生下了一代無翅有性雌蟲（圖100B），而這些雌蟲一旦成熟，就會與雄蟲交配，產下越冬的蟲卵。

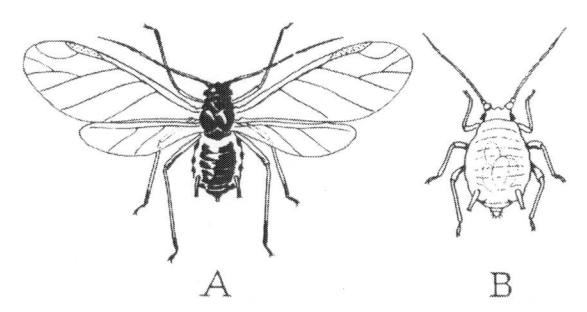

圖100 玫瑰色蘋果樹蚜蟲的有翅雄蟲（A）和無翅有性雌蟲（B）

春季寄生在蘋果樹上的第三個蚜蟲物種被稱為穀草蘋果樹蚜蟲，此名稱的由來是因為作為一種與玫瑰色蘋果樹蚜蟲類似的遷移性物種，牠們的夏天是在糧食作物的葉子上和草叢裡度過的。穀草蚜蟲的蟲卵通常是春季最先孵化的，而這個物種的蚜蟲（圖95A），其體貌顯著的區別特徵是非常深的綠色，這種顏色在牠們聚集在苞芽周圍時呈現出發黑的外表。後來牠們會蔓延到蘋果樹上更老一點的樹葉和正在盛開的花瓣上，但整體上牠們對蘋果樹的損害與前兩個物種相比較小。穀草蘋果樹蚜蟲的夏季生活史與玫瑰色蘋果樹蚜蟲相似，只是牠們把夏季的窩安置在穀物或禾草叢裡，而不是車前草叢。到了秋天，有翅雌蟲移民（插圖4）返回到蘋果樹上，在這裡生下無翅有性雌蟲，而這些雌蟲後來就成了雄蟲追逐的對象。

| 第六章　蚜蟲

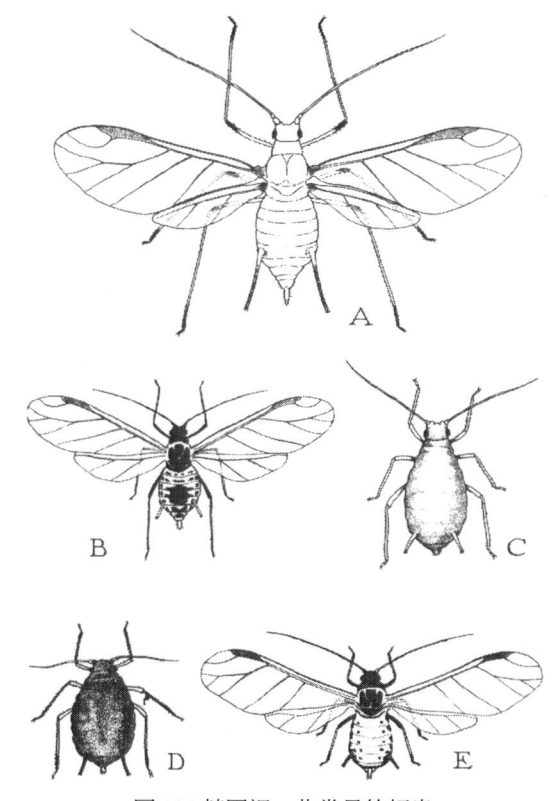

圖 101 花園裡一些常見的蚜蟲

A. 馬鈴薯蚜蟲有翅形態（Illinoia solanifolii），花園蚜蟲體型最大的一種。B. 桃蚜的有翅形態（Myzus persicae），寄生在桃樹上或者各種花園植物上。C. 桃蚜的無翅形態。D. 棉蚜的無翅形態（Aphis gossypii）。E. 棉蚜的有翅形態。

這裡，即使僅僅列舉寄生於我們普通田野和花園裡的植物、種植的花草樹叢上的眾多的蚜蟲物種（圖101），也是不可能的，更不用說棲息在雜草、野生灌木叢和森林裡的那些蚜蟲物種。幾乎每一種天然植物群體都有其特定類型的蚜蟲，而且其中多數與玫瑰色蘋果樹蚜蟲和穀草蘋果樹蚜蟲一樣是遷移性物種。有居住於根部的物種，也有生活在樹葉和莖上的物種。根瘤蚜[74]，加州和法國葡萄園的一種害蟲，就生活在植物

---

[74] 即 Phylloxera。

的根部。在夏天快要結束的時候,你在蘋果樹枝上常常能看到一些毛絨絨的棉團,這是蘋果棉蚜出現的標記,因為棉蚜的個體可以從牠們後背滲出一種白蠟線狀的絨毛物。蘋果棉蚜常見於病果樹根部,尤其是苗圃果木的有害之蟲,但是這種蚜蟲不僅從榆樹向蘋果樹的根部遷移,也向蘋果樹的樹枝遷移,而榆樹是其越冬蟲卵的家。

生活在玉米根部的一種地下蚜蟲引起我們的興趣。我們已經見到,所有的蚜蟲身後都跟著一些追隨而來的螞蟻,這是因為牠們排泄的蜜露這種物質受到了螞蟻非常大的喜愛和珍惜。據說,有些螞蟻用泥土在樹枝上建造遮棚,以便用來保護蚜蟲,但是玉米根蚜蟲應該把自己的生存歸功於螞蟻。有一個螞蟻物種,牠們在玉米田裡修築蟻巢,所挖的地道從巢穴的地下室通到玉米的根部附近。在秋天,螞蟻收集蚜蟲越冬的蟲卵,然後把蟲卵從玉米根部轉移到螞蟻的巢穴,保護蟲卵在這裡度過寒冷的冬天。春暖花開之後,螞蟻從儲藏地窖搬出蚜蟲蟲卵,把蟲卵安置在各種早生雜草的根部。在這裡,玉米根蚜蟲的繁殖母蟲孵化出來,並生下了幾代春生代蚜蟲,但是,隨著新的玉米開始發芽,螞蟻又把許多蚜蟲轉移到玉米根部,而整個夏天蚜蟲就在這裡繁衍生息。等到秋天,蚜蟲生下有性雄蟲和雌蟲,而這些雄蟲和雌蟲交配,產下了越冬蟲卵。這些蟲卵再一次被螞蟻收集並帶入牠們的地下寓所,以便安全過冬。螞蟻為蚜蟲所做的一切都是為了交換,從蚜蟲身上獲取蜜露。螞蟻如此為玉米根蚜蟲服務,所以說沒有螞蟻的關照,蚜蟲很可能遭到毀滅。因此,如果農民希望消滅玉米田裡的害蟲──蚜蟲,他就需要採取措施──先根除螞蟻。

暴露在莖桿和樹葉上的蚜蟲部落群很自然地為那些以捕食其他動物為生的昆蟲開闢了愉快的獵場。這裡聚集了數千軟體動物,每一隻透過

第六章　蚜蟲

把其蟲喙的剛毛深深插入植物組織當中而固定在某一個位置⋯⋯這裡真的是捕獵者的天堂。結果，蚜蟲的平靜生活多次受到干擾，而大量這樣的多汁動物在其他昆蟲的食物鏈中僅僅發揮了一個中間環節的作用。蚜蟲沒有多大力量能夠主動防禦。位於蚜蟲身體後部的一對細長的管子，即蚜蟲的腹管或蜜管，能夠噴射一種黏性液體，據說蚜蟲就是把這種液體抹在來侵犯的昆蟲臉上；但是這種詭計怎麼也不可能使蚜蟲得到太多的保護。孤雌生殖和大家庭才是蚜蟲確保自己種群免遭滅絕的主要策略。

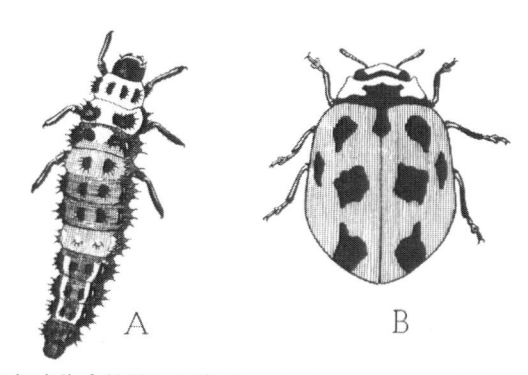

圖 102 以蚜蟲為食的普通瓢蟲（Coccinella novemnotata）（放大五倍圖）

A. 幼蟲。B. 成蟲

世界上存在著「邪惡」，對那些希望信守「自然之善」這一信念的人來說，一直讓他們感到心中一陣刺痛。然而，刺痛如果不是在肉體上的，而是在於扭曲生長的心靈，可以透過觀念和態度的改變而得到緩解。不過，刺痛本身是真實的，也不能僅僅解釋一下就可以消除。在演化過程中，植物和動物獲得生存條件和生存關係的規劃圖中並沒有「善行」這個部分。從另一個方面上講，不存在什麼好的物種和壞的物種；因為每一種動物，包括我們人類在內，就是其他某些動物的「惡魔」，為了生存，每一種動物都有可能攻擊較弱的另一種動物。以蚜蟲為食物來

源的昆蟲很多，但是蚜蟲的這些「敵人」從某種意義上看，如果跟我們是小雞、高麗菜，或任何我們殺死作為食物或用於其他用途的動植物的敵人一樣。

圖 103 蚜獅，正在吃一隻抓在下顎中的蚜蟲

那麼，既然理解到「邪惡」像所有其他事物一樣是一個相對的問題，取決於我們的觀點是站在誰的立場上得知的，如果某個作者站在他故事的主角的立場看待問題，那就僅僅是可以原諒的作者個人偏見。有了這種理解，我們可以說一說蚜蟲的幾個「敵人」。

每個人都知道「瓢蟲」，那些橢圓形硬殼的小甲蟲，通常是深紅色，圓滾滾的後背上長著一些黑色斑點（圖 102B）。雌性瓢蟲以小組為單位產下橘色蟲卵，通常黏附在樹葉的底面（圖 132B），與蚜蟲為鄰。當蟲卵孵化的時候，生出來的蟲子並不像瓢蟲那樣多姿多彩，而是有著粗重的身體，六條短腿的小甲蟲，顏色發黑。幼蟲很快找到牠們的天然食品蚜蟲，並無情地吃掉蚜蟲。隨著小瓢蟲一天天成熟，牠們的形態看上去更加醜陋，其中的一些明顯變得多刺，但是牠們的身體因有多種鮮豔的斑色——紅色、藍色和黃色……不同的物種有著不同的斑色圖案——而顯得色彩斑駁。圖 102 顯示的是一隻普通瓢蟲。當這樣一個小怪物完全

第六章　蚜蟲

發育成熟的時候，牠停止了對蚜蟲群的掠奪，進入一個寂靜的時期，利用從其腹部末端排出的一種膠狀液體把自己身體的尾部固定在一片葉子上。然後瓢蟲開始蛻皮，這層皮皺縮在一起，向下滑過身體，形成一塊多刺的墊子依附在樹葉上，支撐著這層皮以前的所有者（圖I32E）。隨著這層外皮的脫落，這個蟲子從幼蟲變成蛹，而且用不了多長時間，牠就會轉變成與爸爸媽媽一樣完美的瓢蟲。

另外一個小惡棍，其外貌根本就是小龍的複製品（圖103），長著長長的、彎彎的鐮刀狀下顎，從頭部向外伸出，與其邪惡的性格十分相配。牠也是光顧蚜蟲群落的常客，向這些無助又溫順的昆蟲征討命稅。這個強盜貼切的命名為蚜獅[75]。蚜獅的父母是一種溫柔無害的動物，長著大大的淺綠色花邊翅膀和金色的眼睛（圖104A）。母親們對兒女的天性表現出了卓越的預見能力，牠們把蟲卵託在長長的線狀莖的尖端上，通常依附在樹葉的底面（圖104B）。這種策略似乎是一個方法，可以預防率先孵化出來的那一窩幼蟲貪婪地吃掉身旁依然還在卵內的兄弟姐妹。

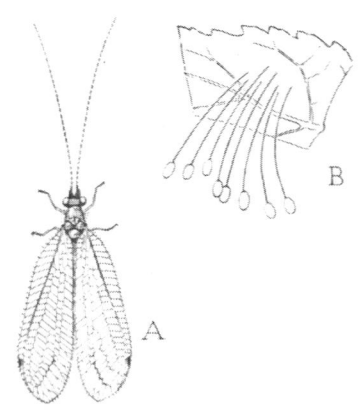

圖104 金眼草蛉（Chrysopa），蚜獅及其蟲卵的父母

A. 成蟲。B. 依附在樹葉底面，託在長長的線狀莖尖頂上的一組蟲卵。

---

[75]　即 aphis-lion。

圖 105 正在吃蚜蟲的食蚜蠅幼蟲

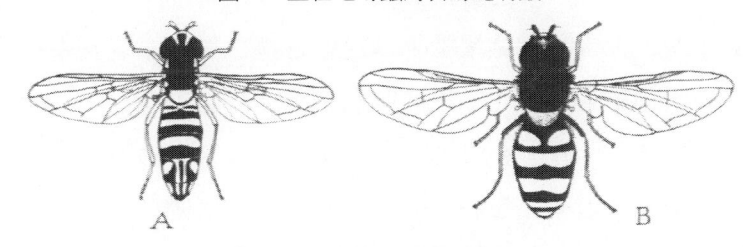

圖 106 兩種常見食蚜蠅成蟲

A. 異彩食蚜蠅（Allograpta obliqua）。B. 美洲食蚜蠅（Syrphus americana）。

什麼地方擠滿了蚜蟲，什麼地方就幾乎一定會有一種軟體，類似蠕蟲的動物爬行在蚜蟲中間。這種動物呈淺灰色或綠色，多數體長不足 6 公釐，蟲體上沒有腿，整個身體從後向前逐漸變細，沒有明顯的頭部，但是從這裡伸出一對可收縮的強壯的鉤子。觀察一下吧，看看這個鉤子是如何不知不覺地伸向毫無戒備的蚜蟲；隨著身體前端一次迅速向前伸出的動作，牠用力地撲向注定要死的蚜蟲，用張開的鉤子抓住，並把蚜

第六章　蚜蟲

蟲擺動到半空,任蚜蟲亂蹬亂踢,垂死掙扎,然後殘忍地吸乾蚜蟲體內的汁液(圖105)。接下來,利用一個投擲動作,把皺癟了的蚜蟲屍體拋向一邊,然後開始向另一隻蚜蟲發動攻擊。這種無情的吸血鬼就是一種蛆,蚜蠅科昆蟲的幼蟲。這一科的成年蠅完全無害,只是其中一些看上去很像蜜蜂。這些物種的雌蟲(牠們的蛆以蚜蟲為食)了解自己孩子的習性,因此將卵放在蚜蟲覓食的樹葉上。我們也許可以看見,其中一隻雌蠅盤旋在適合寄生的一片樹葉附近。突然,牠衝向樹葉發射,然後急速離開;但是就在她經過的瞬間,一個蟲卵被黏到葉面上,剛好位於給食的昆蟲中間。這個卵就在這裡孵化,而孵化出來的幼蛆會發現自己的獵物就在身邊。

除了這些明目張膽地攻擊並生吃受害者的動物外,蚜蟲還有其他的天敵,牠們捕食的手段更加陰險。如果你在任何一種植物上仔細觀察蚜蟲寄生的葉子,你就很可能會注意到,這裡或那裡都有一些身體腫脹的褐色蚜蟲。進一步檢驗的結果顯示,這些蚜蟲已經死了,其中很多蚜蟲的背上都有一個很大的圓孔,也許圓孔邊緣還立著一個蓋子,就像是一扇活板門(圖107)。這些蚜蟲並非自然死亡;每一隻都不情願地成了另一種昆蟲的寄主,這些昆蟲將蚜蟲的身體改造成了牠們的臨時住所。這位瘋狂劫掠房東的房客是一種類似黃蜂的小昆蟲——蚜繭蜂的蟻蟪(圖108),而蚜繭蜂長著尖長的產卵器,牠就是用這個器具把卵插入活著的蚜蟲的體內(圖109)。卵就在這裡孵化,而孵化出來的蟻蟪幼蟲以蚜蟲的汁液為食,直到牠自己完全長大,但是這個時候蚜蟲已經被榨乾、死了。蟻蟪這時在屍體空殼內壁較低的位置撕開一道縫,靠在下面樹葉的表面上,在裂口的邊緣之間結成一張網,把蚜蟲的軀殼托起來。保護措施完工後,蟻蟪繼續為自己這個恐怖的居室又加了一層絲網內襯;一切就緒,牠就躺下來休息,並很快變成了一隻蛹。用不了多長時間,牠再

一次蛻變，這一次變成了其所屬物種的成蟲，用牠的下顎在蚜蟲的背上剪出一個孔，從裡面爬出來。

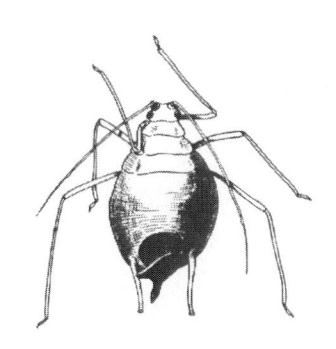

圖107 一隻死亡的馬鈴薯蚜蟲，體內含有一種寄生蟲，
成蟲後會從蚜蟲背上切開的裂口逃脫出去

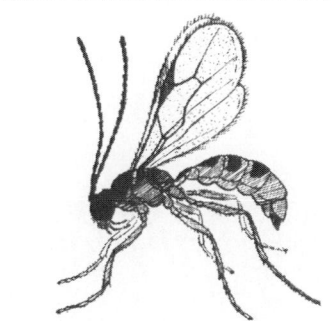

圖108 蚜繭蜂（Aphidius），
一隻長得很像黃蜂的蚜蟲寄生蟲

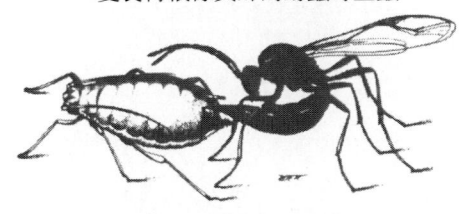

圖109 一隻雌性蚜繭蜂正在把一個卵插入活蚜蟲的體內，
卵就在這裡孵化；透過食用蚜蟲的身體組織，幼蟲長大成熟

在其他一些情況下，死掉的蚜蟲並不是平躺在葉子上，而是被抬在小土墩上（圖110A）。這樣一些受害者的體內居住著相關昆蟲所產下的

第六章　蚜蟲

蛆，這些蛆一旦成熟，就會在寄主屍體之下編織一塊扁平的繭，並在這個圍場裡進行蛻變。然後，成蟲在繭的側面開一個口，作為自己的脫身通道。

為了個體目的而非法占取其他昆蟲的身體，這樣的蟲子被叫做寄生蟲。寄生蟲是昆蟲不得不面對的最壞的敵人；但是在多數情況下牠們並沒有真的以實際行動來進行抗衡，只能以昆蟲特有的生存方式，即繁衍更多的後代來確保自身不至於滅絕。然而，在某個季節裡，蚜蟲部落的數量會大幅度減少，而這個季節往往非常適合那些以蚜蟲為進攻目標的寄生蟲。不過，沒有哪個物種是被其敵人滅絕的，因為一旦這樣，那就意味著寄生蟲隔年出生的那一窩後代勢必會餓死。自然界裡的補償法則可以保持繁殖力和破壞力之間的平衡。

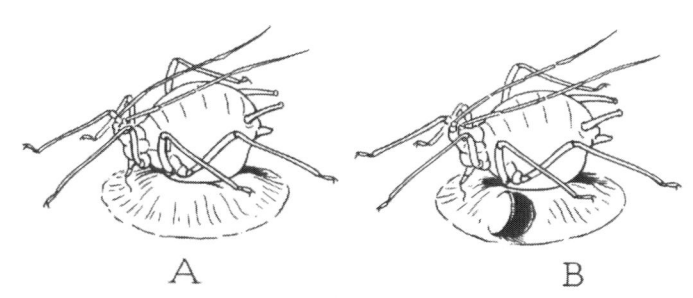

圖 110 寄生蟲在寄主蚜蟲身下結繭，
並在這裡蛻變為幼蟲，成熟後透過繭側面一個切口出去。

昆蟲寄生蟲和以昆蟲為食的其他掠奪性昆蟲大致上包含了對我們人類有益的昆蟲門類，因為牠們能夠大規模地消滅對我們農作物有害的昆蟲物種。但是，不幸的是，寄生蟲作為一個綱，並不尊重我們把動物分為有害物種和有益物種的做法。甚至當某個捕食者悄悄靠近牠的獵物時，另外一隻昆蟲可能跟蹤在牠後面，等待機會把卵投入牠的體內，而這將意味著捕食者難逃死亡的厄運。人們發現，未成熟的昆蟲往往處在

行動遲緩、半死不活的狀態。如果你對牠們的身體內部作一次檢查，就會發現裡面占據著一個或多個寄生的幼蟲。舉例來說，時常有人見到瓢蟲的幼蟲為了化蛹而依附在葉子上（圖111）。儘管仍然依附在葉子上，身體彎曲，呈現出蛹的姿態，但並沒有變成蛹，而是在那裡一動也不動，很快變成了一種無生命的形態。很快，一隻寄生蟲從幼蟲枯乾的外殼爬了出來，證明厄運已經造成這個不幸的幼蟲死亡。即使沒有見到寄生蟲這個篡奪者，幼蟲身上的出口孔也能證明寄生蟲在此之前的侵占和之後的逃離。

至於寄生蟲牠們自己本身，是過著那種平安無事、不受騷擾的日子嗎？牠們是昆蟲世界生死的最後仲裁者嗎？如果什麼時候你在野外研究蚜蟲時運氣不錯，你有可能看到一個非常小的黑色小蟲子，沒比最小的蚊子大多少，盤旋在寄生的植物上方或不確定地從一片葉子衝到另外一片葉子上，似乎在尋找什麼，卻又不知道在什麼地方能夠找到。你或許會懷疑侵入者是一隻寄生蟲，正在尋求機會把一個卵放進蚜蟲的身體，但是在這裡，牠盤旋在一群胖胖的蚜蟲上方卻沒有選擇一個受害者，然後牠可能落下來，緊張而又熱切地在葉子上跑來跑去，仍然沒有找到牠要選擇的東西。如果牠想要的是蚜蟲，那牠的感覺真的太遲鈍啦。然而，注意盯著牠看，因為牠的姿態已經改變，這時，牠明確地把目光集中在引起牠注意的某個東西，可是這個東西不過是一個腫脹的、被寄生的蚜蟲。但是牠興奮地跑過去，抓住蚜蟲反覆觸摸，並爬上蚜蟲身體，徹底檢查一遍。看來牠很滿意。牠從蚜蟲身上下來，轉過身，把牠的腹部靠在腫脹的蚜蟲木乃伊；這時牠顯露出像劍一樣的產卵器，把產卵器刺入已經被寄生過的蚜蟲體內。兩分鐘後，牠的任務完成了，收回產卵器，裝入鞘裡，然後走開，飛到別處。

第六章　蚜蟲

圖 111 被寄生的瓢蟲幼蟲和一種寄生蟲。
瓢蟲幼蟲依附在葉子上準備化蛹，但是沒有變成，因為體內有寄生蟲。
上方是一隻寄生蟲，透過在瓢蟲幼蟲外皮切出的裂口逃了出去

這個微小的動物是一種「超寄生物」[76]，也可以說是寄生蟲的寄生蟲。在我們剛才目擊的行動中，牠把一個卵刺入蚜蟲體內，但是這個卵孵化的蛆將吃掉先前占領蚜蟲軀殼的寄生蟲。另外還有一些超寄生蟲的寄生蟲，不過這個系列不會像古老的歌謠那樣永無止盡的持續下去，因為這必定會受到體型大小的限制。

---

[76]　即 hyperparasite。

第七章

週期蟬

第七章　週期蟬

需要注意的是，在我們人類的大多數事物中，我們往往把最大的歡呼聲奉獻給壯觀的場面和一些豪華影劇；如果某個英雄般人物引起了非常大的轟動，他在日常生活的所有舉止行為都會獲得媒體的高度關注。這樣，一個傳記作家就會不惜篇幅，大寫特寫某個大人物生活中的任何瑣碎細節，因為他清楚地知道，在英雄崇拜的符咒之下，大眾將饒有興趣地閱讀偉人的事蹟；如果這些所謂的事蹟是由不起眼的普通人做的，那就成了讓人感到枯燥乏味的老生常談了。因此，在追蹤廣為人知、著名的「十七年蟬」這種昆蟲的生活史時，筆者豪不猶豫地插入一些素材，儘管這些素材與我們這種普通的動物放在一起會顯得有枯燥乏味。

現在讓我們感到最遺憾的是，我們不得不剝奪我們主角長期使用的「十七年蝗蟲」這個綽號，改用其真實的父名來進行介紹，這個名稱就是蟬（cicada）。然而，在一本自然科學的著作中，我們必須充分尊重新命名的規範性，正如已經在第一章裡解釋過的，既然「蝗蟲」這個名字屬於蚱蜢，我們就不能繼續使用這個術語稱呼蟬，因為這麼做只會進一步造成混亂。此外，「十七年」的說法也是使人產生誤解的稱呼，因為蟬這個物種的一些成員，其壽命最長也不過 13 年。因此，昆蟲學者已經把「十七年蝗蟲」重新命名為「週期蟬」。

蟬的大家庭，即蟬科昆蟲[77]，包括許多蟬的物種，無論是在美洲還是在歐洲，或者世界其他幾大洲都有發現，其中一些的知名度甚至超過了週期蟬，至少是在蟬鳴方面，因為這些蟬的雄蟲不僅是著名的歌唱家，而且還因為人們每年都能聽到牠們的歌聲（圖 112）。歐洲南部的蟬因其美妙的鳴叫得到了古希臘人和古羅馬人的敬重，常常被供養在籠子裡，以牠們的歌聲為人們提供娛樂。古希臘人把蟬稱作 tettix，而伊索

---

[77] 即 Cicadidae。

（Aesop）這位總能在每個人的性格中找出弱點的作家，也寫過與蟬和螞蟻有關的寓言。在故事裡，唱了整整一個夏天的蟬突然發覺天氣變涼，冬天就要來臨，而自己還沒有為越冬儲備食物，只好向螞蟻乞討一點口糧。可是，務實的螞蟻卻無情地回答道，「好啊，你現在可以跳舞了。」這是一篇不太公道的諷刺作品，因為伊索從道德的角度表現出了對蟬的輕蔑。然而，人類歌唱家從中吸取了教訓，演出之前就與票房老闆簽好合約。

圖112 一種普通「年度」蟬，其嘹亮歌聲在每年的夏末秋初期間都可以聽到

在美國有很多「年度」蟬的物種，這麼稱呼就是因為牠們每年都出現，但是牠們的生活史在大部分情形下真的沒有多少人知道。這些物種被叫做「蝗蟲」、「知了」、「豐收蠅」和「伏天蟬」（圖112）。這時一些仲夏之後到初秋期間棲息在樹上的昆蟲，能夠發出長長的尖叫聲，彷彿是悶熱夏天的自然伴奏曲。有些蟬鳴裡帶有升調和降調變奏，聽上去像 zwing、zwing、zwing、zwing（一長串地重複）；其他一些蟬則能發出一種振動的咔噠咔噠聲；另有一些蟬只能發出連續的嗞嗞聲。

在蟬的成蟲出現之前，這些昆蟲生活在地下。週期蟬包含兩個種族，其中之一在其地下寓所度過17年的大部分時間，另一種則在地下度

第七章 週期蟬

過 13 年的大部分時間。兩個種族都居住在美國的東部地區，但是壽命較長的種族一個棲息在北方，另一個在南方，不過這兩個長壽種族的領土有時會相互交疊；我們熟悉的大多數蟬通常都是在 1 年之內完成自己的生命週期，其中有許多蟬每個季節能產下兩代或兩代以上的後代。由於這個原因，我們常常對週期蟬的長壽嘖嘖稱奇。然而，常見的還有另外一些蟬，牠們需要 2～3 年的時間才能達到成熟，而據我們所知，某些甲蟲能活二十多年，雖然所處條件並不利於牠們蛻變為成蟲。

在牠們生活在地下的整個期間，蟬所具有的形態完全不同於牠們離開地面、準備在樹上暫留時所呈現的形態。插圖 5 顯示的就是週期蟬幼蟲準備出現在地面上時的形態。顯而易見，這種形態令人聯想到那些常常依附在樹幹上或柱子旁的蟲殼。事實上，這些蟲殼就是蟬幼蟲丟棄的空皮囊。為了獲得地上世界和陽光底下有翅昆蟲的形態，牠們拋棄了自己的地下形態，不過，我們看到的通常是年度蟬的空外殼。

蟬從幼蟲到成蟲經歷了顯著的變態，但是，牠是直接變態，沒有透過中間階段，或者說蛹化期。能夠直接變態的昆蟲，其幼蟲被大多數美國昆蟲學家稱之為「蛹」（nymph）。蛹的最後階段有時也被叫做「蛹」（pupa），但是這樣命名並不適當。

週期蟬的生活激起了我們的想像，沒有任何其他昆蟲能夠這樣引起我們的興趣。好幾年了，我們沒見到這些昆蟲；然後，隨著一個春天的來臨，成千上萬數不清的週期蟬從地下冒了出來，經過變態之後，蜂擁至樹上。現在，又過了幾個星期，牠們鳴唱的單調旋律開始隨風飄蕩，與此同時，交配和產卵也在迅速地進行，很快，樹和灌木的枝條上出現了許多的裂口和產卵孔，形成了疤痕，而卵就被嵌在這些縫隙裡。在幾個星期之內，大部分喧鬧的蟬已經走了，但是，在這個季節的剩餘部

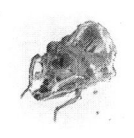

分，樹葉上的褐色汙痕，發黃枯死的葉子，在風中被折斷的莖，所有這些都能證明週期蟬這個忙碌的群體曾在這裡做過短暫的停留。夏天快要過去的時候，從蟬卵孵化出來的那些幼蟲默默地掉落到地上，並急忙地把自己埋在地表之下。牠們將在這裡孤獨地生活著，很少被地上世界的動物所注意，靜靜地度過自己漫長的青春期，只有在最後牠們才能與同種的夥伴短暫地享受幾週的露天生活。

第七章　週期蟬

蛹

關於週期蟬的地下生活，我們知道的仍然非常少。最完整的敘述當屬 C. L. 馬拉特博士[78]撰寫的一份報告《週期蟬》（美國昆蟲學社出版，1907）。馬拉特全面記載了週期蟬這個物種的生活史，介紹了從蟲卵到成蟲的六個階段。

最先進入地下的幼蟬是一種細小、軟體，蟲體呈白色的幼蟲，體長約 2 公釐（圖 126）。身體呈圓柱形，由兩對腿支撐著，前腿是挖掘器官，略顯長了一點的頭部長著一對黑色小眼睛和兩條細長、有關節的觸角。在生長的任何階段，蟬都不會像蚱蜢那樣長著下顎，牠是吮吸類昆蟲，與蚜蟲有親緣關係，不過牠長著一根喙，從頭部底面伸出，在不使用的時候被向後轉動，收攏在兩條前腿根部之間。在其整個地下生活期間，幼蟬依靠吮吸植物根部的汁液來生存。

在這一年多的時間裡，幼蟬一直大致保持著其孵化時的形態，雖然體型稍有一點變化，主要是腹部尺寸的增長（圖 113）。根據馬拉特博士的說法，17 年種族的一種蛹，在其一生的第二年的頭兩三個月裡第一次蛻皮，也就是蛻去外皮。

---

[78]　C. L. 馬拉特博士（Charles Lester Marlatt，西元 1863～1954 年），美國昆蟲學家。

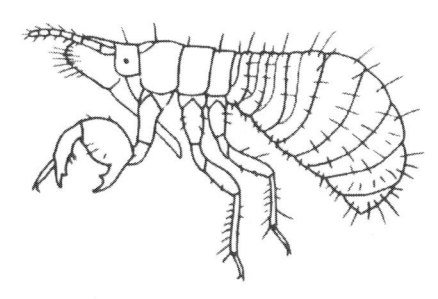

圖 113 週期蟬第一階段的蛹，大約 18 個月大。（放大 15 倍圖）

在第二階段，幼蟬變得稍微大了一點，比較顯著的特徵是前腿結構的改變，每條前腿的末端足部縮小成一個距，而第四節則發展成了結實而尖銳的鎬，形成了一個更有效的挖掘器官。第二階段持續的時間接近兩年；接著，幼蟬再次蛻皮，進入第三階段，這個階段需要一年時間。在第四階段（這個階段也許要持續 3～4 年），蟬蛹（圖 114）顯示了胸部兩個翅膀體節上明顯的長著翅墊。到了第五個階段，幼蟬（現在有時被稱作蛹）有了牠最終從地下出來時的形態；其前腿恢復了原狀，翅墊得到很好的發育，但卻完全失去了蛹的眼睛。在其漫長的關押期結束之前，蟬蛹再一次蛻皮，並由此進入第六階段，也就是其地下生活的最後一個階段。在幼蟬成熟的時候（插圖 5），牠的體長大概有 3 公分，體型粗壯，呈褐色；頭部似乎長著一對豔紅色的眼睛，但實際上這是裡面的成蟲透過蛹的皮膚顯露的眼睛。

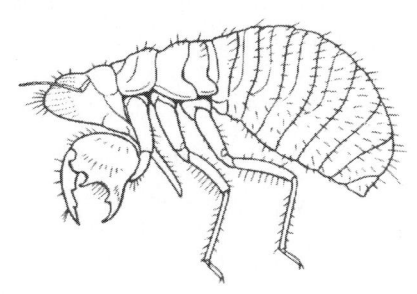

圖 114 週期蟬第四階段的蛹，大約 12 歲。（放大 2.75 倍）

第七章　週期蟬

根據馬特拉博士的調查，週期蟬的蛹通常不會隱居在超過 60 公分的地底下，被發現的蟬蛹大多數位於 20～46 公分的洞穴裡。然而，也有一些報告指出，他們在地下 3 公尺的地方發現了蟬蛹，並說明牠們在變態為成蟲時從地窖的地板上爬了出來。不過，現在還沒有證據顯示這些蟲子對牠們賴以為食的植物根部造成過任何可以察覺破壞，即使是牠們大量出現在泥土裡的時候。

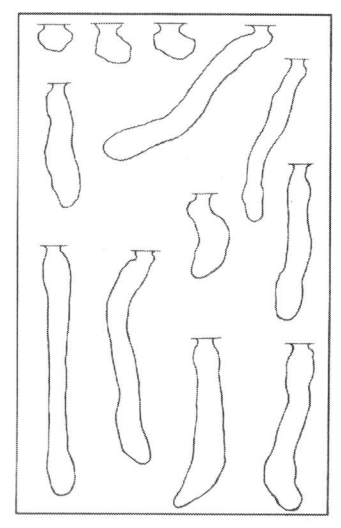

圖 115 週期蟬成熟蛹地下窩室石膏鑄模

在成熟的蛹從地底出現的某個時候，也許是牠們生命最後一年的 4 月，牠們爬出洞穴，緊貼著地表之下建造深度不同的蟬室。有人想到了一個好主意，可以獲取這些蟬室的形狀和尺寸，這就是把石膏粉和水攪拌後的混合物填充到已經打開的洞穴裡，待石膏變硬時，挖出鑄件。圖 115 顯示的就是用這種方法做出的一些鑄件。從圖上我們可以看出，有些蟬室呈杯狀，深度只有大概 2.5 公分，但是大部分蟬室是又長又窄，向下入地底幾公分，最深的可以達到 15 公分左右。寬度通常是大約 1.6 公分。所有的蟬室的底部都有明顯的擴大部分，而大多數的蟬蛹還會稍微

加寬一下蟬室的頂部。每個蟬室都有一層原土層將其頂棚與地表土層隔開，厚度大概 1.3 公分。這個隔離層在蟬蛹準備爬出地面時才會被打開。

　　井筒很少是直的，其路線多少有些曲折，並且斜向地面，就像礦工不得不避開阻礙垂直通道通行的樹根和石頭一樣。內部沒有任何類型的殘土或碎片，牆壁平滑而緊湊。在每個窩室下面，總是有跡象顯示，有一條更狹窄的坑道不規則地向下深入地底，但是這條坑道充滿了黑色的顆粒物，一直堆放起蟬室的底部。1919 年，筆者在華盛頓附近地區察看過這樣一條坑道。被挖掘的洞穴穿過結實的紅黏土，而這裡的較低的隧道顯然鋪成明顯的黑色通道，從周圍的紅土穿過，延伸了很長一段距離。填充在通道裡的這些黑色顆粒很有可能是排泄物的混合物。

　　正如我們已經提到過的，在蟬準備好爬出地面之前，蟬室的頂部一直處於封閉狀態。最大的蟬室在體積上是蟬蛹的許多倍，但是這樣就會產生一個疑問，挖出這麼大的一個洞穴，蟲子是如何處理牠所清除的廢物呢？看上去不太可能是牠把廢土運進底部通道，因為這裡已經充滿了牠自己的廢物。如果把幾隻蟲子放進玻璃管子，然後蓋上土，昆蟲牠們自己就能提出這個問題的答案。不過，為了理解蟬蛹的技術，首先我們必須從結構上研究蟬蟲的挖掘工具，也就是牠的前腿。

　　成熟蟬蛹的前腿（圖 116A），其組成與其他幾條腿並無不同。從根部數起第三個體節被稱作「股節」（圖 116A，F），很大的一個隆起部位，上面有一對強硬的刺和一排梳狀的小刺，從其較低的邊緣向外伸出。下一個體節是脛節（Tb）。脛節背側彎曲著，端接在一個強而有力的反曲點上（圖 116B）。最後，依附在脛節的內側表面，從其端接點上出現的是纖細的跗節（Tar）。當蟲子行走或攀爬時，跗節可以越過脛節點伸展，但是還可以向內翻轉，與脛節形成 90°角，或者向後彎曲靠在脛節的內側表面（圖 116B）。

第七章　週期蟬

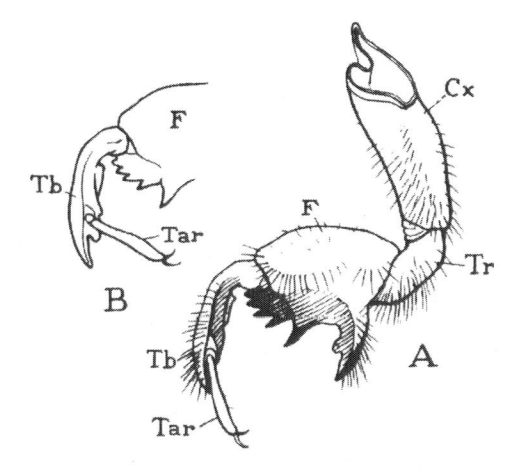

圖 116 成熟蟬蛹的前腿，即牠的挖掘工具

A. 右腿，內側表面（放大四倍圖）。B. 跗節（Tar）向內彎曲，與脛節（Tb）成 90°，這個位置主要是用於挖土。Cx：基節；Tr：轉節；F：股節；Tb：脛節；Tar：跗節，帶有兩個端接爪。

讓我們回到塞滿泥土的隧道看看那裡的蟲子們吧，牠們正在那裡賣力的工作呢。可以看到，牠們正在利用彎曲的尖頭脛節當作鬆土的工具，而跗節被轉到背後，以免礙事。兩條腿交替工作著，很快在蟲子面前堆積了一小團鬆散的泥土。這時，挖掘工作暫時停了下來，而跗節被向前轉動，與脛節形成直角，充當耙子（圖 116B）。鬆散的泥團被耙向蟲子前方，而且 —— 重要的動作出現了，蟬蟲的特技 —— 耙起的土團被一條腿抓住，置於脛節和股節之間（圖 116 A，Tb 和 F）。脛節對著股節多刺的邊緣緊緊合攏，腿猛烈地向外擊打，土團被向後推進了周圍的土裡。這個過程被一再重複，首先是一隻腿，然後使用另一隻腿。這位蟬蟲礦工看起來像是一位在沙袋上進行擊打訓練的拳擊手。偶爾，這位工人會停下來，把前腿放在頭部前面的突出部位摩擦，以便用臉部側面的兩排剛毛清潔一下前腿擦。然後牠繼續進行工作，挖掘、耙掃、堆集鬆散的土粒，用力把廢土推入到蟬室的牆壁上。牠的背部堅定地壓在洞

穴對面的一側，中間的兩條腿向前彎曲，直到膝蓋幾乎抵住了前腿的根部，牠們的脛節沿著翅墊展現出來。後腿保持一個正常的姿態，緊緊地收攏在身體兩側。

根據已知的蟬在春季的地下生活習性，我們能推論出，蟬蛹是在 4 月間接近地面的時候開始建造蟬室，而且，在蟬室完工時，牠們就待在裡面等待出土的訊號，並轉形為成蟲。然後，牠們突破地表薄薄的土蓋層，爬了出來。牠們是如何知道什麼時候自己已經接近地面，為什麼有些蛹建造的蟬室很寬敞，深達幾公分，而有些蛹建造的小窩幾乎比自己的身體大不了多少，解釋這些問題是很困難的。難道說是牠們向上挖時感覺到了壓力，讓牠們知道了地表離牠們的距離只有大概 6 公釐，然後向下加寬充滿廢物的隧道？顯然不是，因為蟬室的牆壁是由乾淨結實的黏土做成的，其中並未含有隧道裡那些發黑的混合物。也不太可能是牠們根據對溫度的感覺所作出來的判斷，因為牠們的行為並沒有依據季節的性質得到調整，如果季節提前或者延後，那麼就會在計算的過程當中受到愚弄。

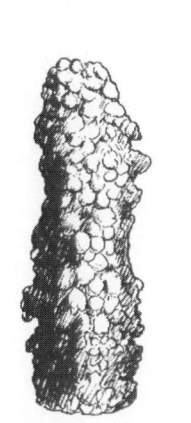

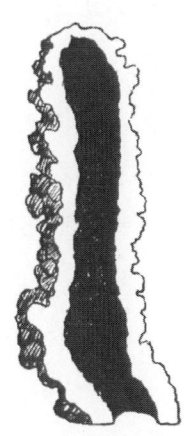

圖 117 週期蟬蛹有時建造的泥塔，作為地下蟬室的延伸部分。
剖面圖顯示的是其內部管狀腔室

第七章　週期蟬

初春，在適合出土的節氣到來之前，人們經常可以在圓木或者石塊的下面發現蟬蛹。這是能夠預料到的，因為對正在向上爬的蟲子來說，某種不可穿越的東西堵在路上，而且也沒有什麼東西能夠告訴牠們，地表層離牠們已經很近了。

在某些地方還能觀察到一件更奇特的事情：有些蟲子把自己建造的窩室向上越過地表層，延伸到一個封閉的泥塔內，泥塔的高度從5公分到十幾公分都有（圖117）。一直有報導稱，這樣的「蟬棚」曾大量地出現在很多地方；有人提出，什麼地方的土壤性質蟬蟲不喜歡，牠們就會在什麼地方建造這樣的泥塔，比如說土壤過於潮溼，因為人們經常能夠在一非常潮溼的方發現這樣的蟬室棚子。另一方面，人們注意到在一些乾燥的地方也出現過這樣的泥塔，大廈和與地表面齊平的洞穴常常是混雜在一起。筆者沒有獲得機會研究泥塔式蟬室，不過，J.A. 林透納博士（J.A. Lintner）在其《關於紐約地區昆蟲狀況的報告，No.12》(1897)一文中對此作了極其有趣的描述。林透納博士說，蟬蛹先是把下面土層裡的軟泥球或軟土塊拖到上面，然後把這些建築原料在適當位置壓緊，從而搭建起一個泥塔。在觀察報告裡，林透納還記載了一隻蟬蛹在工作中用牠的爪子抓取泥球的情形。那麼，我們可以做出推論，蟬蛹的工作方式不過是從一個礦工轉變為一個泥瓦匠而已，但是，看來還沒有人真正的實地觀察過一座泥塔的建造過程。到了蟬蛹要出現在地面上時，泥塔的頂部被打開，蟲子們與那些從地下蟬室裡爬出來的蟬蛹一樣，出現在地表之上。

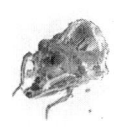

變態

　　大多數北方種群的蟬，或十七年蟬，牠們出現的時間是 5 月下旬。與大多數其他昆蟲相比，牠們出現在某一區域的時間幾乎統一，這顯示牠們對溫度變化的適應範圍較寬，而溫度是由季節、海拔和緯度所決定的。然而，在不同地方的觀察顯示，蟬也會受到這些條件的影響。在南方一些地區，十三年蟬的成員羽化的時間可能要早一個月，最南邊地區大概在 4 月底就有第一窩蟬蟲個體出現。

　　感覺到變化即將發生，蟬蛹等候在自己的蟬室裡，知道變態的時刻就要到來。不知道大自然用的什麼方法作出規定，反正羽化時間總是發生在傍晚，但是，時辰一到，就不能浪費時間。蟬蛹必須從蟬室裡爬出來，並且按照其種群的傳統，找到一個適當的蛻皮地點，在那裡透過使用跗爪的抓握動作把自己固定在某個位置。在主要羽化期的開始階段，大量的蟬蟲早在下午 5 點鐘時就從蟬室裡成群結隊地爬出來；但是過了幾天，黃昏之前出現的蟬蟲就沒有那麼多了。

　　很難捕捉到蟬蛹從地下爬到出口時的情況，而且也沒有觀察報告記載牠們離開蟬室所採用的方式。難道說牠們是在實際需要之前的某個時候就不慌不忙地打開了蟬室的門，並在下面一直等待著合適的時辰？或者說，牠們在突破那層薄薄的土蓋子的同時從地底爬了出來？挖開許多已經被打開的蟬室，結果顯示只有一個蟬室裡有活著的蟬蛹。另外一隻從數十個腔穴當中的一個孔裡爬了出來，這是因為研究人員為了獲取地下蟬室鑄件，往這些洞穴填充液體石膏。還有這樣一個現象，即在蟬蟲

第七章　週期蟬

羽化期間,每天早晨都可以看到大量新打開的洞穴。這些證據加在一起似乎說明,蟲子是在晚上打開牠們的門,並立即爬出來。只發現有一間蟬室是在白天被打開的,而且還是半開的。

這些蟲子首次在地面世界出場亮相時還躲躲藏藏,唯恐被誰發現,但是有目擊者說這些蟲子之後的行為根本不會讓牠們感到窘迫。然而,事件即將來臨;沒有時間可以浪費。爬出的蟲子一路向前直奔牠們視野範圍內裡任何直立物體⋯⋯如果牠能抵達的話,一棵樹是理想的目標,而且,既然這種動物是在樹上出生的,那麼附近可能就有一棵樹。不過,時常也有意外情況發生,比如孵化過許多蟲卵的那些樹被人砍伐了,遇到這種情況,回歸的朝聖蟲子也許不得不做一次比預期更加漫長的旅行。但是變態不能被延遲;如果找不到一棵樹、一棵矮樹或者一株野草、一根柱子、一個電線桿或一片草葉也能湊合著用。在樹上,有的蟲子只能爬到樹幹上,另一些能爬到樹枝上,但是更多的還是爬到了樹葉上。雖然數千隻蟲子幾乎同時羽化,但是牠們的時限並非全都一樣。有些蟲子只剩餘幾分鐘的時間,而有的則可以旅行大約一個小時也不會發生什麼事。

週期蟬外部變態的階段,更嚴格地說是蟬蛹的最後一次蛻皮過程,已經被研究人員做過多次觀察。牠們所做的並不比所有其他昆蟲做的事情更了不起。但是蟬卻是聲名狼藉,因為牠做這件事的方式如此地惹人矚目,可以說是非常想一鳴驚人,不像其他大多數昆蟲那樣羞怯和低調。結果,蟬鳴的名氣很大;其他昆蟲的鳴叫也許只有那些愛刨根問底的昆蟲學者才知道。

讓我們現在推想一下,我們爬行的蟬蛹已經到達適合牠的一個地方,比如樹的樹幹上,或者更好一點,爬上一截提供給牠的樹枝上,並

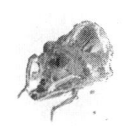

被帶進一間明亮的屋子，在那裡我們可以清楚地觀察牠的一舉一動。雖然這些蟲子總是選擇在傍晚羽化，但就是在耀眼的人工燈光下，牠們也會毫無羞澀感地換衣裳。圖 118 顯示的就是這個過程，其中第一幅圖顯示的是仍在向上爬的蟬蛹，但是在下一幅圖中（2），牠已經停下來休息，用其臉部的刷子清潔牠的前腳和爪子，這與那些被我們關在玻璃管，為我們演示挖掘方式的蟲子所做的一樣。前腳清潔乾淨後，接著清潔後腳。先是一隻腳，然後是另一隻腳，緩慢的彎曲，接著向後伸直（3），與此同時用腳刮擦腹部的側面。這樣的動作被蟬蛹平靜而又謹慎地重複好幾次，因為黏在爪子上的乾土粒必須清除掉，這是一件非常重要的工作，不做好這項工作就有可能在抓握支撐物時使爪子受到損傷。最後，雖然中間的腳總是被疏忽，梳洗工作大致上也算完成了，這隻蟲子開始在樹枝上摸索著前行，不時地這裡抓一下，那裡抓一下，直到牠的爪子能夠抓牢樹皮。與此同時，牠輕輕地左右晃動著身體，似乎是在嘗試著舒服地安頓下來，以利於下一個動作。

　　以上這些準備工作可能需要 35 分鐘，接下來，在真正的表演開始之前，還有 10 分鐘的安靜時間。然後突然地，蟲子隆起圓丘形的背部（4），外皮沿著胸部的中線裂開（5），裂口向前延伸，越過頭部，接著向後進入腹部的第一個體節。印有兩個烏黑大斑點的乳白色背部這時向外膨脹（6，7）；接著，長著一對鮮紅色眼鏡的頭部出來了（8）；緊跟其後就是身體的前部（9），先出來的身體前部向後彎曲，以便拔出腿和翅膀的根部。很快，一條腿掙脫出來（10），接著是四條腿（11），與此同時，四根長長的、亮晶晶的白線從蟲體內拔了出來，但另一端仍依附在空殼上。這些白線是胸腔氣管的內襯，與蟬蛹的外皮一起脫落。現在，牠的身體向後懸在那裡，所有的腿都獲得了自由（12），而當翅膀開始伸展並明顯地變長時，牠就危險地斜掛在那裡（13）。

第七章　週期蟬

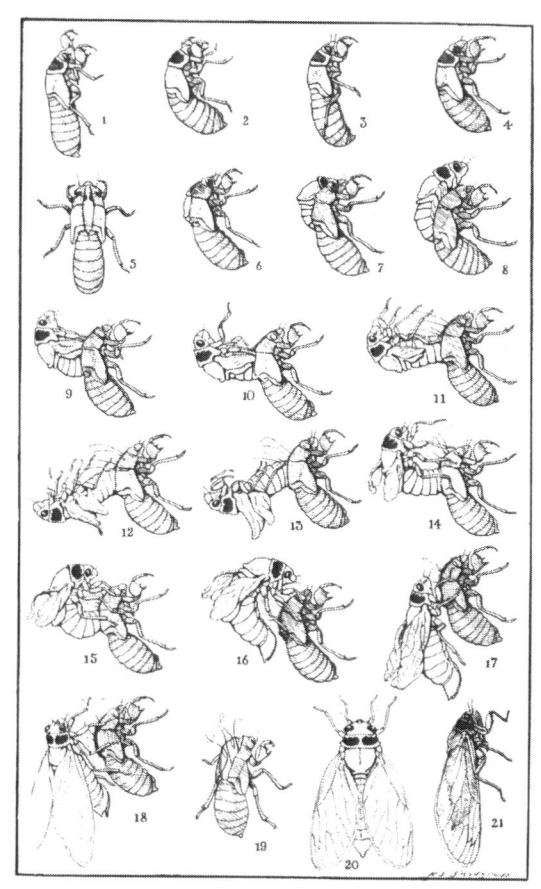

圖 118 週期蟬從成熟蟬蛹到成蟲的變態過程

　　這期間會有第二次休息，也許需要 25 分鐘，而這時的軟綿綿的新生動物就像一個倒過來的怪獸狀滴水壺，整個身體僅僅由尾部所支撐著，一動也不動地懸掛在離外殼背部很遠的位置上。現在我們理解了蟬蛹為什麼那樣不辭辛苦地尋找一個牢靠的錨地，因為，如果爪在這個緊要關頭鬆動的話，由此造成的墜落是非常有可能致命的。

　　接下來的動作開始得很突然。怪獸狀滴水壺再次移動，向上彎曲地的身體（14），抓住蛻皮的頭部和肩部（15），從裂開的死皮中拔出身體

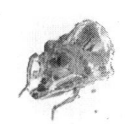

的尾部 (16)。然後伸直身體，向下懸掛著 (17)。最後，我們看到了一隻自由的成蟲，儘管還沒有完全成熟，但很快就呈現出成年蟬蟲的主要特徵。這個新生的蟲子暫時就在那個被丟棄的空殼上懸掛著，用前腿和中間的腿，或者有時候僅用一條腿，緊緊抓著空殼；後腿則向兩側展開，或者向身體彎曲，但很少去抓外皮。翅膀繼續展開並加長，最後平展地垂懸在那裡，已經完全成形，但是很軟，呈白色 (18)。通常在這個時候，蟬蟲會變得不安分，離開空皮囊 (19)，在幾公分以外的某個地方占據了新的位置 (20)。

在這個階段，蟬蟲變得極其漂亮。其淡淡的乳黃色，在腦袋後面的大黑斑的襯托下顯得光彩奪目，又因其中胸甲那珍珠般的肉色而得到調和，鮮豔的紅眼睛和半透明的乳白色翅膀，以及帶有很深的鉻黃色的根部，所有這些在我們的腦海裡留下了深刻而又獨特的印象。這個看上去很不真實的東西（插圖6），到了戶外就變成了夜幕下的幽靈般的幻影。但是，正當我們注意觀察的時候，顏色又出現了變化；奇異的白色底面布滿了藍灰色，接著加深到暗灰色；翅膀擺動著，折攏靠在背上，符咒被打破了——一隻昆蟲取代了已經消失的幽靈的位置。

接下來發生的就是一些普通的事情了。蟲體的顏色加深，由灰色變成淺黑色，再接著變成黑色，幾個小時之後，牠們已經具備了完全成熟蟬的所有特徵。第二天一大早，牠拍動著自己的翅膀，急切地想離開這裡，隨同伴一起飛進樹林。

在相同的時間和相同的條件下觀察，外皮裂開（圖118，5）到翅膀折攏在後背上 (21)，整個過程不同的個體所花費的時間也不同，從45分鐘到72分鐘不等。大多數幼蟬在夜裡11點鐘之前就從蛹皮中出來，但偶爾也有個別的懶蟲一直拖到第二天上午9時才開始做著最後的動作——

第七章　週期蟬

也許是前一天晚上睡過頭了吧。

這樣一來，從外表上看，這個在地下挖洞、爬行的動物現在變成了在空中飛行的動物了。然而，看得見的變化大概在一定程度上只是成熟的蟲子從其以前的皮囊裡的最後逃脫而已。除了最後階段做的一些調整，以及翅膀的展開，真正的變化其實發生在蟬蛹的體內，而且已經進行了好幾年。我們並沒有真正地目睹變態的整個過程，我們只見到蟬蛹脫下遮在身上的外皮，就像馬戲團裡的小醜，脫去牠的小丑服裝，露出了早已穿在裡面的雜技演員服裝。

成蟲

　　成年蟬蟲都有其個體特性。在形態上，牠與我們日常見到的任何種類的昆蟲都不十分相像，擁有完全屬於自己的個性，牠為我們留下的印象是一位「我們中間別具一格的外國人」。週期蟬的身體粗壯厚重（圖119），臉部凸出，前額較寬，眼睛突出在前額兩側，在頭部的底側，短而強壯的喙在兩條前腿的根部之間向下和向後伸出。顏色有些獨特，但不會太醒目。背部是通常的那種黑色（插圖7）；眼睛呈鮮紅色；翅膀閃閃發光，為透明的琥珀色，其上面的橘紅色翅脈清晰可見；腿和喙的顏色微微發紅，而腹部上有相同顏色的幾道環狀條紋。每一片前翅在靠近末端的地方都帶有一個明顯的暗褐色 W 印記。

　　週期蟬，無論是十七年蟬還是十三年蟬，兩個種群都有體型小的蟬。然而，除了體型小外，其他方面的區別都很少（圖119），所以昆蟲學家通常把這種蟬視為較大蟬蟲個體的變體，而且到目前為止，任何一窩蟬蟲裡，體型大的蟬蟲還是占絕對多數。

　　雄性蟬蟲的腹部，在其前端，翅膀根部的底下有一對大鼓膜（圖120，Tm），這是牠演奏音樂的樂器，後面我們就要好好關注一下。雌性蟬蟲沒有鼓膜，也沒有其他發生器官；牠是無聲的，而且不管牠的那位吵鬧的配偶如何打擾她的平靜，牠也只能保持沉默。雌蟲最主要的區別特徵是牠的產卵器，一個長長的劍狀器具，用來把蟲卵插入樹木或灌叢的枝條裡。平常，產卵器通常收在位於腹部後半部的鞘裡（插圖7），但是在使用時，可以透過其根部的一個合葉向下和向前轉動（插圖7）。產

第七章 週期蟬

卵器由兩片側刃及其上邊的一個導軌組成。側刃能夠在樹木上挖出一個小洞,以便把蟲卵從兩片側刃之間的空當送入洞裡。

圖 119 週期蟬大小兩種體態的雄蟲

以前有人提出過,在其短暫的成蟲生活期間,週期蟬不需要吃食物,但是根據 W.T. 戴維斯先生和 A.L. 奎因坦斯博士(Altus Lacy Quaintance)的觀察,以及筆者對週期蟬胃內物質的研究,我們知道,這些蟲子透過吮吸牠們棲身的樹上的汁液大量地進食。正如我們已經提到過的,蟬蟲身為蚜蟲比較近的親屬,也長著一根多刺的、吮吸式的喙,用來刺穿植物組織,吮吸其中的汁液。不過,與其他一些棲息在植物上的吮吸性昆蟲不同,蟬蟲沒有透過進食而對植物造成什麼看得見的損害。也許這是因為牠們攻擊的時間很短,而這個季節又是樹木生長最旺盛的時候。

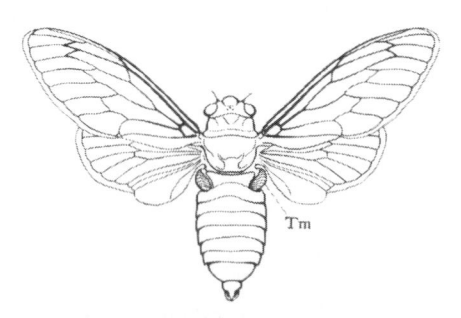

圖 120 張開翅膀的週期蟬雄蟲,
顯示的是其位於腹部底部的發聲器官,即鼓膜(Tm)

圖 121 顯示的是蟬的頭部結構的細節和喙的暴露部分，讓我們從側面看到了完全成熟的成蟲頭部。在這個側視圖裡，剖開的頸部隔膜（NMb）把頭部與蟲體分開，下面是向下和向後延伸的喙（Bk）。大眼睛（E）突出在頭的上部。臉被一塊向外凸出，帶有條紋的大薄片（Clp）所覆蓋。臉頰區域在眼睛下方的兩側，由一塊長形薄片（Ge）組成；頰片與條紋臉部薄片之間隱藏著一塊狹窄的薄片（Md）。蟬沒有下顎。其真實的嘴被封在兩塊很大的薄片之間（AClp），位於臉部薄片之下，喙的根部。

如果嘴部周圍的頭部外部部分可以被分開，就會看到其內部有一些我們平常看不見的其他重要部分。一份標本顯示，從蛹皮剛剛出來的蟬蟲在被殺的時候，身體仍然很軟，其外部很容易分開，圖 121B 所示的就是這些結構。

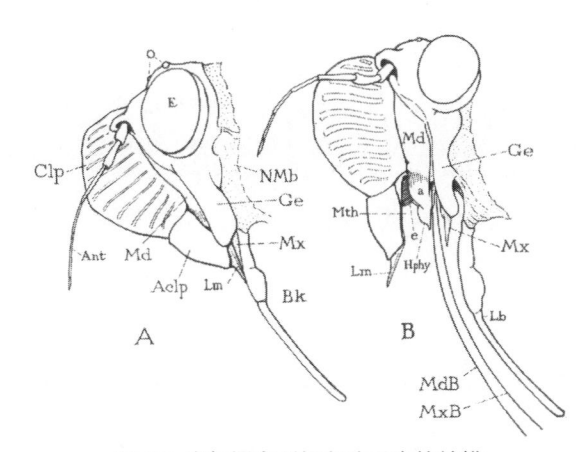

圖 121 成年蟬蟲頭部和吮吸喙的結構

A. 頭部側視圖，喙（Bk）位在自然位置。

B. 未成熟成蟲的頭部：口器（Mth）張開著，露出吸食器（圖 122）的頂部（e）和舌狀的咽部（Hphy）；喙的部分被分開，顯示的是其組成部分：下唇（Lb），通常包裹著兩對細長的剛毛（MdB，MxB，每對剛毛這裡只顯示了一根）。

a，上顎板根部（Md）和咽部（Hphy）之間的橋；Aclp：前唇基；Ant：觸角；Bk：喙；Clp：唇基；e：口腔，或者吸食器的頂部；Ge：頰（頰板）；Hphy：咽部；Lb：下唇；

Lm：上唇；Md：上顎板根部；MdB：上顎剛毛；Mth：口器或嘴；Mx：下顎；MxB：下顎剛毛；NMb：頸膜；O：單眼。

現在可以看出來了（圖121B），喙由一根長長的槽形附器(Lb)所組成，從頭的後部下方懸垂下來，在其前表面上有一道深深的凹槽，槽裡面通常有兩對纖細的剛毛(MdB，MxB)，圖中顯示的僅是左側的兩根剛毛。在剛毛根部之前有一個暴露在外的像舌一樣的器官，這是咽部(Hphy)。在這個舌狀器官與前臉垂懸下來的薄片之間就是長得很大的嘴(Mth)，而嘴的上頜(e)向下凸出，幾乎填滿了口腔。蟬蟲獲取液體食物的方式就依賴於我們面前這些部件的精細結構和機理。

第二對剛毛的每一根，其內表面上有一條溝槽，而這兩根剛毛，儘管很小，被互鎖的脊和槽扣緊，這樣一來，並置的溝槽被轉變成一條單一的管狀通道。處在自然位置時，第二對剛毛被置入喙鞘裡（圖121A），位於較大的第一對剛毛之間。剛毛的根部在舌(Hphy)的末梢處分開，轉向舌的兩側，但牠們之間的管道在這裡與舌前部表面上的凹槽接續。當張開的嘴閉攏時（完全成熟的昆蟲總是這麼做），舌面上的凹槽轉換成一條管道，從第二對剛毛之間的通道延伸到口腔內部。這是透過這個纖細的通道，蟬獲取了牠的液體食物；但是很顯然，還必須有一個泵裝置來提供吮吸的力量。

吮吸的機械裝置是口腔及其肌肉。正如我們在頭部截面圖中看到的那樣（圖122，Pmp），口腔是一個長長的、橢圓形，厚壁的囊狀器官，有頂壁，或者稱前壁(e)，通常向內彎曲，幾乎塞滿了整個口腔。在前壁的中線上，插入了一大塊肌肉纖維(PmpMcls)，而肌肉纖維則依附在臉部的條紋薄片上(Clp)。隨著肌肉的收縮，前壁抬起，由此在口腔內形成真空，以便把液體食物吮吸口中。然後肌肉放鬆，富有彈性的前壁再次落下，但是下端最先落下，迫使液體上行，透過口腔的後出口進入

咽部，這是一個很小的，以肌肉為壁的囊狀器官，位於頭的後部。從咽部，食物被輸送到管狀的食道，即食管（OE），並由此進入胃部。

兩對剛毛的根部都能縮入頭壁底部舌後的囊裡，而且每根剛毛的根部都被嵌入一組伸展肌和收縮肌的肌肉纖維。透過運用這些肌肉，剛毛能從喙的末端伸出或收回，更強壯的第一對剛毛很有可能是蟬蛹來刺破植物組織，獲取食物的主要器官。當剛毛刺入樹木時，喙鞘可以縮入柔軟的頸膜裡。

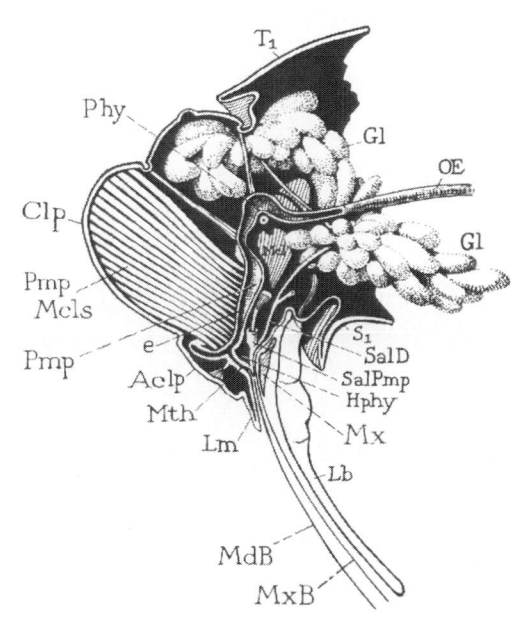

圖 122 成年蟬蟲頭部和喙的正中截面圖

吸食器（Pmp）是口腔，其頂壁（e）能夠像活塞那樣由額板（Clp）上的大肌肉（Pmp-Mcls）拉上去。透過下顎剛毛（MxB）之間的通道，上升的液體食物被吸入嘴（Mth）裡，接著向後泵入咽部（Hphy），進入食管（OE）。唾液泵（SalPmp）通向咽部（Hyph），把一對大腺體（Gl，Gl）的分泌物注入喙中。

應當注意的另外一個有趣的結構就是蟬的頭部。這是一個與一些大唾液腺（圖 122，Gl，Gl）的管道（SalD）相連接的壓力泵，很有可能用於

第七章　週期蟬

把剛毛刺入植物組織，具有軟化作用的分泌液注入植物的創口。這種唾液也許對液體食物有著消化作用。唾液泵（SalPmp）位於嘴的後部，其管道通向舌的末端，在這裡，可把唾液送入第二對剛毛的管道裡。大多數吮吸型昆蟲在這些剛毛之間有兩條平行的管道（圖 90），一條用來吮吸食物，另一條排出唾液，而蟬蟲也可能有兩條，不過研究學者們的意見並不一致，有人認為蟬蟲只有一條。

由此可以看出，蟬的頭部具有一個奇妙的結構，能使昆蟲吸食植物的汁液。然而，尖利的喙和吮吸裝置是整個半翅目昆蟲（或稱有喙目，Rhynchota）成員的區別性特徵。除了蟬，這一目昆蟲還包括大家熟悉的蚜蟲、介殼蟲、田鱉、水馬和臭蟲。對吮吸型昆蟲來說，牠們更合適的名字應該是「蟲子」（bug），與「昆蟲」（insect）並不是同義詞。

當然有人認為，半翅目昆蟲的吮吸喙與第四章（圖 66）所描述的咀嚼型昆蟲的口器比較符合，但是，要確定這兩種口器的一致性，從來就是一件很困難的事。或許，蟬的頭部側面位於前面的窄片（圖 121，Md）就是真正上顎根部的雛形。第一對剛毛（MdB）是從上顎發展出來的，而上顎片又與剛毛分離開來，並依靠一組特定的肌肉獨立活動。第二對剛毛（MxB）是從下顎長出來的，而下顎以另外的方式退化為一個小片（Mx），從頰片（Ge）垂懸下來。喙鞘（Lb）是下唇。由此我們在這裡得到了最有指導意義的發現，即透過演化過程，使器官適應新的、更高級的特定用途，動物有辦法在器官的形態方面做出改變。

蟬的腹部粗厚，並在上方形成拱形。其圓胖的外觀會讓人聯想到，這樣的蟲子會成為鳥類餐桌上的一道美味佳餚，而實際上小鳥們的確吃掉了大量的蟲子。然而，當我們檢查蟬的內臟時卻發現（圖 123），整個腹部幾乎都被一個很大的氣室所占據！柔軟的內臟擁擠在氣室周圍狹窄

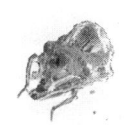

的空間裡，胃部（Stom）被向前擠入胸的後部。氣室是一個很大的薄壁，作為氣管呼吸系統的氣囊，直接透過第一腹節的通氣孔供給空氣，而氣囊又透過氣管把空氣輸送到胸部肌肉和胃壁。

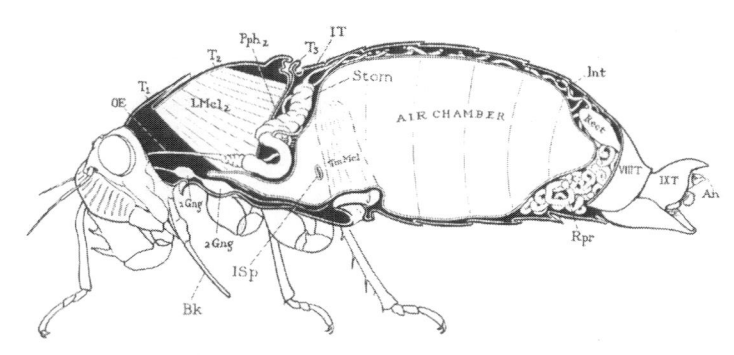

圖 123 雄蟬的垂直正中截面圖，顯示的是幾乎塞滿整個腹部的大氣室

An：肛門；Bk：喙；1Gng、2Gng：胸腔的第一和第二神經節；Int：腸；IT：第一腹節的背板；ISp：通向氣室的第一腹節的氣門；IXT：第九腹節；j：鼓膜肌肉（TmMcl）的支撐板；LMcl2：胸部肌肉；OE：食管；Rect：直腸；Rpr：生殖器官；T1、T2、T3：胸部背板；TmMcl：右鼓膜肌肉；VIII：第八腹節。

許多昆蟲都有較小的氣管狀氣囊，而這些氣囊的用途，大致上來看，似乎是為呼吸儲備空氣。然而，位於蟬蟲腹部的氣囊卻很大，說明蟬的氣囊具有某種特殊功能，自然而然就會讓人想到，這個氣囊是不是充當了與發聲鼓膜有關的共鳴箱。可是，雌性蟬蟲的氣囊與雄性蟬蟲的氣囊發育得一樣好。因此，這個氣囊很有可能也是用於增加蟬蟲的浮力，因為很容易就能看出，如果像其他大多數昆蟲一樣，這個氣囊所占據的空間充滿了血液或其他組織，蟬蟲的體重就會大幅地增加；或者從另一方面講，如果身體被縮小，只能裝得下蟬蟲少量的內臟，蟲體就會因太扁、缺乏足夠的表面寬度而失去浮力……把一個揉皺了的紙袋子扔出去，牠會直接掉到地上；如果把這個紙袋子充滿氣，牠幾乎可以在空中漂浮。

第七章　週期蟬

發聲器官與歌聲

　　蟬蟲演奏音樂所使用的樂器與直翅目中其他昆蟲歌唱的用具完全不同，比如我們在第二章中介紹過的蚱蜢、螽斯和蟋蟀。在雄性蟬蟲的身體上，正如我們已經注意到的，正好在每一個後翅根的背面，也就是蚱蜢「耳朵」的位置（圖63，Tm），有一個橢圓形的鼓膜，其鼓面被嵌入體壁固定的框架之內（圖120，Tm）。每一塊鼓面皮（或鼓膜）都由堅實的垂直增厚部分緊繃成肋狀，不同物種的蟬，其身上的肋條數量也不相同，這也許是不同蟬蟲發聲的音質有所不同的部分原因吧。在週期蟬的身上，鼓膜是暴露在外面的，所以當翅膀抬起的時候很容易看得到；在我們常見的其他一些蟬蟲身上，其鼓膜隱藏在體壁的片狀垂懸物下。

　　一面普通的鼓，其聲響是由鼓手擊打鼓面產生的震動所發出來的，但是音調和音量卻是依賴於鼓內空氣所占據的空間和與相對鼓面所發生的共振才能獲得。這樣，鼓內的空氣一定要與鼓外的空氣進行交流，否則就會妨礙鼓面的震動。

　　強加給一面鼓的所有條件都得到了蟬蟲的滿足。正如我們看到過的，蟬蟲的腹部很大，其中占據著一個非常大的氣室（圖123），而且氣室內的空氣能夠透過第一腹節（Isp）上的氣管與體外的空氣進行交流。除了進行發聲活動的兩個鼓膜外，還有其他兩片細薄的、繃緊的膜狀區域，被置入腹部前部體壁較低一側橢圓形的框架之內（在圖中看不到）。這些腹部鼓膜，其表面是那樣光滑，所以常常被人稱作「鏡子」。氣囊壁緊貼在牠們的內表面上，但是這兩種膜狀物都太細薄了，所以才有可能

透過牠們看到蟬蟲身體內部的空洞。然而，腹部鼓膜並不向外暴露，因為牠們被兩片扁平的大薄片所遮蓋，而這兩大薄片是從胸部下方向後伸展出來的。

蟬蟲並不敲打自己的鼓，也不會用身體的任何外部部件來進行演奏。當一隻雄蟲在「歌唱」，可以看到兩個暴露的鼓膜在急速地振動，似乎被賦予了自動振動的力量。然而，對一隻死蟬蟲標本的身體內部的一次檢查顯示，與每塊鼓膜內表面相連的是一塊粗厚的肌肉，從第二腹節的腹壁上一個特殊的支撐物底部長出來（圖123，圖124，TmMcl）。就是透過這些肌肉的收縮，鼓膜才能處在運動狀態。但是，肌肉的牽引只是一個方向的；鼓肌直接產生向內擊打鼓膜的力量，而回擊則是鼓膜本身及其壁內肋條向外的凸面和彈性所造成的結果。

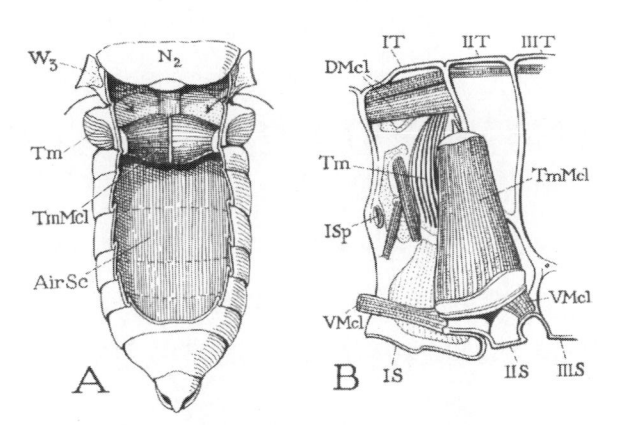

圖124 週期蟬雄蟲的腹部和發聲器官

A. 腹部俯視圖，暴露出氣室（AirSc），顯示了插在鼓膜（Tm）上的大塊鼓膜肌肉（TmMcl），箭頭所示為通向氣室的第一氣門的位置。

B. 第一腹節和第二腹節右半邊的內視圖，顯示的是肋狀鼓膜（Tm）和使鼓膜振動的肌肉（TmMcl）。

AirSc：氣室；DMcl：脊肌；IS、IIS、IIIS：腹部前三個腹節上的胸骨板；ISp：第一腹節的氣門；IT、IIT、IIIT：前三個腹節上的背板；N2：第三胸節的背板；Tm：鼓膜；TmMcl：鼓膜肌肉；W3：後翅根部；VMcl：腹肌。

第七章　週期蟬

　　當蟬蟲開始演奏音樂時，牠會微微抬起腹部，這樣在其腹部鼓膜與下面的保護片之間就開啟了一個空間，聲響以明顯增加的音量傳了出來。毫無疑問，蟲體的氣室和腹部鼓膜都是發聲裝置的重要附件。常常可以發現一些腹部被折斷一半或者更多，但還活著的蟬蟲留下了向外敞開的氣囊。這樣的個體也許能震動鼓面，但發出來的聲音是弱的，而且完全缺乏完整昆蟲所具有的音質。

　　無論蟬蟲在什麼地方大量出現，雄性蟬蟲每日上演的大合唱總是會為附近的人們留下久久難忘的印象，並且，令人好奇的是，回顧起來，蟬鳴的聲音似乎變得越來越大，直到許多年過去之後，每一個聽到過蟬鳴的人都認為這是一種震耳欲聾的喧鬧聲，幾乎能讓人失去理智。好在蟬蟲通常總是白天演出，夜裡很少聽到蟬鳴。週期蟬的叫聲與年度蟬每年夏天八九月時所發出的那種刺耳、起伏的尖叫聲相比沒有什麼相像之處。比較常見的大體型十七年蟬，其所發出來的聲音都具有 burr 這個特徵，而且至少有四個不同的發音方式可以區別，其中三個音符的音質可能取決於個體蟬蟲的年齡，第四個表達吃驚和憤怒。

　　能聽到的最簡單的音符是一種柔和的嗚嗚聲，多半是坐在矮樹叢中那些孤獨的蟲子唱出來的，或許是一些剛剛從地底爬出來的個體蟬蟲。接下來是一個又長又響的音符，其音色特徵是一聲比較粗糙的 burr，持續大約 5 秒鐘，並總是在結尾處降調。這個聲音與廣為人知的「法老」[79]這個詞的一個音相似，因為，如果第一個音節被充分地延長，而且允許第二個音節在結束時突然中止，那麼蟬鳴的聲音和法老的名稱聽上去就很像。這個聲音每隔 2～5 秒就重複一次，始終像是那些棲息在矮樹叢中或樹的低枝上的個體蟬蟲的獨奏曲。因此，觀察正在演唱「法老王之

---

[79]　即 Pharaoh。

歌」的雄性蟬蟲，就能很容易看到牠的表演動作。每開始一個音符，歌手就會嚴格地把腹部抬到水平位置，由此打開較低鼓膜之下的氣腔，以最大量發出聲音。接近尾音的時候，腹部稍微下垂，落到正常的位置，如此看來，結尾處的突然降調就是這樣產生的。

　　壯觀的大合唱讓週期蟬出了名，並被人們記住。表演者是一群完全成熟的雄性蟬蟲，牠們總是高踞在樹上，因此人們很少能夠近距離觀看牠們的表演。個體蟬蟲的音符有點像是延長的 bur-r-r-，整天重複著，日復一日的重複著，但是所有的單一聲音被混合在一起時，就會淹沒在群體發出的嗡嗡聲中。

　　大體型週期蟬雄蟲第四個音符似乎是在受到驚嚇或感到驚訝時發出來的。遇到這樣的情況，牠會急速跑開，與此同時發出刺耳的聲音。這種聲音與雄蟲被人捉住或撫弄時發出的聲音一樣。

　　十七年種群的小體型蟬所發出的音符有其自己的特點，完全不同於牠們的大體型親戚。小體型雄蟲的歌聲更類似於夏天年度蟬的歌聲，只是音調沒有那麼長，也不如人家那麼有連續性。牠通常先以很短的唧唧聲開始自己的演唱；隨之發出一連串強勁的尖叫聲，聽上去像是 zwing、zwing、zwing 等，最後再以幾聲唧唧聲結束。整個演唱持續大約 15 秒。為了便於觀察，我們把幾隻雄蟲關在籠子裡，牠們反覆唱著這首歌，沒有別的。這在戶外是常見的，但總是聽到獨奏，從來沒有聽見過合唱。當你用手撫弄牠們或用其他方式打擾牠們時，小蟬蟲們就會發出一連串尖厲的唧唧聲，很容易讓人聯想到某隻鶺鴒憤怒叱責來犯者時發出的抗議聲。小體型蟬蟲從來發不出大體型蟬蟲那種含有 burr 音符的音調。當把這兩種蟬蟲關進同一個籠子裡，牠們之間的聲音差異就非常明顯了。受到驚嚇時，兩種蟬蟲各自發出自己的聲音，一種是嗡嗡聲，另一種是唧唧聲；而且牠們之間沒有相互模仿或交替變化的任何跡象。

第七章　週期蟬

產卵

雌性蟬蟲把她們的卵排放在樹枝上或灌木叢的枝條上，有時也排放在落葉植物的莖上。除了針葉植物外，牠們通常對植物的物種沒有什麼特定的選擇。

蟲卵並不是隨意地被插入樹枝上縫隙裡，而是非常小心地放置在雌蟲巧妙建造的巢穴裡，這些樹枝上的巢穴是牠用產卵器的刃片挖出來的。這些巢穴也許總是位於枝條的底表面上，除非樹枝是垂直的，而且通常共有 6 ～ 20 排，甚至更多。

排卵是從 6 月初開始的，在 6 月 10 日之前達到高峰。觀察雌性蟬蟲的工作情況比較容易，只有真的受到干涉牠們才會飛走。牠們通常選擇上一年生長的小樹枝，但時常也使用一些老樹枝或同季節的綠樹枝。在大多數情況下，雌蟲頭朝外在樹枝上作業；但是，如果這是一條規則，那也是一條不被嚴格遵守的規則，因為許多雌蟲都是以反向的姿態工作。

每個巢穴都是雙重的；也就是說，包含兩個房間，共用一個出口，而兩個房間由一條很細的木條分隔開來（插圖 8）。蟲卵被豎著放置在窩裡，分成兩排，頭部一端朝下，斜著靠在門口。每排有 6 或者 7 個蟲卵（E），因此每個巢穴裡就有 24 ～ 28 個蟲卵，但時常也有比這更多的。入口處的木材纖維由於產卵器的插入而受到磨損，從而在門前形成了一個扇形平臺（A，B，C）。剛從巢穴裡出來的幼蟲就是在這裡脫下牠們的孵化外衣的。在樹皮上的一道道切口最終連在一起，形成了一條連續的狹長的裂口，裂口的邊緣向後收縮，這樣一來，成排的巢穴從表面上看彷

佛是被排列在一條溝槽裡。這種損傷致使許多枝條枯死，尤其是橡樹和山胡桃樹的枝條，橡樹垂死的葉子很快就顯示這棵樹受到了蟲子們的攻擊。橡樹林區的風景就這樣變得面目全非，樹身上處處留下了紅褐色的斑點，許多樹幾乎從上到下被這些斑點覆蓋了。其他一些樹種雖然不會直接受到傷害，但是一些被削弱的枝條經常被風吹斷，垂掛在那裡，最後枯死。

　　排卵的雌蟲（插圖7）每挖成一個產卵孔大約需要25分鐘；這就是說，在這段時間內，牠要挖出窩巢，並把蟲卵填進去，因為每間巢室在挖開的時候就需要用蟲卵填滿。一隻準備產卵的雌蟲落到樹枝上，在枝條的底表面上爬來爬去，選擇適合牠排卵的位置。然後，抬起腹部，把產卵器向前轉動，從鞘裡面出來，將其尖端垂直地對準樹皮。當產卵器的尖頭刺入樹皮時，產卵器開始向後退，等到完全進入的時候，產卵器主要大約45°角呈傾斜。

　　有時候，雌蟲在不同的工作階段會因受到驚嚇而逃走，但是對她們尚未完工的巢室檢查的結果顯示，每個窩室一經挖成，就會填滿蟲卵；也就是說，雌蟲首先挖成一個窩室，然後把蟲卵放進去，接著再挖下一個，依次排入定量的蟲卵，直至全部工作完成。雌蟲這時向前跨出幾步，開始以相同的方式進行下一個窩室的挖掘工作。有些系列僅包括三四個巢室，而其他一些系列則含有20個巢室，甚至更多，不過比較普遍的數目大概是 8～12 個。當雌蟲在一棵樹上完成了牠認為數量足夠的窩室，牠就會飛走，有人說牠是去了別的地方排放更多的卵，直到牠把體內的 400～600 個蟲卵全部排乾淨，但是筆者所進行的觀察並沒有涉及到這一點。大概是雌蟲覺得把所有的卵排放在一棵樹上不安全吧。我們人類不是也有一個原則嗎，不能把錢放在一家銀行裡。

第七章　週期蟬

成蟲之死

　　樹林裡的音樂大會以其一成不變的單調曲目持續到 6 月的第二個星期。此後，演唱者很快失去了活力。牠們大多數落到了地上，其中許多因體內染上真菌病而死掉，真菌吃掉了牠們蟲體末端的幾個體節，其他一些則成了鳥的美食，剩餘的也許多半屬於自然死亡。在樹的下面，龐大的蟲群不久前還在這裡展現著蓬勃的生命跡象，可是現在地面上卻布滿了死蟲或垂死的蟲子。大部分仍然還活著的蟬蟲在外形上都遭受了程度不同的損傷——翅膀被扯了下來，腹部被打開，或完全沒有了，只有殘存的部分在那裡爬來爬去，只要頭部和胸部保持完好，蟲子仍然還活著。至於雄蟬，其鼓膜上的大塊肌肉柱常常暴露出來，可以明顯地看出在振動，而且很多蟲子堅持把遊戲玩完，儘管是在身體殘缺不全的情況下，還是在發出嗚嗚的殘餘歌聲。

　　從這時起一直到 7 月底，最後一群喧鬧的訪問者所留下的唯一證據就是產卵時在樹枝上造成的疤痕，以及被毀容的橡樹和山核桃樹上隨處可見的紅褐色斑塊與垂死的樹葉。

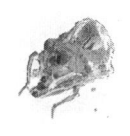

窩

　　十七年蟬和十三年蟬這兩大週期蟬種群，加在一起占據了美國東部大部分地區，除了新英格蘭州北部，喬治亞州東南角和佛羅里達半島之外。西部邊線延伸到內布拉斯加州，堪薩斯州，奧克拉荷馬州和德克薩斯州的東部地區。正常情況下，十七年蟬是北方物種，而十三年蟬是南方物種，但是，儘管在這兩大種群之間有一條可以界定的地理分界線，而實際上還有許多地方同時存在著這兩種蟬蟲。

　　雖然可以根據生命週期的長度區分兩個蟬蟲種群，每個種群的成員在成蟲階段並不是那一年同時出現的。所以，無論是十七年蟬還是十三年蟬，其成員都可以依據不同的出現年分劃分為不同的個體群，而這些個體群就被稱作「窩」。每一窩都有其明確的出現時間，大致上也有劃定的活動區域。不過，不同窩的領地會出現相互重疊的現象，或者小窩的地盤被包括在大窩的地盤之中。因此，在任何特定的地點，蟬蟲出現的時間間隔並不總是是 13 年或 17 年，可能出現的情況是，13 年窩的成員也許和 17 年窩的成員在同一年出現在同一個地方。

　　多年來，週期蟬大部分窩的出現年分已有記載，最早的一群是 295 年前在新英格蘭出現的「蝗蟲」。關於週期蟬兩大種群的窩，牠們的分布情況以及出現的日期，在我們引用過的 C.L. 馬拉特博士的報告中都得到了完整的敘述，下面的摘要就是引自這份報告：

　　無論界定明確的蟬種的窩某一年出現在什麼地方，通常都可以觀察到，有一些個體在這一年之前或之後出現的。這一事實已經顯示，目前

第七章　週期蟬

所確立的各種不同的窩都有其各自的起源，也就是說來自最初一窩的個體，但是，也許我們可以說，那一窩個體把牠們的出現時間弄混了，出現的年分麼太早，要麼太遲。所以，這些個體繁殖的後代建立起自己新的窩，出現的時間與牠們的前輩相比可能提前一年或延後一年。這樣一來，可以確信，十七年蟬種群可能在連續的十七年間的每一年出現，而十三年蟬也是如此。根據不同的種群，各窩第十八年出現的和第十四年出現的個體就被認為是其種群第一窩的組成成員。

關於週期蟬孵化的一些已知事實似乎能夠證實上述的理論，因為十七年蟬種群的成員在 17 年的期間每年都會在某個地方出現，而也有紀錄顯示，十三年蟬種群的成員在 13 年期間至少有 11 年出現過。顯然，同一窩的個體並不是同一組祖先的後裔，也不一定必然一起出現在某一限定地區——牠們只是在年分上碰巧一致的個體而已。然而，在十七年蟬種群的窩中，至少有 13 窩已經得到了很好的界定，大部分都有了明確的地域限定，雖然有時候會出現相互搭接的情況。十三年蟬種群各窩的發展就沒有這麼好了。

用羅馬數字來標明各種不同的窩還是很方便的。根據由馬拉特博士所提出的窩編號體系（現已得到普遍接受），1927 年末出現的十七年蟬種群的窩 I。雖然不是很大的一窩，但窩 I 在賓夕法尼亞州、馬里蘭州、哥倫比亞特區、維吉尼亞和西維吉尼亞、北卡羅萊納州、肯塔基州、印地安那州、伊利諾斯州和堪薩斯州東部區域都有代表。1928 年出現的是窩 II，居住在中部大西洋沿岸各州，其中一些分布在更遠的西部。1929 年出現的是窩 III，主要生活區域不超過愛荷華州、伊利諾斯州和密蘇里州。最大的一窩是窩 X，幾乎覆蓋了十七年蟬整個分布範圍。窩 X 最後一次出現是 1919 年，因此預計下一次出現的年分應該是 1936 年。因此，

已編號的窩系列按照連續年分延續到窩 XVII，而這一窩將在 1943 年再度出現。

十七年蟬種群很小，而且變化不定的幾窩是窩 VII、窩 XII、窩 XV、窩 XVI 和窩 XVII。與這些編號相應年分出現的蟬蟲代表著初始窩，牠們很有可能是那些提前一年或延後一年從大窩分離出來的個體蟬蟲的後代。十七年蟬最小的窩是 XI，但是由於其部落出現在麻薩諸塞州、康乃狄克州和羅得島，牠們以前的個體數量很有可能比現在大得多。有歷史記載的最早的一窩是窩 XIV。這是一個大窩，其活動範圍覆蓋了十七年蟬的大部分領地，其中一些部落曾出現在麻薩諸塞州東部科德角和普利茅斯附近。據早期居住者的觀察，這一窩出現的時間可能是西元 1634 年。

十三年蟬種群各窩的編號從 XVIII 到 XXX，XVIII 窩上一次出現的時間是 1919 年。但是這個南方種群只有兩個重要的窩，即 1920 年的窩 XIX 和 1924 年的窩 XXII。在大多數其他年分裡，這個壽命短一點的種群只有少數個體代表出現在其領地的這裡或那裡；而與 XXV 和 XXVIII 兩個編號對應年分出現的窩，根本沒有人知道。

第七章　週期蟬

卵的孵化

　　自從蟬群啟程飛走以後，五個星期的時間過去了。這是產卵期高峰過後差不多第六週，蟲卵這時幾乎在任何時間都能孵化。1919 年，筆者在華盛頓附近研究蟬蟲的窩 X，7 月 24 日發現了最早的孵化跡象。也許是因為在過去的十天裡這裡持續下了大雨，正常的孵化時間受到了延遲，因為檢驗這個期間的許多蟲卵，我們發現了一些已經變成褐色，快要死了的卵，不過所占比例還不算大。25 日這一天陽光強烈、天氣很熱。下午我們觀察了一些樹。樹上的枝椏前一天就變得光禿禿的。這時，在產卵孔洞穴的出口處出現了幾小堆皺巴巴的外皮，總數達到了數千，每一個卵殼都很輕，吹口氣就能把牠們吹動；如果按照這些證據來推算的話，這裡曾有數千隻蟲卵孵化，並離開了，這還不包括被風吹走的一些證據。對許多卵的巢穴進行檢驗顯示，超過一半的巢穴是空的，只剩下一些卵殼。成串的巢穴就這樣被遺棄了，而且通常巢穴裡的卵要麼幾乎全部孵化，要麼幾乎都沒有孵化。但是也常有這樣的情況：一長串巢穴中有一個或幾個巢穴裡的卵沒有孵化或幾乎沒有孵化，裡面只有一些空卵殼。這種耽擱似乎是由巢穴本身造成的，而不是個體蟲卵。

　　儘管不是絕對地遵守先後順序，作為一種普遍的法則，離產卵孔門口近的卵最先孵化出來，其他的卵則是一個接一個地在其後孵化。但是未孵化的卵，如果在場，總被發現位於巢穴的底層，通常也就有一兩個卵例外，位置靠上面一點。偶爾會發現有一個空卵殼出現在一排未孵化的蟲卵中間。如果在一個敞開的巢穴裡觀察產卵的實際情形，通常就能

看到幾隻蟬蛹同時從裡面出來，而且儘管不是一個緊靠著一個，這些蟲卵在多數情況下會相互為鄰。所以，這是孵化的規則，與大多數規則一樣，具有普遍性，但不具備強制性。

雌蟬產卵的過程不容置疑地顯示，最先產下的卵是那些被放置在產卵孔底層的卵，這就是說產卵順序與孵化順序沒有什麼關係，除非可以說這種關係幾乎是倒過來的。因此很難合理地提出這樣的假設，即離門最近的蟲卵會更多地受到溫度和新鮮空氣的影響，也不應該認為孵化的順序僅僅是因為蟲卵需要釋放壓力，讓緊緊擠壓在幾排裡的蟲卵有機會蠕動，伸展拳腳，以便使緊緊包裹在身上的卵衣裂開。實際上，孵化過程一旦啟動，整個巢穴的蟲卵就會很快一起行動，這說明所有的蟲卵在最初的破裂時刻，全都處在爆發的臨界點上。

在每個產卵孔的側間裡，蟲卵被豎立成兩排，卵的底端或頭端斜向門口（插圖 8，E，F）。（必須記住，這些產卵位於樹枝底側，所以，蟲卵在產卵孔中的位置正好與牠們的自然位置相反）。在孵化期間每一個卵都會從頭部上方垂直裂開，裂縫越過頭部沿背部開裂至卵長的大約 1/3 這個位置，但是在腹部側面只有很短一段距離。一旦這種破裂發生，幼蟬的頭就會突顯出來，然後，透過前後彎曲身體，幼蟲慢慢地掌握了爬出卵殼的竅門，而空卵殼就會留在原來的位置。離門最近的蟬蛹有一個便捷的出口，但是那些處在巢穴底層的蟲子卻發覺自己仍然被限制，在牠們面前的空卵殼突出一端與窩壁之間的狹窄空間裡，通道的寬度沒比蟲體大多少，牠們必須蠕動著往外爬，才能最終獲得自由。

正如我們在第六章裡看到的那樣，新孵化出來，或新生出來的蚜蟲被包裹在一件沒有袖子、也沒有褲子的緊身衣中，但是大自然更體貼幼蟬的情況。幼蟬從卵裡出來時，同樣身披一件緊身外套，但這衣服並不

第七章　週期蟬

僅僅是一個袋子，牠還為蟲子的附器和肢體部件提供了一些特製的小袋子（圖 125，2）。被包裹的觸角和上唇向後伸出，就像三個尖頭平靠在胸部。儘管被緊緊包裹在窄袖子裡，使其關節不能獨立運動，但前腿可以自由地通向腿節的根部。中間的腿和後腿也被細長的護套包裹著，但中後腿總是附著在身體的兩側。這樣，新孵化出來的蟬蛹很像一條只有兩副腹鰭的小魚，但是行動的時候，其笨拙的撲騰動作又很像被困在海灘上，急於回到大海的海豚（圖 125，3）。

蟬嬰知道，牠不會注定在這個狹窄的出生地度過自己的一生，至少牠沒有這個願望。隨著頭部伸向出口，牠立即開始扭動和彎曲身體，使身體緩慢地向前移動。透過向後甩動頭部和胸部，觸角和前腿露了出來，由此身體的前端就能抓住途中任何不平整的路面。接下來，在身體前部再次彎曲的同時，腹部波浪形起伏動作又把身體後部抬起來，使「鰭狀肢」抓住了新的支撐點。隨著這些動作一遍又一遍的重複，這個笨拙的小傢伙痛苦但又自信地向前移動，而擠壓著牠的柔韌卵殼或許也對牠的前行有所幫助，同樣道理，大麥水蠅的頭會自動地向上爬進你的衣袖裡。

一旦出了門，必須抓緊時間丟棄這件礙事的服裝，但是在正常的情況牠們從來不在巢穴裡蛻皮。然而，如果巢穴被打開了，準備孵化的蟬蛹發覺自己置身於一個自由的空間，牠們就會當即脫下外套，時常是蟲體的尾端仍然還在蟲卵的時候，此時外皮就有可能留在卵殼的開口處。如果幼蟬不一定非要經過這麼一個狹窄走廊就能獲得自由，牠也許可以出生在一個平滑的袋子裡，就像牠的親戚蚜蟲。

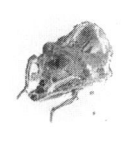

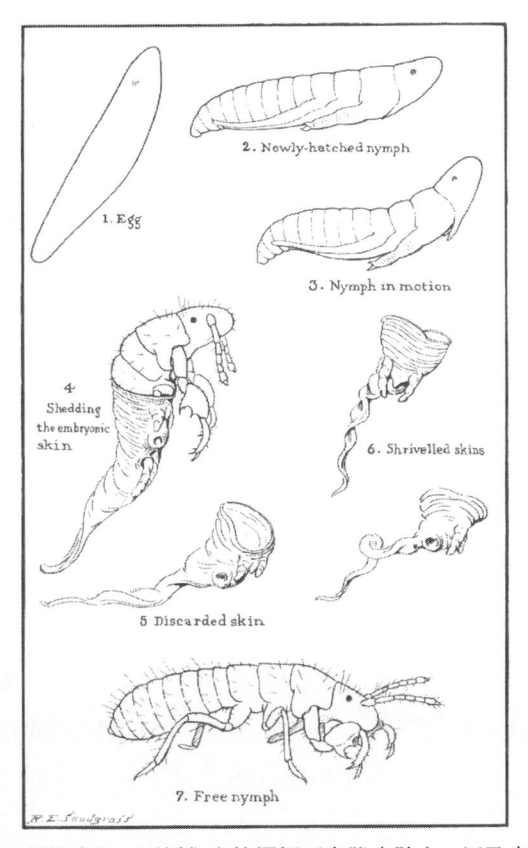

圖 125 週期蟬的蟲卵，剛孵化出的蟬蛹正在脫去胎衣，以及自由的蟬蛹

1. 蟲卵；2. 剛孵化出的蟬蛹；3. 運動中的蟬蛹；4. 脫去胎衣；5. 被丟棄的外皮；6. 皺縮的外皮；7. 自由的蟬蛹。

在孵化期間的某一天，觀察一下未受到干擾的巢穴的門，我們很快就能看到一個細小的尖頭從狹窄的洞口探了出來。門檻很快被越過，但是僅此而已；套在一個袋子裡旅行可不是一次快樂旅行。為了使外皮裂開，做一些扭曲動作總還是必要的，而且有時候，需要花費好幾分鐘時間進行猛烈的扭動和彎曲，外皮才會裂開。當袋子真的被打開的時候，在頭頂的上方就會形成一道垂直裂縫，頭部就從這裡凸出來，直到裂縫擴大成了一個圓，使頭部從這裡擠了出來，身體也隨著迅速跟著出去

第七章　週期蟬

（圖 125，4）。附器也從其護套裡出來，就像我們把手從手套裡拿出來一樣，把這個小袋子翻成裡面朝外。觸角最先獲得了自由，牠們冷不防地冒了出來，直挺挺地向下懸垂著。接著，前腿得到了釋放，僵直地懸在那裡，隨著一陣劇烈的顫抖而抖動著。大約 1 秒，這種狀態過去了，關節彎曲，呈現出其特有的姿態，與此同時，用爪子在半空中猛烈地抓撓著。然後，其他幾條腿和腹部也出來了，胚胎變成了一隻自由的幼蟬（圖 125，7）。這一切發生的全部時間不超過一分鐘，而新出生的這個小傢伙隨即就離開了，並沒有回頭多看一看自己剛剛脫下來的胎衣和自己孵化期所居住的家。感情在昆蟲的腦海裡沒有位置。

隨著蟬蛹從巢穴裡出來，一個接著一個，脫下牠們的外皮，亮晶晶的白膜，鬆散地堆積在出口，直到一陣風把這些外皮吹走。每一個被丟棄的外殼，其形狀就像個高腳杯（圖 125，5，6），上部的僵硬部分敞開著口，就像一個碗，而下部則萎縮成了皺巴巴的柄狀。觸角和下唇作為獨特的附器也從外皮裡伸出，但是腿這些附器通常在蛻皮期間被翻轉過來，消失在蛻皮的外部，不過在膜衣變得非常乾燥之前，還是能夠發現牠們被拖進去的孔洞。

起初，幼蛹（圖 125，7；圖 126）通常總是在其產卵孔所在的枝條上爬來爬去，那上面有許多溝槽，後來就會爬到平滑的樹皮上。在樹皮上，任何一股氣流都有可能讓牠當即掉下來，但是多數的蛹還是會在這裡遊蕩一會，通常會向枝梢爬去，有些甚至敢離開樹枝，爬到樹葉上。但是，在那些堆滿了胚胎皮，顯示最近曾有數百隻蟬蛹孵化的樹枝上，所能看到的蛹的數量卻很少，因此很顯然，絕大多數蟬蛹在剛剛孵化出來不久，要麼是掉到了地上，要麼是被風颳走。毫無疑問，還有更多的蟬蛹早在牠們蛻去卵膜之前就已經落地，因為這種被包裹的動物不可能

有什麼辦法把自己固定住，即使是掙脫出來的蟬蛹，牠們的抓握力量也很弱。觀察一下那些飼養在室內的蟬蛹吧。很顯然，牠們在樹枝上真的非常努力想要保持自己的抓握能力，但經常還是無助地從光滑的樹皮滑落下來。牠們軟弱無力的爪子無法抓住堅硬的表面。所以說，牠們並不是故意地把自己投放到空地上，以回應某種來自大地的神祕呼喚，僅僅是因為這些幼蟬無力抓牢樹枝，才從牠們的出生地掉了下來。但相同的目的達到了──牠們來到了地面，這才是最重要的。大自然從來就不在意什麼手段和方法，只要能夠達到目的就行。非理性動物的某些行為透過賦予某種本能而得到保證，另一些行為則透過阻止以其他方式表現出來而得到限制。

　　蟬蛹起先受到光的吸引。那些允許在一個房間的一張桌子上孵化出的蟬蛹，這時會離開樹枝，直奔3公尺之外的窗戶。這種本能在自然條件下能誘使幼蟲奔向樹的外部，在那裡，牠們能獲得最佳機會安全無恙地落到地面；但是即便如此，在大地接受牠們之前，還是會碰到一些意想不到的情況，例如逆風、參差不齊的樹木，灌木叢以及雜草，不可避免地會讓牠們在從一片葉子滑向另一片葉子的向下的旅途中，發生一些碰撞的事故。

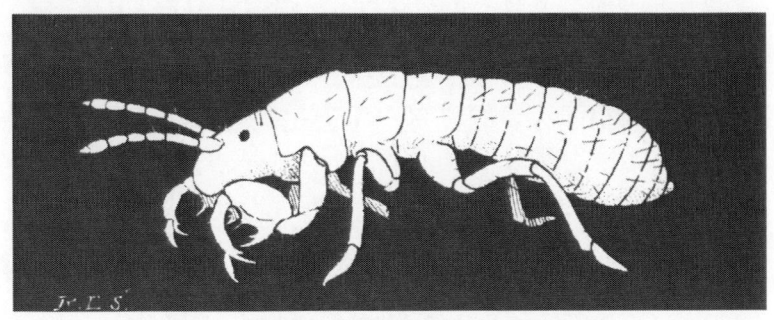

圖126 準備鑽入地底的蟬幼蛹（多倍放大圖）

第七章　週期蟬

　　這些動物實在是太小了，根本無法用肉眼追蹤牠們的下落過程，所以還沒有人記錄過這些蟲子到達地面時的實際行程和所表現出來的行為。但是有人把室內孵化出來的蟬蛹放在一個碟子上，那上面鋪著鬆散的泥土。這些蟲子立即開始往土裡鑽。牠們並沒有挖掘，只是鑽入在亂跑中所遇到的第一個縫隙。如果第一個縫隙剛好是條死路，蟬蛹就會爬出來，重新去找另一個縫隙。幾分鐘過後，所有的蟲子都找到了滿意的藏身之處，並躲在裡面不出來了。這些蟲子急切地鑽進任何一個縫隙，只要這個縫隙顯示出召喚牠進來的跡象，而這種熱切的行為是本能的。一旦牠們的腳踩到地面，本能就會驅使牠往縫隙裡鑽。那麼就要注意牠們的本能怎麼會在幾分鐘裡發生了逆轉：在孵化期，牠們最初的努力就是擺脫狹窄的卵巢的束縛，從裡面出來，而且似乎不太可能有足夠的光線透進這個蟬室，引導牠們走向出口，但是一旦出來，並脫去了礙事的胎衣，這些蟲子就不由自主地被引向光線最強的地方，即使這樣的光線引導牠們向上爬──與牠們要去的方向正好相反。當這種本能實現了其意圖，並把幼蟲帶到通向土裡最自由的通道口之後，牠們對光線的所有的愛都已失去，或者說被淹沒在進入黑暗裂口的召喚當中，而這個裂縫，與牠們剛剛費盡氣力才離開的裂縫相比更為狹窄。

　　一旦蟬的幼蟲進入土裡，我們實際上就得與牠們說「再見」了，期待著牠們回來。然而，這種反覆出現的週期性現象總是讓我們充滿著興趣；儘管我們已經對蟬做了大量的研究，可是每當牠們重訪地球的某些地區時，需要從蟬身上了解的東西似乎還是很多、很多。

第八章

昆蟲的變態

第八章　昆蟲的變態

神話傳說和童話故事的魔力，那是因為故事中的人物具有隨意變換身形或者被轉換身形的神奇力量。希臘神話中，宙斯（Zeus）想要追求可愛的美女塞默勒（Semele），但知道她無法承受神仙身上耀眼的靈光，於是把自己幻化成凡人。與塞默勒相親相愛。沒有這樣的變態，神話還能算是神話嗎？如果灰姑娘的故事中沒有危難時提供保護和幫助的仙女，又有誰會記得這個故事呢？至於灰姑娘和王子的浪漫愛情，真善美最終戰勝假醜惡，灰姑娘的姐妹們剛開始還趾高氣揚，最後卻氣得捶胸頓足……這些情節都不過是普通故事中的添味佐料而已。然而，老鼠變成了騰空越立的矯健駿馬，蜥蜴變成了垂手侍立的馬伕和僕人，破衣爛衫變成了豔裙華服，這種變換所帶來的震撼力卻足以讓人終生難忘。

那麼不需要覺得驚奇，昆蟲，以其變化多端的外形，令人嘆為觀止的蛻變，已經在現代學校所有的自然課程占據首席位置，也為許多自然科學家們探究昆蟲生命奇蹟的靈感之源。所以說，如果昆蟲已經觸動了我們的情感，而我們人類也熱切地希望在昆蟲身上找到超自然跡象，那麼研究昆蟲還不至於受到嘲笑。人們把蝴蝶，卑微的幼蟲精靈，尊崇為人類復活的象徵物，並把蝴蝶的圖案雕刻在墓地的門上，希望那些被埋藏在墓牆後面不幸逝去的人們能獲得重生。

變態[80]是一個有魔力的詞彙，儘管寫起來有點嚇人，但譯成英文，意思就是「變態」。但不是所有的變形都是這種蛻變或變態。小貓咪變成大貓咪，小孩長成大人，小魚變成大魚都不是變形，至少不是我們所說的形態變化。「變形」意味著極其特殊和出乎預料的變化，比如蝌蚪變成青蛙，蛹變成飛蛾，或者是蛆變成蒼蠅。這個詞原本是個廣義詞，但是在這裡卻是狹義的，這種情況在科學界非常普遍，因為只有為每個科

---

[80] 即 Metamorphosis。

學詞彙下準確定義，才能進行有效的科學研究。所以「變形」的生物學含義，不單單是外形變化，而是指一種特殊性質或特殊程度的變化。這種變化，我們說，其範疇甚至要超出由蟲卵變成成蟲。

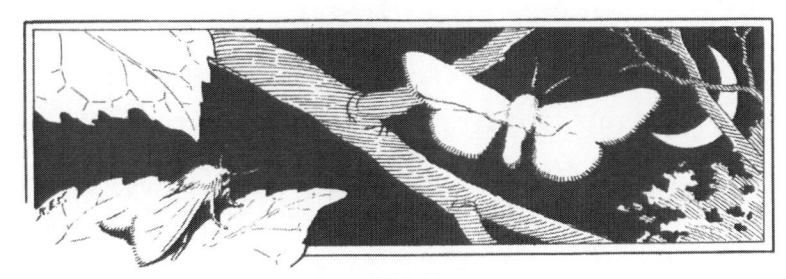

圖 127 網幕幼蟲的蛾

事情一下子變得明顯，就是由於我們採用了科學定義，我們研究的對象也變得更為複雜。因為，在一個動物的生長發育期間，如果有一次變化被我們觀察到了，我們如何才能判定動物的這種變化是正常發育還是正常發育之外的情況？當然，這裡面存在著一系列困難，這樣的疑難問題我們只能留給生物學家來解決。不過，還有很多確鑿無疑的例子。比如說蠋，其形態當然不是朝著蝴蝶的方向發育的，但我們知道牠是一隻蝴蝶幼蟲，因為牠是由蝴蝶的卵孵化出來的。而且，當蠋從一個小幼蟲長成一個大幼蟲時，還是不像蝴蝶，只有等到蠋作為一隻幼蟲完全成熟之後，並經歷一系列的蛻變，幻化成蝴蝶，牠們才會最終擁有和父母一樣美麗的形態。

這樣就有一個問題，蝴蝶是不是幼蟲的一種附加形態，或者說幼蟲是否偏離了其祖先發育線路的形態？這個問題很容易回答：蝴蝶展現的是其物種真正的成蟲形態，因為蝴蝶的身體結構與其他種類的昆蟲比較基本相同，也擁有獨立的生殖器官，並獲得了可以繁衍後代的生產力。幼蟲只是個介於蟲卵和成蟲之間的一種特異形態。因此，蝴蝶在其一生

第八章　昆蟲的變態

中經歷的真正變態並不是由幼蟲變成成蟲，而是由蟲卵的蝴蝶胚胎變成幼蟲。不過，變態這個術語通常也可以指幼蟲變回本種群正常形態這個逆向過程。

昆蟲變態的典型例子就是幼蟲和蝴蝶成蟲（圖128），但很多其他昆蟲也會經歷同樣性質的變態。所有的蛾和蝴蝶在幼蟲階段都是幼蟲。著名的巨型蛾（插圖10），包括蠶蛾[81]、火蛾[82]和美麗的月蛾[83]（圖129）都是如此，學習博物學的人都知道，這些蛾都是由肥大的幼蟲變化而來的。這些不起眼的幼蟲（圖130），一旦完成自毀工作，就變成了我們熟悉的棕色或灰色、中等身材、毛茸茸的大飛蛾。牠們白天往往躲起來，晚上被亮光所吸引，紛紛飛出來。

圖128　芹菜幼蟲（celery）的幼蟲和牠變成的蝴蝶

---

[81]　即 Cecropia。
[82]　即 Promethea。
[83]　即 Luna。

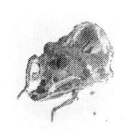

在春天，五月金龜子（或稱六月蚜蟲）出現了（圖131 A）；牠們產下常見的白蠐螬（B），相信每個園丁都認識。常見的瓢蟲甲殼蟲（圖132 A），其實就是那些醜陋的蠐螬（D）的成蟲形態，而這種蠐螬專以其他蚜蟲為食。在蜜蜂和黃蜂的蜂巢裡，有很多細小、無腿、無翅、蠕蟲狀的小動物，牠們是蜜蜂和黃蜂的幼蟲。但光看外表，你根本認不出來，因為牠們在長相方面和父母毫無共同之處（圖132 A，B）。透過觀察我們知道，哪裡有孑孓（圖174D），哪裡的蚊子就非常多。蠅虻的幼蟲叫蛆（圖182 D）。家蠅的蛆棲居在糞堆上，麗蠅的蛆生活在動物的屍體上，以腐肉為食。

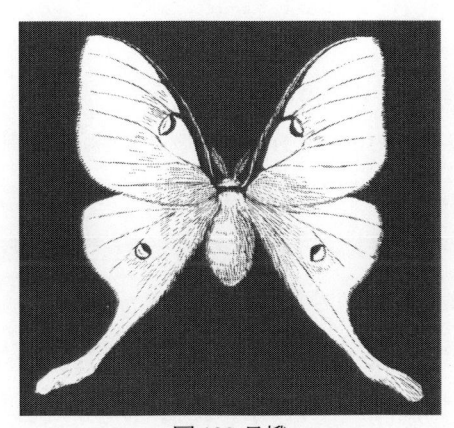

圖129 月蛾

關於昆蟲在蛻變中所經歷的各種形態的描述，我們也許可以用一整章，甚至一本書的篇幅繼續列舉下去。不過，既然其他作家已經顯示可以這樣做，並願意繼續挖掘這個題材，我們最好還是把注意力放在昆蟲變態更為深奧的階段。在這個階段，事實本身就很有意思，進一步解釋那就更有趣了。然而，提出解釋畢竟要比呈現事實困難得多。如果作者解釋得不成功，讀者也許會覺得這些文字讀起來比作者寫起來還要難得多。不管怎麼說，只要雙方共同努力，總會彼此理解。

第八章　昆蟲的變態

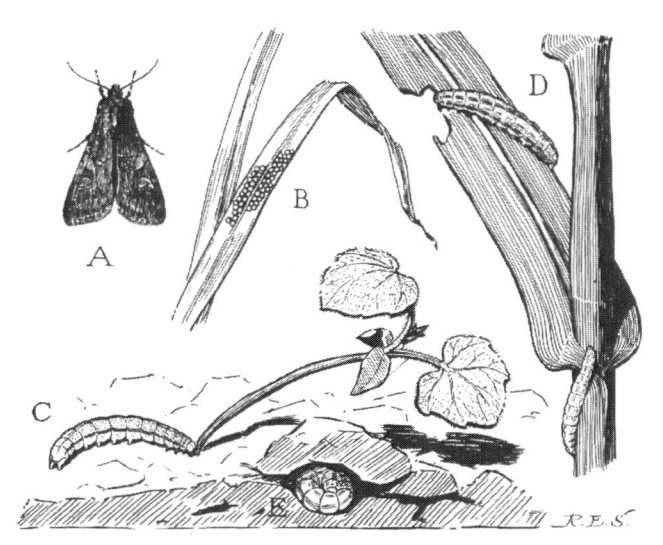

圖 130 夜蛾的生活

A. 雌蛾。B. 夜蛾在草葉上產下的卵。C. 夜蛾正在從事常規性夜間活動，從根部啃食幼小的園栽植物。D. 其他夜蛾爬上植物莖吃葉子。E. 白天躲在地底的夜蛾。

　　首先，讓我們了解一下幼蟲和成蟲究竟在哪些方面有所不同。當然了，成蟲作為完全成熟的個體形態，在機能上獨立擁有成熟的繁殖器官，但這是所有動物的共同特徵。然而，幼蟲和蛾、蠐螬和甲殼蟲、蛆和蒼蠅在很多方面卻完全不同，牠們的外表和整體結構大相逕庭，我們只有透過仔細觀察牠們在生長過程中發生的外形變化，才理解牠們原來是一家。另一方面，螞蚱幼蟲（圖 8）、蟑螂幼蟲（圖 51）和蚜蟲幼蟲（圖 97）卻與牠們的父母長相極為相似，一眼就能看出其家族關係。不過，所有有翅昆蟲中，幼蟲和成蟲之間還有一個持續存在的差異，這就是翅膀的發育情況不同。幼蟲通常沒有翅膀，或翅膀發育不完全。缺乏飛行能力尚未成熟的幼蟲在行動上受限，並迫使牠採用其他方式生存下去。牠也許會棲息在土裡或水裡；也許會棲息在水面；也許會鑽進洞裡或植物的莖裡。簡而言之，只要能用腿腳爬到哪裡，牠們就住在哪裡。但是牠

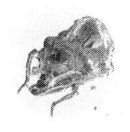

們不會生活在空中，除非被大風吹到了天上。

因此，作為昆蟲變態研究的第一個原則，我們必須承認這樣一個事實，那就是只有成年昆蟲才會飛。

現在，讓我們回頭再看看蚱蜢（第一章）。有些昆蟲，除了翅膀和生殖器官，成蟲和幼蟲相差不大，蚱蜢就是一個絕佳的例子。正如人們可以預料的那樣，蚱蜢的幼蟲和成蟲生活在相同的環境中，以相同的方式吃著相同的食物。蟑螂、蝨斯、蟋蟀、蚜蟲和其他一些有親緣關係的昆蟲，也具有這種相似性。就這一點而言，這些昆蟲的成蟲即便有了翅膀，在日常生活和活動中也未必見得比幼蟲更占什麼優勢。

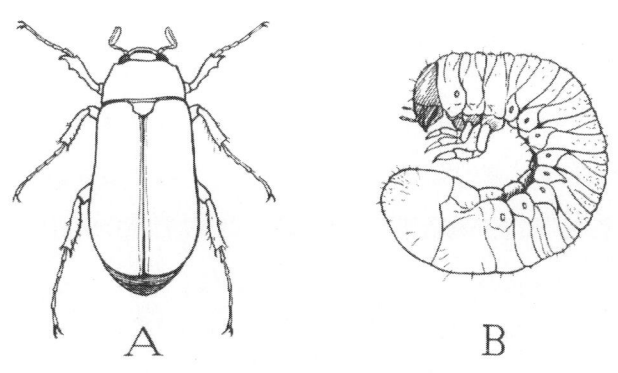

圖131 五月金龜子和牠的幼蟲

A. 金龜子以灌木叢和樹木的葉子為食。
B. 白色的金龜子幼蟲居住在土裡，以植物的根為食。

然而，在許多其他昆蟲身上，成蟲則因為會飛行而占據著一定優勢。牠們獲得了新的生存方式和進食方式。因此，為適應新的生活習慣，這些成蟲擁有了特殊的體型、口器和消化道。但是所有發生在成蟲身上的這些改變，如果發生在幼蟲身上，只會妨礙牠們的生存，因為牠們不會飛。以蜻蜓為例，蜻蜓的成蟲（圖58）因為擁有強而有力的飛行裝置，可以在空中捕捉小昆蟲為食，可是蜻蜓幼蟲卻不能沿襲父母的進

第八章　昆蟲的變態

食習慣。假如幼蟲也具有父輩的體型和口器，牠恐怕很難繼續生存，長成成蟲，這對蜻蜓家族來說無疑是滅頂之災。因此，大自然設計了一套方案，把幼蟲和成蟲分離開來。藉助於這套方案，成蟲既可以充分利用翅膀的功能，又不會把困難和障礙強加給不會飛的後代。這種設計並不顧及普通的遺傳作用，只是盡可能使身體構造的改變在成蟲身上得到發展，而在幼蟲身上受到抑制，直至不成熟階段到成蟲階段的蛻變期最終到來。

因此，昆蟲變態的第二條原則就是如下陳述：為了適應與飛行能力相適合的生活習性，成年昆蟲可以發展其身體構造的特徵，但這種發展在幼蟲身上受到抑制，因為幼蟲沒有翅膀，身體結構一旦發生變化，對幼蟲來說就是破壞性的。

現在，當父輩們堅持擁有自己的獨立性，我們能指望牠們子女什麼呢？當然只能是一些類似的權利主張而已。一隻幼蟲，一旦免除了在解剖學方面遵循祖先的任何義務，只要最終恢復祖輩的形態，牠很快就能學會選擇自己的生活方式，然後再去獲得與這種方式相適應的形態、身體特徵和本能。因此，蜻蜓幼蟲（圖134）的發育可以說得上是離經叛道。牠擇水而居，下唇（圖134B）發育成特殊的抓捕器官，並憑藉牠嫻熟的游泳技巧，以水中的生物為食。水中生活又使牠能在水中呼吸。不過，蜻蜓幼蟲身體結構的這些特殊本領，在牠長變為成蟲之前必須全部退化。

因而，我們根據第二條原則的邏輯結果得出第三條原則：幼蟲可以形成對自身有利的生活習慣，並與之相適應地改變身體結構，不必顧及成蟲的形態，並在最後變態時丟棄幼蟲的形態。

幼蟲與父母形態的偏離程度因昆蟲的不同而不同。以蟬為例，幼蟲

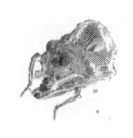

和成蟲除了翅膀、生殖器官、產卵能力和發聲器官之外，在結構上與成蟲沒有什麼根本不同。但二者的居住環境卻相差甚遠，毋庸置疑，就蟬而言，就是牠的幼蟲別出新裁地創造了適應地下生活的方式，因為蟬的大部分近親，牠們的幼蟲其實過著跟成蟲一樣的生活。

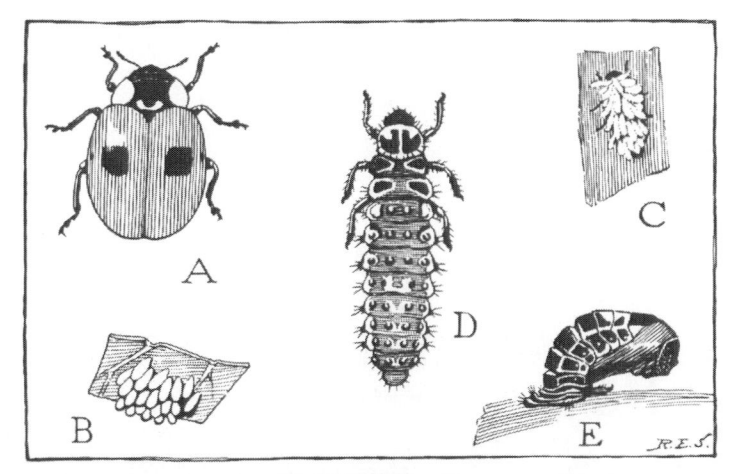

圖 132 瓢蟲的一生

A. 瓢蟲的成蟲。B. 樹葉下的卵塊。C. 覆蓋著白蠟的幼蟲。D. 完全長成的幼蟲。E. 利用幼蟲皮附著一行葉子上的蛹。

　　動物活著是為了生存，不是為了休閒娛樂。動物的一切本能和有用的結構都以實用為目的而演化的。因此，任何昆蟲的成蟲和幼蟲發生的形態變化和結構變化，可以明確地說都有其特殊目的。動物的主要生存任務只有兩個，一是獵取食物，二是繁衍後代。成蟲不可避免地要有繁殖期，與此同時還要獵取食物養活自己。幼蟲不能繁衍後代，其生活的直接目標就是覓食，並為變態做好準備。正如我們在第四章讀過的那樣，覓食構成了昆蟲的大部分日常活動，導致牠們的結構變化，包括運動模式變化、躲避天敵的裝置變化和獵取食物的方式變化。因此，我們研究幼蟲，應專注於研究牠們為獵取食物而形成的適應性身體特徵。

第八章　昆蟲的變態

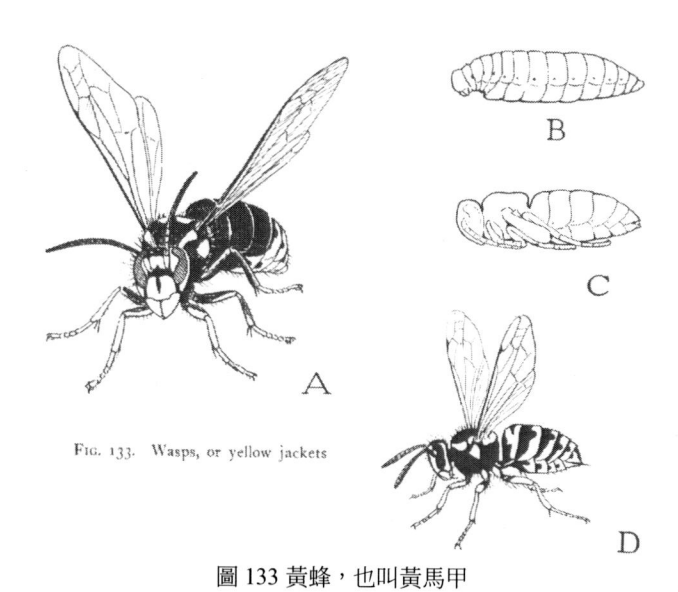

圖 133 黃蜂，也叫黃馬甲

A. 雄性額斑黃胡蜂成蟲 Vespula maculate。B、C、D. 額斑黃胡蜂的幼蟲、蛹、和成年工蜂。工蜂是不能生育的雌蜂，其產卵器是用來叮咬的工具。

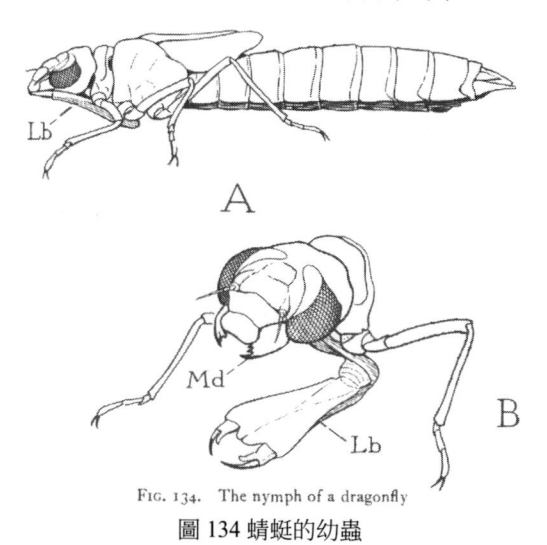

圖 134 蜻蜓的幼蟲

A. 完整的蜻蜓幼蟲，顯示的是其長長的下唇 (Lb)，緊貼在頭部表面之下。

B. 頭部和胸部的第一體節，其下唇已經張開，顯示了強壯的鉤鐃，這是牠用來活捉獵物的工具。

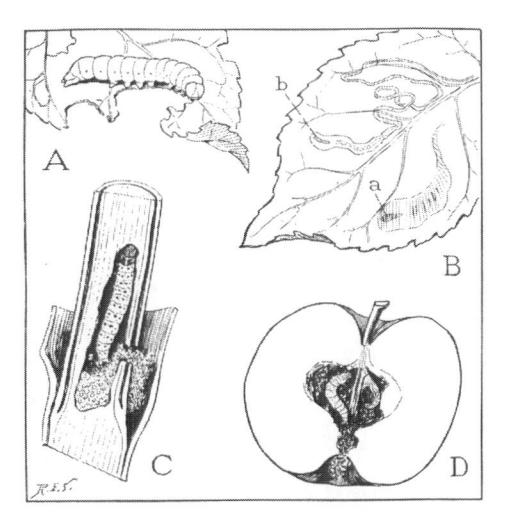

圖 135 各種以植物為食的幼蟲的不同習性

A. 露天中的幼蟲以葉子為食。B. 蘋果樹葉上的潛葉蟲；a. 是海螺潛葉蟲；b. 是蛇形潛葉蟲。C. 以玉米稈芯為食的玉米螟。D. 蘋果蟲，學名蘋果蠹蛾，以蘋果核為食。

我們觀察任何一隻幼蟲的生活時，很快就能發現，幼蟲的主要工作就是吃。幼蟲是一種公開承認自己活著就是為了吃的動物。無論幼蟲做什麼事情，除了與蛻變相關的之外，與尋覓食物相比都是次要的。大多數昆蟲種群以植物為食，生活在露天環境（圖135A）；但也有一些鑽進樹葉裡（B），鑽進果實裡（D），或鑽進枝莖或樹幹裡（C）。另一些昆蟲則以種子或人們儲藏的穀物為食。但是，衣蛾的幼蟲以動物的毛為食，另外幾種幼蟲是食肉動物。

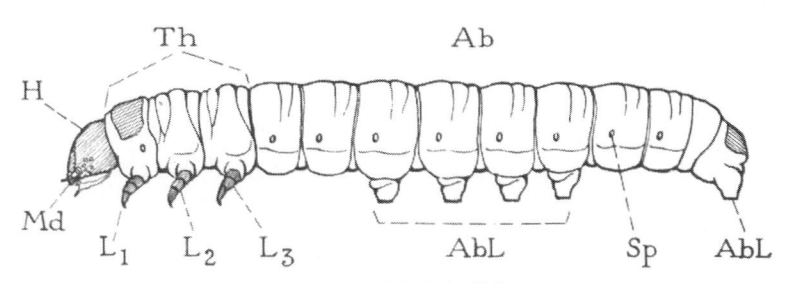

圖 136 幼蟲的外部結構

第八章 昆蟲的變態

Ab：腹部；AbL：腹腿；H：頭部；L1、L2、L3：胸腿；Md：下顎；Sp：呼吸孔；Th：胸部。

幼蟲的身體結構（圖136）顯示了其大肚好吃的習慣。牠的小短腿（L，AbL）使牠能緊緊地貼著食物；幼蟲長長的、肥厚的、蠕動的身軀能裝下很多食物，儲存在巨大的胃慢慢消化；幼蟲硬硬的腦袋上長著一對有力的下巴（Md）。因為幼蟲幾乎用不上眼睛和觸角，所以牠們的這兩個器官發育得很差。幼蟲的肌肉結構展示了完美、複雜的解剖結構，因而使幼蟲能夠以任何方式隨意地轉身、扭動。和幼蟲相比，成蟲飛蛾和蝴蝶吃得很少。牠們的食物主要是液態的花蜜，這種甘露富含糖分、熱量高，卻幾乎不含締造肌肉纖維的蛋白質。

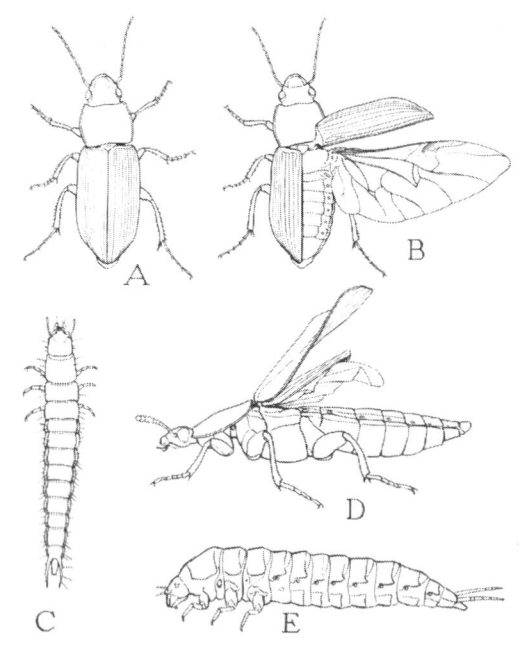

圖137 甲蟲、鞘翅目（Order Coleoptera）的成蟲和幼蟲形態

A. 地甲殼蟲（Pterosticus）。B. 右翅展開的地甲殼蟲。C. 地甲殼蟲的幼蟲。D. 左翅抬起的鹿角鍬甲蟲成蟲（Silpha surinamensis）。E. 鹿角鍬甲蟲的幼蟲，顯示的是其在結構上與成蟲的相似性，只是沒有翅膀、腿較短小一點。

仔細觀察其他在形態上與父母顯著不同的幼蟲，我們也發現了同樣的現象，也就是說，牠們的身體形態和生活習慣普遍適應了進食功能。然而，這些幼蟲與父母的差異並不像幼蟲與蛾之間那麼大。例如，某些甲蟲幼蟲（圖137），除了沒有翅膀，其他各方面都很像成蟲。大多數甲蟲成蟲也非常貪吃，食量並不亞於幼蟲。甲蟲幼蟲和甲蟲成蟲的生活方式和生活環境截然不同，但雙重生活方式也有好處，因此，每一個個體在一生中不同時間裡擁有兩種截然不同的生活環境，就能從中獲得不同的生存優勢。的確，有些種類的甲蟲父母和子女是生活在一起的。這種情況顯示了自然界的普通等級情況，但這種情況並沒有推翻我們的法則，只是為解決動物演化之謎提供了鑰匙。

　　蜜蜂和黃蜂的幼蟲絕佳地證明了幼蟲外形變化的極端特殊性。幼蟲完全生活在蜂巢的蜂房裡，由父母提供食物。一些黃蜂將其他昆蟲注毒麻醉後，儲存在蜂房裡，作為幼蟲的食物來源。蜜蜂則將蜂蜜、花粉和自己身體上一對腺體分泌的分泌物混合餵養幼蟲。幼蟲除了吃，什麼也不做。牠們沒有腿、沒有眼睛、沒有觸角；每隻幼蟲純粹就是一個身體，只有嘴和胃。成年蜜蜂吃很多的花蜜，其主要成分蜂蜜，能提供高能量，但牠們同時也大量地吃含有蛋白質的花粉。然而，擁有不能自理的幼蟲形態，對於社會性昆蟲蜜蜂來說是一種優勢。這些幼蟲不得不乖乖地待在蜂房裡，直到完全成熟，然後，經過一次快速蛻變，就能表現出成蟲形態，成為能為群體承擔責任的一員。任何被青春期孩子攪得焦頭爛額的父母都會喜歡像蜜蜂幼蟲這麼乖的孩子。

　　孑孓（圖174D，E）生活在水中。水中富含微小有機生物，牠們就以此為食。有些種類的蚊子生活在水面，有些生活在水下，有些生活在水底。孑孓沒有腿，牠透過不斷擺動圓滾滾的身體在水中游動。靠近身體

第八章　昆蟲的變態

尾部的地方長著一根小管。幼蟲就是靠著這根小管子倒掛在水面下。小管子的尖端剛好露出水面，並不停轉圈擺動，使幼蟲能漂浮在水中。不過，管子的主要功能是呼吸，因為有兩個氣管系統的主要結構通向管子的末端。這樣，即便小蟲沉沒在水下，牠也能呼吸。

蚊子的成蟲（圖174A），正如人們所知道的那樣，都長著翅膀。雌蚊透過飛行尾隨其他動物，並以牠們的血液為食。很顯然，沒有飛行能力，孑孓無法像父母那樣去捕食、生存。也正由於這個原因，孑孓選擇了牠們自己的生存方式和進食方式。這也使蚊子成蟲能夠發揮自己的專長，不必擔心讓後代子孫在遺傳方面的造成困難。這樣，我們再次驗證了具有雙重生活習性的動物擁有更大的生存優勢。

蠅虻也驗證了同樣一個道理。蠅虻幼蟲——蛆（圖171），其形態適應了與父母完全不同的生存環境，根本不需要父輩承擔撫育後代的責任。因此，蠅虻成蟲能在演化的過程中更好地改善自己的身體結構，採取適合自己的最佳生存方式，而不必考慮這些特徵一旦被後代遺傳可能會為牠們造成的致命傷害。

可以說，變態的第四條原則就是，作為整體的種群透過雙重的生存方式能夠獲得一種優勢。這種優勢能使昆蟲充分利用兩種生存環境的優點，一種環境適合於幼蟲技能，一種環境適合於成蟲機能。

順便說一下，我們應當注意到，幼蟲可以自由選擇生存方式，改善自身結構，但這需要有一個前提條件，這個條件就是幼蟲最終必須恢複本種群的成蟲形態。變態期一到，幼蟲的專有特徵必須丟棄，成蟲的特徵必須得到發展。

像螞蚱、蝨斯、蟑螂、蜻蜓、蚜蟲以及蟬這樣的昆蟲，牠們的幼蟲最後一次完全蛻皮，就能以成蟲的面貌出現。然而，幼蟲變成成蟲的過程卻是早早就開始了。在舊皮的遮蓋下，一個部分嶄新甚至完全嶄新的生物不斷生長。舊皮一脫落，新生物立刻從裡面掙脫出來。蛻皮之後，牠們只需將身體結構稍微做一下最後改變，而最終的調整是把緊緊包裹在舊皮內的翅膀和腿舒展開來時進行的。蛻皮之後所完成的結構變化，在不同屬種的昆蟲間大不相同。對有些昆蟲來說，這些變化包括程度可觀的實際生長和某些身體部位的改變。所以，真正的變態過程，實際上就是蛻皮之前和蛻皮之後的一段快速重構性發育時期，而蛻皮不過是一幕新戲開場時拉起的大幕。在幕間休息時，演員已經換好了服裝，原有的布景已經搬走，新的布景已擺放妥當。昆蟲在蛻變的時候——幼蟲需要脫下孩子的服裝，換上大人穿的服裝。

　　不過，昆蟲的一生也許未必就是一部很好的戲劇作品，在一定程度上只是同一個演員上演的兩場不同的劇目。幼蟲穿著適合自己的戲服在表演自己的戲分，成蟲則穿著自己的行頭演出另外一場。造型不同，但演員只有一個。前後造型的不同程度隨著演員角色的不同而不同，也就是說，取決於扮相與真實的自我之間的差距有多大。

　　因此很顯然，不同的昆蟲，其變化的程度也是不一樣的。如果成蟲和幼蟲都沒有從結構上適應某種生存方式，那麼牠們的變化程度大小取決於幼蟲和成蟲偏離正常發育線的偏移量是多少。

第八章　昆蟲的變態

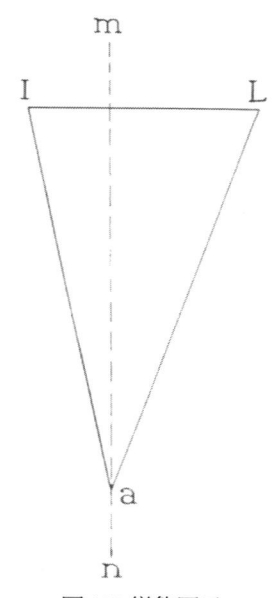

```
        m
        ┆
   I━━━━━━━━━L
    ╲        ╱
     ╲      ╱
      ╲    ╱
       ╲  ╱
        ╲╱
        a
        ┆
        n
```

圖 138 變態圖示

在演化過程中，成蟲 (I) 和幼蟲 (L) 偏離了生物的直線發展 (nm)。幼蟲必須經過變態才能變成成蟲。變化的程度大小由 L 到 I 的距離長短表示。

我們可以用圖示（圖 138）的方法來表述這個觀點，nm 虛線表示如果成蟲 (I) 和幼蟲 (L) 都沒有發生成長偏離所應遵循的發育路線。但是，假設成蟲和幼蟲在其生命史的某一點 (a) 出現偏離現象，LI 線，即 nm 到 L 和 nm 到 I 之和，則表示成蟲和幼蟲的偏離之和，也表示幼蟲要變成成蟲必須跨越的距離總量。因此，幼蟲必須依據 LI 線的長短為這一變化作出相應的準備。

在其發育的過程中，成蟲 (I) 和幼蟲 (L) 各自偏離了生物的直線發展 (nm)，幼蟲必須經過變態才能進入成蟲期。變化的程度大小由 L 到 I 的距離長短表示。

如果成蟲和幼蟲的結構差異不大，或充其量只是外在差異，像螞蚱（圖 9）和蟬（圖 118）的例子中所看到的那樣，幼蟲就可以直接變成成蟲。

但是在許多其他昆蟲那裡，要麼是因為幼蟲和成蟲的差異太大，要麼是因為其他原因，變態的過程則需要較長時間。在這種情況下，幼蟲最後一次蛻皮時出現的成蟲並沒有完全成熟，必須經過大量的重建，才能完全擁有成蟲形態的外形和結構。這種現象在甲殼蟲、蛾與蝴蝶、蚊子與蒼蠅、黃蜂、蜜蜂、螞蟻等所有演化程度更高的昆蟲中較常見。新生成蟲在成蟲器官尤其是肌肉完全長成以前，有一段時間內仍然無法使用自己的腿腳和翅膀，依然處於不能自理的生活狀態。這段時間的長短因昆蟲的種類的不同而異。

不管怎麼說，這個時候新生成蟲柔嫩的表皮漸漸變硬，由此阻止其下體壁細胞進一步生長或變化。身體的內部結構變化雖然仍在繼續，但由於表皮變硬，身體外形不會再變了。只有角質層再次分離，開始體細胞的另一個生長階段，成蟲的形態和外部器官才能真正完善。再經過一次蛻皮，完全成形的昆蟲才能最終獲得解放。現在，身上最後留下的硬殼使牠擁有了真正意義上的成蟲形態，牠只需要很短的一段時間把腿和翅膀充分展開，就能展翅飛翔了。

由此我們發現，很多較大的昆蟲種群在牠們的生命週期中多出了一個階段，即最終的重建階段。這個階段從幼蟲最後一次蛻皮之前的某個時候開始，以成蟲最後一次額外蛻皮，完全以成蟲形態解放自己而告終。這個階段的昆蟲被稱作「幼體」。蛹的整個階段從幼蟲蛻皮變成蛹開始（這時牠的體表被寬大的表皮覆蓋，仍屬於昆蟲的青春後期），直到最後一次蛻皮露出完全成熟的成蟲形態，這一階段才算是結束。

根據其幼蟲是否能直接變成成蟲或經過蛹階段再變成成蟲，所有的變態昆蟲可分為兩類。我們說第一種昆蟲是不完全變態；第二種是完全變態。這種表述非常簡便，但如果望文生義會導致誤解，正如我們所

第八章　昆蟲的變態

知，完全變態也分很多種。

根據當代美國昆蟲學家的習慣，能變成蛹的幼蟲叫「幼體 larva」，不能變成蛹的幼蟲叫「蛹」。以前幼體這個詞指一切昆蟲的幼蟲階段，這種叫法我們應該保留，但許多歐洲昆蟲學家用「nymph」指我們所說的蛹。

「幼體」和「蛹」的不同之處在於從外表看「幼體」沒有雛形翅膀，也沒有複眼。許多「幼體」都是瞎子。但也有一些「幼體」在頭的兩側各長著一組單眼而不是複眼。「蛹」通常都有成蟲的複眼，正如我們在蚱蜢幼蟲（圖 9）、蜻蜓幼蟲（圖 59）和蟬的幼蟲（圖 114）身上看到的那樣，在第一次或第二次蛻皮之後，牠們的胸部長出了小片翅膀雛形。「幼體」也絕不是全無翅膀，只不過是長在身體裡面，而不是外面。翅膀細胞不是向內而是向外開始裂變，在昆蟲體內形成液囊，而且液囊在整個幼體階段都保持在體內。液囊狀的翅膀在變態時開始向外翻，當最後一層皮褪掉，才暴露於體外。

很難發現無翅膀的幼體和蛹有什麼必然的關連，但二者出於某種原因的確是相伴相生的。也許，這只是巧合。對於幼體來說，體表不長無用的器官無疑是好事，尤其是對那些生活空間狹小，不得不鑽進土裡、植物的桿莖裡的昆蟲更是如此。不過也許，長有內嵌翅膀的幼蟲最先演化成蛹，只是一個偶然。

最具有代表性的幼體是幼蟲、蠐螬和蛆，這些昆蟲在外貌上與牠們的父母毫無相似之處。然而，某些甲蟲的幼蟲（圖 137）和某些脈翅目昆蟲的幼蟲，除了體外沒有翅膀和複眼以外，與成蟲很相近，還有些其他種群的幼蟲和成蟲更相近。例如，幼蟲（圖 136）和五月金龜子的蠐螬都有腿。與沒腿的、蠕蟲般的黃蜂蠐螬（圖 133B）的蠅蛆（圖 182D）相比，

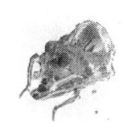

牠們與成蟲更為相像。就此，我們清楚了，即便在所謂的完全變態昆蟲之中，變態的程度也是不一樣的。

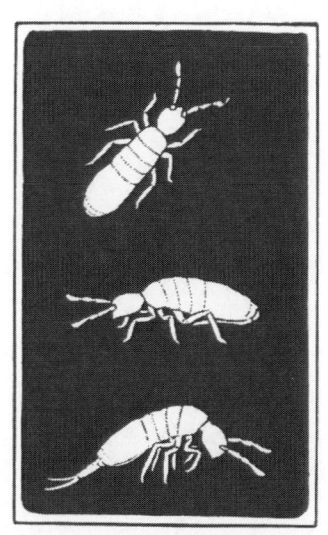

圖139 跳蟲，彈尾目昆蟲的一種，
也許是直接由有翼昆蟲未知的無翼祖先演化而來的

根本不變態的昆蟲數量非常少。牠們是無翅昆蟲，屬於彈尾目[84]和衣魚目[85]（圖57，圖139和圖140）。牠們很可能是有翅昆蟲的無翅昆蟲祖先的直系後代。這些昆蟲在生長過程中，隔一段時間就蛻皮，但外形不變，顯示了由胚胎到成蟲的直接生長過程。

與不完全變態昆蟲相比，完全變態昆蟲也屬於幼蟲在生長過程中出現了變異現象。不難看出，蛹體表有翅膀，有完全長成的複眼，並且總體來說腿部結構的細微之處和其他部位與成蟲基本相同。但是，大多數的幼體在胚胎後期卻沒有成蟲結構。不過，我們仍然可以在牠們的胚胎階段發現原始演化的某些特徵。例如，幼蟲的腹部長腿（圖136AbL）。這

---

[84] 即 Collembola。
[85] 即 Zygentoma。

第八章　昆蟲的變態

一胚胎特徵是成蟲所不具備的。像所有的甲蟲類和多足類昆蟲一樣，胸腿上只長有一個爪子。蛾和蝴蝶幼蟲的身體內部結構比任何成蟲或蛹都更為原始。其他完全變態昆蟲的幼蟲也有相同的、原始的胚胎特徵。不過，毋庸置疑的是，除了沒有複眼和體外翅膀，幼體的身體結構和成蟲還是十分相近的。

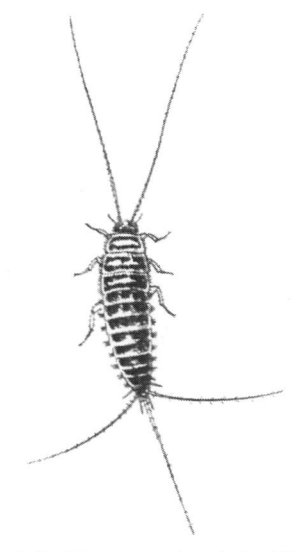

圖140 衣魚（Zygentoma），衣魚目的一種，無翼昆蟲的原始種群（實物的2倍大小）

幾乎可以確定，所有完全變態的昆蟲都是由同一祖先演化而來的。那麼最初的幼體一定都很像，牠們也應該和現在變異最少的幼體有著幾乎相同的身體結構。很顯然，現代大多數幼體擁有了某種新的胚胎特徵。因此，我們可以假設，這些幼體可能在胚胎的孵化早期出現了返祖現象，也有可能本應很快消失的具有返祖特徵的胚胎特點在胚胎的發育期得到了保留並延續至蛹這個階段。因為沒有幼體具有純粹的胚胎結構，即便是具有胚胎結構的幼體也不協調地兼具著成蟲特徵，所以後一種觀點可信度更高。

可以確定的是，完全變態昆蟲的幼蟲可以代表不完全變態昆蟲的幼蟲。完全變態昆蟲的幼蟲翅膀內生，沒有複眼，具有某種胚胎特徵，體型和器官適應於自己的生活方式，身體結構不具備成蟲特徵。完全變態昆蟲的基本共性是翅膀內生，沒有複眼。除此之外，無論體型和結構如何變異都屬於完全變態昆蟲。

總體來說，幼蟲從孵化之日起一直到變態，結構都是不變的，但總可以觀察到一些細微變化。在第一章中我們舉過水泡甲蟲和其他幼蟲變態的例子。在生長過程中，水泡甲蟲經歷了幾種完全不同的形態（圖12，圖13），這叫做複變態。在生命中的不同階段，牠多次改變身體結構，以適應不同的生存環境和不同的捕食方式。

我們已經警告過讀者，昆蟲變態這個話題是很難理解的。即便解釋到現在，對一些問題也有了一定的理解，我們也不能確定上述分析都是無懈可擊的最後結論。需要解釋的東西還很多，但文章篇幅有限，我們不能完全展開來談，而且，要讓所有的昆蟲學家都不經過討論就全盤接受我們的理論，那是不可能的，一定會有人提出異議。不過，我們並沒有接近文章尾聲，因為到目前為止，我們還只是詳細解釋了蛹和幼蟲的變態階段，簡單敘述了蛹變成成蟲的返祖階段而已。

蛹無疑具有未成熟成蟲的某些特徵，一點都沒有幼體特徵。蛹的器官正長成成蟲模樣，牠有體外翅膀、腿、觸角和複眼。牠的口器具有從幼蟲到成蟲過度的特點。蛹的大部分器官即不像幼體也不像成蟲，除了非常個別的例子，基本上無法適應蛹的特殊需求，幾乎根本沒什麼用處。因此，蛹是一個孤立無援的傢伙，不會吃，除了能蠕動幾下身體外也不會動。通常，我們說蛹這個階段是休息期，不過，休息是被迫不動的。一些種群透過蠕動、扭曲身體的可移動部分來證明自己的不安分。

第八章　昆蟲的變態

　　很顯然，得到某種保護對蛹來說是一個很大的優勢，有助於牠們躲避風吹日晒和天敵侵襲。雖然大多數蛹都以某種方式保護自己，還有一些蛹的身體完全處在暴露的環境下，根本沒有任何庇護所或隱藏處。蚊子的蛹就是其中一種，牠和幼體一樣棲息在水中，漂浮於水面下（圖 174 F），藉助身體後端一對喇叭狀的管子伸出水面進行呼吸。蚊子的蛹非常靈活，通常可以在水中做向下運動，藉此躲避天敵，其靈敏度不亞於幼蟲。普通甲蟲的蛹也是無保護的。牠的幼體就在葉子上生活，在葉子上變態。蛹也就那麼靜靜地待在樹葉上，除了能將身體一拱一拱的，基本不會動。一些蝴蝶的蛹也是那麼赤裸著掛在植物的莖或葉子上。

　　很多幼蟲生活在土裡、石頭下、樹皮下面、捲曲的葉子、細樹枝或木頭裡，變成蛹後也生活在這裡。有些昆蟲，尤其是甲蟲的蛹，身體赤裸柔軟，完全依靠棲身之所的庇護。蛾和蝴蝶的蛹身著平滑堅硬的殼，在殼的表面還清晰可見腿部和翅膀的印記（插圖 14F）。牠們的蛹叫蝶蛹，密實的外殼是由體表滲出的膠狀物質形成的。乾了以後在整個體外形成一層堅硬外殼，將觸角、腿部、翅膀緊緊地貼附在身體上。還有很多蛾蛹是由幼蟲吐出的蠶絲包裹的。我們將在下一章了解到，蛾和蝴蝶的幼蟲在嘴下面長著一對可以分泌絲液的腺體，腺體與下唇的空管相通，開口於體外（圖 155）。幼蟲在捕食的很多時候都用到腺體，但腺體主要是用來做繭。幼蟲最完美的本事就是在變成蛹之前做出工藝複雜的繭。幼蟲做好繭就蛻皮，然後把皺巴巴的皮踹到繭的後面。有一種在蘋果樹上大批滋生的小型飛蛾幼蟲，牠們作繭自縛，然後在繭中幻化成蛹。

　　黃蜂和蜜蜂的幼蟲在牠們生長的蜂巢裡作繭。繭由剛吐出來的柔軟的絲交織而成，像條小床單，乾了以後在蜂巢裡形成羊皮紙一樣的襯

裡。很多像黃蜂一樣在寄主體內寄生的昆蟲，變態前會離開寄主體內。要麼在寄主附近結繭，要麼在寄主體表結繭。

　　蒼蠅的蛆或幼蟲在蛹這個階段採取另外一種自我保護方法。在變態前牠並不會蛻去鬆鬆的外皮，而是在外皮下直接變態。外皮接著就會萎縮變硬，變成包裹幼蟲的橢圓形硬殼叫圍蛹[86]（圖 182E）。不過，幼蟲還要在圍蛹裡再經過一次蛻皮才能變成蛹，因為我們發現，在圍蛹的硬殼下，蛹還包裹著一層細膩的膜狀殼。當蒼蠅的成蟲破殼而出的時候，牠將這層膜殼和薄薄的蛹皮都留在蛹殼裡了。

　　蛹具有成蟲的許多特徵，不言而喻，蛹絕對就是成蟲的前期階段，不過在科學著述中說「絕對」這樣的字眼是為時尚早。人的肉眼可以觀察到蛹在褪掉幼蟲的皮以後，外形和幼蟲已經完全不同了。不過某些昆蟲的成蟲仍然保持幼蟲的外部特徵。蛹也許保留了某些不太重要的幼蟲特徵，但牠的主要器官已經長成半成熟的成蟲器官。對蟬的研究發現，褪掉蛹殼後，成蟲仍未成熟。將蛹解剖開，可以發現外表發育已經比較完善，但內在器官仍未發育好。不過只要一個小時，成蟲的外表和內在器官就能長好。一些不完全變態昆蟲的成蟲在蛻去蛹殼之前就已經幾乎長成。蛹也是如此。在幼蟲最後一次蛻皮的頭幾天，牠幾乎一動也不動，身體縮到只有平時的一半大小。這時的幼蟲處於「蛹前期」。仔細觀察發現，牠已經變態了，在皮下是剛剛開始生長的體態柔軟的蛹（圖 141B）。

---

[86]　即 puparium。

第八章　昆蟲的變態

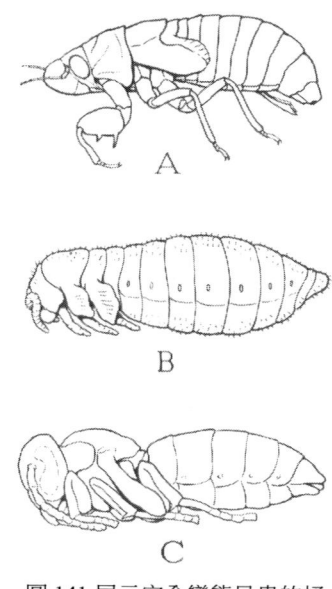

圖 141 展示完全變態昆蟲的蛹
和不完全變態昆蟲的未成熟成蟲之間的相似性

　　A. 未成熟的蟬的成蟲。B. 幼蟲最後一次蛻皮後的未成熟的飛蛾的蛹。C. 黃蜂的成熟的蛹。

　　我們發現蟬的整個蛹階段，和成蟲的形成階段一致，在幼蟲階段就開始發育，到破殼而出一小時後結束。將飛蛾和蝴蝶的蛹的初期階段（圖141B）和蟬在幼蟲的最後階段形成的不完善成蟲（圖141A）相比，二者的外表不同之處在於，前者在完全長成成蟲之前還要另外再進行一次蛻皮，而未長成的蟬可以不必蛻皮很快長成。

　　因此，我們可以得出結論，完全變態昆蟲的蛹與不完全變態昆蟲的成蟲未成熟期相對應。

　　E·博雅科夫（Evgeny Poyarkov）完美闡釋並充分證實了蛹的特性。與舊觀點相比，他更加贊同蛹和不完全變態昆蟲幼蟲的最後階段相對應。根據博雅科夫的理論，蛹並不在種群發展史上占據重要地位，換句話說

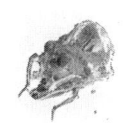

就是，牠不能在昆蟲演化史上獨占一席。牠不過是一段較長的休息期，是幼蟲最後一次蛻皮和在成蟲長成之前蛻皮之間的一個階段。

蛹有時比成蟲發育得還完善，成蟲有時只有簡單短小的翅膀，而蛹的翅膀卻又大又長。這說明出現了蛹這個階段以後，成蟲的翅膀退化了。在此，我們看看蛹變成成蟲的另外一個例子。飛蛾和蝴蝶的成蟲沒有下顎或只有下顎的雛形（圖163），但蛹卻有下顎（圖159 H，Md）。有一種飛蛾的蛹具有長長的長著牙齒的下顎，在變成成蟲之前，牠可以用來撕開外繭，跑出來。

幼蟲變成成蟲所發生的結構變化絕不僅限於外表，還包括內部組織的重組。幼蟲建立起適應自身食物類型的高效消化道。成蟲的食物不同於幼蟲，所以蛹必須建立起完全不同的消化道。幼蟲和成蟲的神經和呼吸系統也不盡相同，幼蟲的特徵在成蟲期完全消失了，這些器官的改變完全是為成蟲量身定做的。

在幼蟲變成成蟲的過程中，肌肉發生的重組變化最大。成蟲的肉體緊貼著最外面的表皮層，這層表皮構成了所有硬殼昆蟲的骨架。肌肉和表皮的構造關係也因幼蟲和成蟲的不同而不同。幼蟲變成成蟲時發生了外部形態變化，因此幼蟲的肌肉完全不適合於成蟲的生存需求。幼蟲的特殊肌肉必須消失，長出適應成蟲的機體需求的新的肌肉組織。幼蟲的其他許多器官因組織細胞發生漸變而變態，在整個變態過程中，每個器官都毫髮無傷，所以消化道雖然改變，但始終存在，並且牠的身體外殼也始終保持原來的樣子。至於肌肉則不盡然。有些昆蟲的外部結構變化較大，因此肌肉組織必須完全重組，幼蟲的肌肉纖維漸漸消失，成蟲的肌肉纖維漸漸長成。

我們說過，成蟲的肌肉是緊貼在硬殼的最外層的（圖142）。硬殼的

第八章　昆蟲的變態

最外層一部分是由牠下面的細胞層分泌的叫幾丁質[87]的物質構成的，牠就是後來昆蟲蛻下來的皮。新形成的表皮非常柔軟，和形成牠的細胞層毫無二致。

只有新生表皮柔軟，幼蟲變成成蟲時未改變的肌肉和成蟲長出的新肌肉才能緊緊附著其上。正因為如此，博雅科夫指出，昆蟲要長新肌肉，就必須還要長新表皮，這樣肌肉纖維才能附著在表皮上。蛻皮時長出的新肌肉也在此時附著在新表皮上。如果無法按時長出新的肌肉，那麼新的肌肉組織只有在下次蛻皮後才能附著在表皮上並發揮功能。反過來講，如果在最後一次正常蛻皮時，肌肉沒有發育完善，昆蟲必須另外再蛻一次皮才能讓肌肉附著在表皮上並發揮功能。

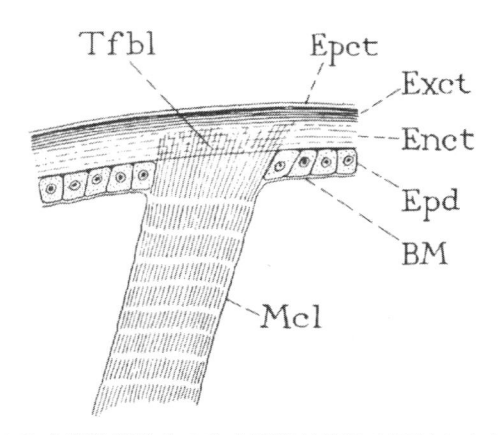

圖 142 成蟲的纖絲（Tfbl）末端將牠的肌肉附著在表皮上

BM：隔膜基質；Enct：內表皮；Epct：上表皮；Epd：表皮；Exct：外表皮；Mcl：肌肉；Tfbl：附著於表皮上的肌肉纖絲末端。

博雅科夫就此解釋了蛹在昆蟲生命週期中的起源。他分析了伴隨昆蟲變態發生的各種器官的變化過程，尤其是肌肉變化使昆蟲必須長出新的表皮，因此牠不得不額外再進行一次蛻皮。如果不完全變態昆蟲在成

---

[87] 即 chitin。

蟲期長出新的肌肉,這些肌肉必須在幼蟲最後一次蛻皮時就已經形成,但此類昆蟲發生這種情況的時候並不多。

博雅科夫的理論似是而非地解釋了為什麼蛹完全獨立於成蟲而自成一個階段。根據他的觀點,我們可以說因為成蟲肌肉無法按時長成,而幼蟲又需要新的表皮供肌肉附著生長,所以出現了蛹這個階段。

蛹這一生長階段一旦確立,就和幼蟲及成蟲一樣經歷了獨自的演化過程,儘管演化程度與二者相比要小很多。蛹與昆蟲的其他階段相比具有完全不同的特性。很多特性都是為適應自身的生活方式而演化的。

了解昆蟲變態是一回事,真正理解昆蟲個體是如何變態並如何完成變態則是另外一回事。昆蟲變態也許只是特地修改了一下昆蟲生長的正常過程,但個體的成熟發育和種群的演化最終依然殊途同歸。個體的生長也許向左或向右遠遠偏離了種群的演化軌道;也許在某一點上加速偏離;也許在某一點遲遲不發生任何變化。因為個體就是大規模的細胞集團,很有可能有些細胞發生偏離現象程度較大;有些細胞變化的速度則遠遠滯後,有些甚至靜止不變。不過這有一個強制性前提,就是整個細胞集團必須在同一時間到達同一地點。每一個種群從正宗嫡系分離出來以後,經過幾代的發展變化,習性特徵漸漸固定,以後所有該種群的個體都將沿著這個軌跡繁衍下去。因此,個體的發展變化與種群的發展變化大不相同。一個種群可以背宗棄祖、自由發展。完全變態昆蟲的生命史只不過是複雜發展過程中的極端例子。

幼蟲和成蟲由於偏離正宗嫡系發展軌跡的情況不同,在結構的許多方面都不同。胚胎成了具有雙重特徵的生物,一部分細胞可以直接長成胚胎器官,另外一部分蓄勢待發在幼蟲的最後階段長成成蟲器官。這些細胞攜帶成蟲特徵,透過胚胎遺傳給下一代。不過,在幼蟲階段牠們是

279

第八章 昆蟲的變態

不發揮作用的。因此，在幼蟲階段，構成成蟲肉體組織的細胞像個小群體或小島一樣躲在幼蟲組織細胞裡。這些休眠細胞群就是眾所周知的成蟲盤[88]或成組織細胞[89]。

進一步研究發現，胚胎的一部分細胞加速生長，可是另外一部分卻減速生長，所謂的雙重結構不過是正常生長過程的誇張說法。整體而言，如果幼蟲體內有成蟲器官，哪怕是很小，也要等到幼蟲發育完全後才開始生長。如果幼蟲體內沒有成蟲器官，那麼再生細胞則在很早，有時甚至在胚胎期就開始生長。因此，幼蟲器官在蛹時期的重建只不過是完成器官的自然生長發育，而長出新器官也無非是在幼蟲時期未得到發育的器官的延遲發育。

當幼蟲結束了生命期，某些為滿足自身需求，特殊長出的器官也就沒有用了。如果這些器官不能直接改造成相應的成蟲器官，那就必須經過組織解體[90]毀掉。我們目前還無法解釋為什麼會引起組織解體，為什麼只在某些特定組織的特定時期發生。這也許是在酶的作用下的一種生理過程。在蛹時期，血液中的吞噬細胞[91]吞噬了幼蟲的部分退化組織。曾經一度有人認為，吞噬細胞是摧毀幼蟲組織的活性媒介物，不過這種說法好像是錯誤的，因為無論有還是沒有吞噬細胞，組織分解都能進行。

當成組織細胞不斷分解的時候，那些休眠但依舊保持生命力的成組織細胞正不斷形成蟲組織。不管是什麼造成了幼蟲的組織分解，根本不影響已經開始活躍生長的再生組織。這個過程叫組織再生[92]，牠將導致

---

[88]　即 imaginal disc。
[89]　即 histoblast。
[90]　即 histolysis。
[91]　即 phagocytes。
[92]　即 histogenesis。

成蟲組織最終形成。組織分解和組織再生在大多數器官中都是互相補充的。隨著原組織分解，新組織就會成長，這一過程在任何重建器官中從未停止過。只有肌肉，正如我們了解到的那樣，原有組織在新組織形成之前會完全被毀掉。

由於蛹的體內正進行著一場高等生理活動（即新陳代謝），所以昆蟲血液中充滿著大量源自幼蟲組織分解產生的物質。在蛹期，昆蟲即不吃也不排泄廢物——新組織生長所需的物質來自於原組織分解所產生的廢棄物。不過這不是一個很直接的過程。昆蟲擁有一個器官，可以把組織分解所產生的物質轉化為新生組織發育所需的蛋白質化合物。這個器官就是脂肪體（請參閱第四章和圖158）。在幼蟲時期，一些昆蟲在脂肪體細胞內累積了大量的脂肪，另外一些昆蟲則累積了大量的肝醣質。這兩種都是產生能量的物質，在蛹初期注入蛹的血液中。也許由於細胞核能分泌酶，脂肪體細胞也成為將組織分解產物轉化為蛋白質的生力軍。這些蛋白質最終被注入血液中，被剛形成的器官組織作為營養品吸收。在蛹的末期，脂肪體本身通常被完全消耗，或者被縮減為少量零散的細胞，這些細胞為建構成蟲脂肪體做好準備。

在蛹的整個時期，成蟲體內的器官都在不斷發育，直到蛹期結束，蛻皮為成蟲時，這個發育過程才算完成。但是外部器官，由於逐漸變硬的體壁角質層阻礙了生長，所以只剛剛長到一半，而這種半成熟形態一直持續到蛹期結束。只有透過後來的體壁角質層在鬆垮的蛹皮之下不斷生長，成蟲外部器官結構才能真正完善；也只有當蛹的表皮褪掉，被表皮壓得皺巴巴的器官才得以自由舒展，成蟲才能真正以完全成熟的形態面世。

第八章　昆蟲的變態

第九章

幼蟲與蛾

第九章　幼蟲與蛾

幼蟲的一生

早春時節，春寒料峭，時而會出現一段春光明媚，氣候溫暖的日子，到了這個時候的某一天，動物們往往會認為美好的天氣會持續下去。

在野外的林子裡，一棵野生的櫻桃樹上，一群小幼蟲緊緊貼在細枝末端一個橢圓形、鼓溜溜的東西上（圖143）。這些小生物一動也不動地趴在那裡，體長不足0.3公分，因為寒冷幾乎凍僵了。很多蟲子把身體蜷成半圓形，身體好像已經凍僵，根本伸不直。牠們也許根本毫無知覺，那樣的話，牠們也就不會覺得痛苦。不過，如果牠們能夠感受到寒冷，也許會悲嘆，究竟是什麼命運把牠們帶到這樣一個可怕的世界。

但是在這種情況下，昨天溫暖天氣的假象促使幼蟲離開了牠們賴以安全過冬的卵殼，但牠們並不知道今天自己會碰上厄運。空空的卵殼還留在紡錘形的東西裡面，這個像樹瘤一樣的東西緊緊地附著在樹皮上，為很多卵提供了保護膜。保護膜的表面有許多小孔，幼蟲就從這些小孔中鑽出來。幼蟲在保護膜的表面織出一道道縱橫交錯的絲線，在天氣不好的時候給自己一個穩當的落腳點。儘管如此，牠們還是孤立無助。不過，當大自然之母讓某種生物嘗試著在惡劣環境下生存的時候，她也賜予牠一些防護措施，以避免牠遭受滅頂之災。

這些小傢伙是黃褐天幕幼蟲，我們以後會看到，在牠們的生活裡，牠們將養成非常強的織網習慣。我們會經常在北美稠李和野黑莓樹上看到牠們。不過，這些幼蟲主要棲息在果園的蘋果樹上，因此，牠們也叫

做蘋果樹黃褐天幕幼蟲[93]，以便和那些通常不生活在栽培果樹上的近親種群加以區別。

在這個季節很容易找到黃褐天幕幼蟲的卵塊。卵塊通常在樹尖上，包裹著樹皮，和棕色樹皮的顏色一樣，就像樹皮腫起了一塊（插圖14A，圖144 A）。多數卵塊 1.6～2.2 公分長，寬度是長度的一半，而且由於細枝的粗細不同，牠們的厚度也不同。仔細觀察發現卵塊緊緊包裹著細枝，就像一件厚外套一樣。卵塊外形對稱，兩端較細。但有些長在樹杈或樹芽上的，形狀並不規則，只有一端較大。

圖143 剛從孵化的卵塊中出來的黃褐天幕幼蟲（malacosoma）。

卵塊主要由一層易破、透明、像膠水乾了以後的覆蓋物組成。通常，許多卵殼大頭一端已經破碎了。卵都排列在緊挨樹皮的那一層，數目有 300～400 之多（圖144B）。牠們看起來像小小的灰色瓷壇密密地排在一起。圓圓的、略尖的下端黏在細枝上。上端較平或略帶突起。每個

---

[93] 學名 Malacosoma americana。

第九章　幼蟲與蛾

　　卵高 0.5 公分，寬 0.3 公分，能容納一隻幼蟲。卵塊保護膜的厚度是卵高度的一半，但由於昆蟲屬種的不同，厚度也不一樣。牠們外表光滑平整，內部則充滿了由隔膜隔開的不規則的多側面的氣泡（B）。

　　卵塊保護膜破損有些破損，隔膜的基質只剩下棕色的絲線胡亂地纏在卵上（B），就好像為防止其他卵蟲造反所設的雙重保護一樣。當幼蟲急切地想要獲得自由，卵殼或是任何捆綁都不能束縛得了牠們。每個幼蟲都長著有效的切割工具——尖尖的下顎。用下顎，牠們可以將卵殼鑿開一個圓洞（圖144C）。卵殼的超級結構很容易地破解了，幼蟲爬了出來，和其他成百上千的兄弟姐妹們一起站在原來的監獄屋頂上。

　　幼蟲廢棄掉的卵殼保護膜上有許多絲網。此刻，我們在篇首看到的那群渾身凍僵、一動也不動的幼蟲們正待在那裡。天還是那麼冷，陰雲襲來，下午一場悽風冷雨又將這些可憐的小生物淋得渾身溼透。夜裡，凜冽的北風呼嘯，氣溫降到了零度以下。第二天冷風依舊，夜晚寒霜而至。一連三天，幼蟲們沒吃沒喝，沒有遮風擋雨的地方，忍受著大自然的嚴峻考驗，但是櫻桃樹已經透出綠綠的嫩芽。等第四天天氣回暖，偶露陽光，起死回生的流放者們也找到了新鮮的嫩芽可吃。第五天，嫩葉長出來了，但吃的東西更多了。對這些小幼蟲來說，嚴酷的季節已經過去。華盛頓附近的黃褐天幕幼蟲在 3 月 25 日孵化。

　　新孵化的幼蟲（圖144D）大概 0.3 公分長，身體的第一節最寬，然後逐漸變窄。身體的大部分顏色發黑，頭背部第一節有一條灰色項圈，幾條灰色線貫穿頭尾。身體的多個小節背部邊緣呈灰色，第四節到第七節背部邊緣呈亮黃色或桔色。在身體背部中間有一條顏色較深的線。整個身體布滿灰色長毛，身體兩側的毛向外伸展，背部的毛向前彎曲。幼蟲吃了幾天嫩葉以後，身長已經比剛孵化時大了一倍。

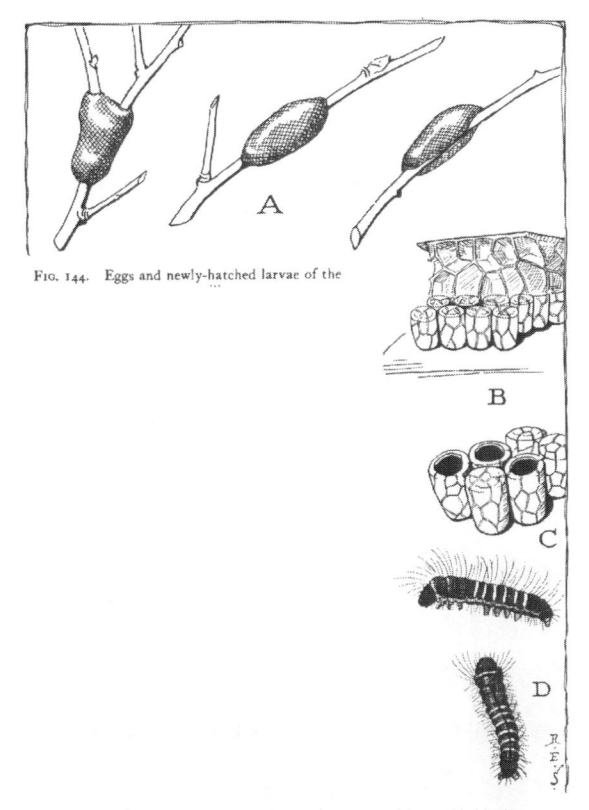

FIG. 144. Eggs and newly-hatched larvae of the

圖 144 卵和黃褐天幕幼蟲的卵新孵化的幼蟲

A. 樹杈上的卵塊（實際大小）。B. 暴露在保護膜下的卵。C. 較實物稍大一點的卵，其中 3 個頂端有洞，幼蟲就是從這裡爬出去的。D. 新孵化的幼蟲（比實物大 9 倍）。

幼蟲孵化以後，天氣持續變暖，牠們的幸福生活也開始了，和那些在篇首描述的可憐蟲們相比，根本不可同日而語。我們將壞天氣開始之前，也就是 3 月 22 日孵化的三組幼蟲拿進了屋裡，讓牠們在較好的環境中生長。這些幼蟲沒在卵塊上待多長時間，也沒在卵塊上吐多少絲，就動身長途探險去了。一些探索了卵殼附近的細枝和其他地方；一些拉著絲從樹杈墜下來，看看下面有什麼新鮮好玩的。大多數幼蟲則是一路向上，就好像天生知道鮮嫩的樹芽會長在那裡。牠們沿著這條路一直走下

第九章　幼蟲與蛾

去,走到了光禿禿的樹杈上。這群毛茸茸的幼蟲最終在樹尖上集合,扭動著身體,好像不懂為什麼自己的天性、本能跟牠們開了個玩笑。還有一些跟著別的幼蟲吐絲下墜,很快就形成了長長的細絲天梯。總能看見一個或多個毛茸茸的幼蟲那麼吊著、扭著,好像很喜歡這個遊戲,又好像太害怕了,不願再走了。

有好幾天,小幼蟲們就過著這種無憂無慮、快樂的日子。沿著細枝到處探險啦;碰見嫩枝就吃一口啦;在鬆鬆的絲網下盪鞦韆啦;到處結網啦。不過每一個家庭成員,彼此都不會離得太遠。如果想和家人團聚,牠吐出的絲線就能引導牠重返家鄉。

在 27 日的早上,分散開的家庭成員又聚集到了一起,並在四個樹杈間支起了一個天幕一樣的小網(圖145)。一些幼蟲趴在網上;一些在網裡休息;一些沿著掛在樹杈上的絲網來回地爬著;還有一些聚集在樹芽上,貪婪地吞吃著樹葉。搭建天幕象徵著幼蟲生活的改變,牠要求幼蟲擔負起責任,每天要有固定的生活軌跡。這對黃褐天幕幼蟲來說很重要,就像第一天上學對我們來說很重要一樣。以後不能再無拘無束了,而要遵守傳統的習俗了。

每個度過嬰兒期倖存下來的黃褐天幕幼蟲家族長到一定程度,都要搭建天幕。即便環境相似,建造的前幾天也不盡相同,建造的方式也不一樣。

由於康乃狄克州的緯度比華盛頓高,春季來得要晚一點。同年 4 月 8 日,三窩黃褐天幕幼蟲才開始孵化。這些幼蟲也遭遇了悽風冷雨,因此不得不一連好幾天蜷縮在卵殼的保護膜上。四天以後,天氣逐漸轉暖,幼蟲可以沿著細枝四處走走了。但直到 14 日,也就是孵化後六天,牠們才開始吃東西。不過此時牠們已經長到 0.3 公分長了。

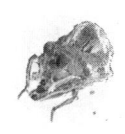

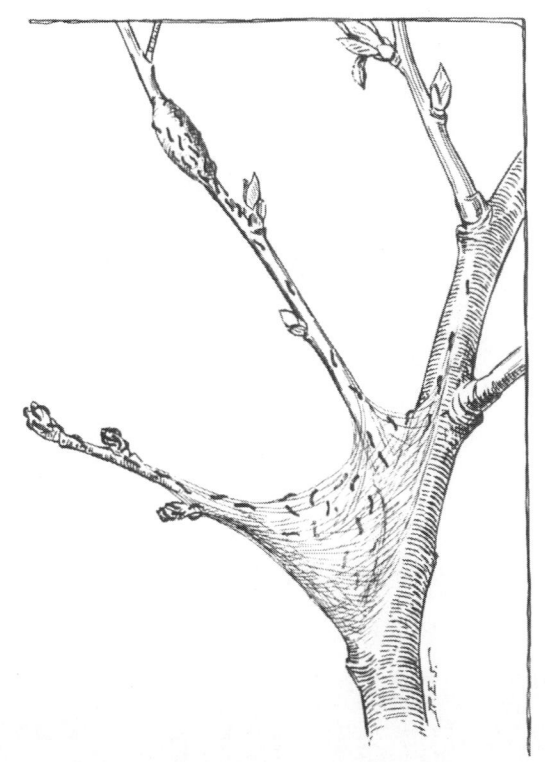

圖 145 由黃褐天幕幼蟲建造的第一個天幕（實物一半大小）

　　牠們在蘋果樹杈間隨意蹓躂，無論在何處安營扎寨，都會織一張絲毯在上面休息。全家人都擠在那裡，使牠像一張圓圓的、毛茸茸的地毯（圖 146）。和光禿禿、溼漉漉的樹皮相比，地毯就像一張安全的大床。如果睡覺時凍僵了，牠們的爪子會在無助的時候牢牢地抓住地毯。16 日白天、晚上連續下了冰冷的雨，露營者渾身浸溼，經歷了嚴峻的考驗。牠們完全凍僵，像毫無生命的溼乎乎的木頭。17 日下午，氣溫又回暖了。有幾次還看見了太陽，樹上的溼氣蒸發掉了，大多數幼蟲又恢復了生機，稍微走動走動，晾乾牠們的毛髮。儘管有些被暴風雨颳跑，掉到地上死了，還有大約二十隻屍橫天幕營，但大多數還是倖存下來了。

第九章　幼蟲與蛾

圖146 在兩個樹杈間織的平網，黃褐天幕幼蟲簇擁其上（大小和實物一樣）

幾天以後，天氣越來越好了，幼蟲們依舊過著無憂無慮的日子，隨便吃著綻放的樹芽，但在休息時仍然會回到天幕，或者在方便的地方再建一個。通常每個家庭分成幾組，每組都有自己的專屬營地，但無論到哪裡，所有幼蟲都會透過絲線保持聯絡。

宿營地要麼建在樹表，要麼建在枝杈間。建在樹杈上的宿營地看起來好像是為幼蟲提供的安全落腳點，建在樹杈間的宿營地更像是一方天幕，更好地保護下面的幼蟲。經常有很多幼蟲爬到下面去，好好享受牠們的避風港。不過，一連12天，三組幼蟲沒有一組建避風港似的天幕。20日早上，一組在牠們待了一星期的地毯上方又織了一張天幕，住了進去。這些幼蟲已接近幼蟲期的尾聲，兩天後，也就是孵化後的第十四天，我們在天幕裡發現了第一層蛻皮。

第二階段，幼蟲的顏色變了，顯示牠已經進入更成熟的階段（圖148）。在身體前部兩側的深色區長出了長方形的飾點，每個飾點都縱向被淺色條帶分隔開，每組飾點的上方和下方都清晰地配有灰色線條。上面的那條線通常是黃色。下面第一條線的下方是深色條帶，再下面長著另外一條灰線，最下面就是牠的腿了。身體背部第一節長著棕色橫向硬殼，後三節則是一片黃色，沒有飾點，也沒有線條。

　　由於幼蟲不斷在天幕的側面和上面繼續編織，天幕迅速變大。每一張天幕都是在另一張的上面織成的，所以老屋頂變成了新樓層的地板。新天幕將舊天幕立體包裹起來。一層一層地依照原來的結構加蓋。因為天幕最先是在樹杈上建起來的，所以只能越織越高。建造完成一看，不得不讚嘆天幕的確是巧奪天工（插圖14C）。天幕半遮半掩，藏在樹葉間，亮銀色和綠葉相映成趣。在陽光照耀下閃閃發亮，發出柔和的灰色和紫色。

　　幼蟲現在過著一種群居生活，同吃、同消化、同休息、同勞動，每天什麼時間做什麼都是固定的，未見得有政府管理。這對幼蟲來說，牠們的行為只是生理功能的反映。有時，牠們的行為也受天氣制約。

　　日常行為從早餐開始。早上全家聚集在天幕幕頂。大約六點半，整齊地排成幾個縱隊沿著樹枝出發。樹枝末端的樹葉就是牠們的早餐。兩個多小時以後，通常是八點半或九點鐘，酒足飯飽，牠們又回到天幕表面，接著吐絲工作，不過這個時候，牠們不會讓自己太辛苦，通常也就半個小時就收工回家。大多數情況下，牠們會聚集在陰涼的最外層。但隨著正午臨近，牠們就像羞於見人一樣躲到涼爽的房間裡去了。

第九章 幼蟲與蛾

圖 147 成熟的黃褐天幕幼蟲在晚間覓食

在中午的時候，牠們會簡單吃頓午餐。通常是一點，但時間並不固定。不過，偶爾 11 點剛過就吃，有時 12 點吃，還有的時候拖到兩到三點鐘，但是最晚不超過四點。這時，牠們會再次聚集在天幕的幕頂，吐絲結網，直到所有的兄弟姐妹都準備好朝飯店出發。牠們吃一小時左右，然後回家再織一會網，接著睡一會午覺。但並不是所有的幼蟲都吃午餐，多數的早期幼蟲吃，而後期幼蟲則完全不吃。

晚餐是一天中的大餐，吃飯的時間差別很大。我們從 5 月 8 日到 26 日觀察了康乃狄克州的五組幼蟲，晚餐最早的時間紀錄是六點半，最晚的是九點。餐前都要在戶外進行大量活動。儘管黃褐天幕幼蟲並非總是那麼精力過剩，但在此刻牠們的確達到了興奮的最高點。天幕幕頂擠滿了不知疲倦的幼蟲，大多數的幼蟲都在拚命忙著結網，好像不完成規定的任務就不能吃飯一樣。也許，只是因為體內充滿了絲線，非得吐出來才痛快。

黃褐天幕幼蟲並不像多數幼蟲那樣透過來回擺頭有規則地一圈一圈織網。牠將身體扭向一邊將絲線盡可能地往後黏，然後往前走兩步，再重複相同的動作。有時身體朝這邊扭，有時身體朝那邊扭。牠可以隨意向任何方向拉線，只要不碰上別的織工就行。總有那麼幾個在天幕來回穿梭並不織網，就像寄宿生不耐煩地等著晚飯鈴響一樣。也許牠們已經用光了體內的絲線，做完了一天的工作了。

　　終於晚飯鈴響了，旁人是聽不到的，但牠們能聽到。有一些早早地就開始集合，從天幕向樹枝出發。又有一些跟了上去，形成了一列縱隊，沿著標記清晰的絲路走向遙遠的樹枝。目的地一到，立刻分成幾組，分散到各個樹葉。天幕很快就空無一人了。晚餐要吃一到三個小時，所以食客們回來得很晚。我們透過觀察發現，幼蟲一直到第六或最後一個階段都保持這種有規律的習慣。本書作者至少九次發現牠們在9點到11點回家，還有一些在最後一次觀察牠們時還在吃晚餐。

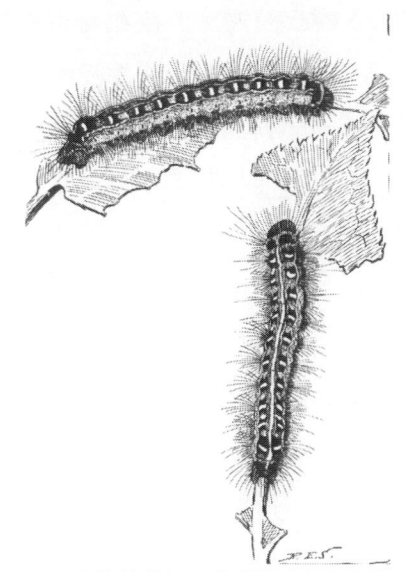

圖 148 成熟的黃褐天幕幼蟲（實際大小）

第九章　幼蟲與蛾

當我們描繪幼蟲的群體生活時，我們很難用幾句話概括所有個體的生活。本書作者最多只能說大多數幼蟲是如何進行的。在群體中，總有個別古怪分子不遵守大家的習慣。有時，我們看到一隻幼蟲孤零零地在兩頓飯之間進食，有時又看到一隻幼蟲獨自一人在天幕上織呀、結呀，而其他同伴早就停工到下面睡午覺去了。這樣的幼蟲似乎責任心超強。也總有一隻幼蟲怎麼也不睡，東摸摸、西摸摸，擾得兩邊的夥伴都不得安寧。夥伴們很生氣，但並不抗議，似乎理解牠這麼不安分只不過是得了常見的興奮症。啊，還是忍一忍吧。

幼蟲的很多特點都很像人。我們常說，人性的弱點在於，即便毛病很多，也很容易自我滿足。人類在開始群居生活以前，彼此是不必擔負責任的。人類和幼蟲相似的地方還有就是這種孤獨感。

在一生中，黃褐天幕幼蟲要褪六次皮。每次蛻皮都從頭背部和背部的頭三個體節中間開始，然後將一塊皮從頭到尾完整地褪下來。其他種類的很多幼蟲在最後一次蛻皮時頭部的皮和身上的皮是分開的。除了幼蟲變成蛹的關鍵性蛻皮，幼蟲期間的幾次蛻皮都是在天幕裡進行的。每次蛻皮都讓幼蟲至少兩天不能動彈。當大多數幼蟲同時蛻皮的時候，整個群體都停止了活動。當幼蟲都長成了以後，整個天幕裡蛻皮的數目是幼蟲的五倍。

正如我們描述的那樣，第一階段的幼蟲和後階段的幼蟲身體的色彩圖案完全不同（圖144D）。在幼蟲的第二階段，成熟幼蟲的斑點和條紋開始顯現。但在後來的幾個階段，顏色特徵開始越來越像最後一個階段，也就是第六階段的幼蟲（插圖14D；圖148），那時候色彩更濃重，圖案更清晰。此時，牠長著黑絲絨般的腦袋，腦後有一條灰色的項圈，身體的第一體節長著黑色硬殼，中間一條黑色條紋。背部中央一條白色條紋

貫穿至尾部。身體兩側長著又黑又大的斑點，每個斑點裡還有銀藍色的白色斑點。在每個斑點之間和斑點下方全是醒目的藍色。身體第十一體節有個隆起的部位，由於周遭的黑色過於濃重，中間的白色條紋幾乎看不見。牠全身裝飾得如此華麗，但並不讓人感到俗氣眩目，因為五彩斑斕的顏色在全身紅棕色的毛髮的掩映下，顯得很柔和。在最後階段，完全成熟的幼蟲大約有 5 公分長，還有些身體伸直了，能達到 6.3 公分長。

康乃狄克州的黃褐天幕幼蟲大約在 5 月中旬進入第六也是最後一個生長期。牠們的習慣在很多方面都改變了，不再顧及世俗慣例，也拒絕承擔早期的責任。牠們不再編織天幕，甚至連修補的工作都不做了。除非天氣不好，牠們會整夜待在外面進食（圖 147），晚餐和早餐都一起吃了。好幾個晚上我們觀察發現，有四組幼蟲晚上準點出去覓食，直到次日凌晨 4 點還在吃，7 點半才回家。牠們晚上大吃大喝，午餐就什麼也不吃了，因為肚子裡塞得滿滿的，需要一整天才能消化得了。有些研究人員將黃褐天幕幼蟲稱為夜間覓食動物；有些說牠們一天吃三頓。兩種說法似乎都對，但我們並沒發現兩種說法對不同生長期的幼蟲都適用。

在幼蟲生活的任何時期，惡劣天氣會影響牠們的日常生活。5 月裡有兩個星期，白天和晚間的天氣都很好，很暖和。但 17 日這一天，氣溫還不到攝氏 18.3 度，下午的時候，陰雲密布，晚上則下起了小雨。我們觀察的五組幼蟲照常出來吃晚飯。當我們在九點最後一次觀察牠們的時候，牠們還在吃呢。雨下了一夜，但氣溫穩定在了攝氏 10～12.7 度之間。

第二天早上，三棵樹上都是渾身淋得溼透的幼蟲，吊掛在樹葉、葉柄和樹枝上，渾身凍僵，動彈不得──再也沒有比牠們更慘的蟲子了。自我保護的本能顯然沒有戰勝飢餓，最終寒冷和潮溼降服了牠們。牠們

第九章　幼蟲與蛾

渾身麻木、動彈不得，出於應激反應，用胸腿抱住絲線，任憑在風中搖擺。一些幼蟲僅用後腿抱住絲線；一些用所有的胸腿抱住絲線。但第四組中所有的幼蟲和第五組中大多數幼蟲都安穩地在家待著。很顯然，在凜冽的天氣來襲之前，牠們已經安全撤回家了。

早上 8 點，很多凍僵的幼蟲又重新恢復了生機。一些吃了點飯，一些疲憊無力地返回家中。9 點 45 分大多數幼蟲都在回家的路上了，10 點 45 分都到家了。

小雨連綿不斷下了一整天，但氣溫上升到了攝氏 18.3 度。只有幾隻年輕的幼蟲中午出來覓食。晚間轉成滂沱大雨。大雨過後，有兩窩幼蟲出來覓食。第二天，也就是 19 日的早上，氣溫又降到攝氏 9.4 度，小雨又下個不停，沒有一窩幼蟲出來覓食。牠們好像是學乖了，又或許只是凍僵了不願離開家。下午，天放晴了，氣溫回升，幼蟲們又開始了牠們正常的生活。

黃褐天幕幼蟲的進食方式就是吞吃葉子，一直吃到葉的中脈（圖 148，149），這樣牠們能把牠們棲息過的所有樹枝吃得光禿禿的。因為牠們生來是大肚婆，一顆小樹上的一個大種群或幾個小種群還未長大，就能把樹吃光。本書作者從未見過一個群落因為貪吃而陷入如此境地，但我們摘掉了一棵小蘋果樹的所有樹葉，利用人工的辦法製造了一個類似的狀況。5 月 19 日這一天，幼蟲差不多長到了第五階段。晚上 7 點，這群幼蟲照常出來了，在天幕上習慣性地結網後，就動身赴宴，想都沒想就走到了光禿禿的樹尖。很顯然，牠們有點糊塗了，返回去又重新走一遍。接著，又試著看看其他所有樹枝，都一樣，全都是光禿禿的像樹墩子似的。不管怎麼說，本能告訴牠們走慣了的絲路會引導牠們找到食物。就這樣，一晚上牠們都在尋找樹葉，一遍又一遍重複走著同樣的

路，但竟沒有一隻幼蟲去看看樹的下半截。早上 3 點 45 分，很多幼蟲放棄尋找，失望地回到了家，但仍有一些幼蟲還在絕望地尋找。7 點半，一些勇敢的探險家們在樹基那裡找到了殘存的樹芽，一直吃到 10 點，11 點又返回家中。

圖 149 被黃褐天幕幼蟲吃光的
阿羅尼亞莓樹（chockberry）和蘋果樹的樹枝

　　下午 2 點，全體又出發匯集到樹基那裡。不過沒哪隻幼蟲知道該做什麼，也沒有哪隻幼蟲出頭主持大局，儘管三面都長著小蘋果樹，離牠們不過 1.5 公尺遠。幾個小心謹慎的幼蟲偵察了樹基周圍大概不到 30 公分的地方，還有一隻小幼蟲勇敢地朝著一棵樹走去。但牠錯過了目標，僅差 30 公分，不過牠還是接著向前走去，命運也許最終會眷顧這個小幼蟲，讓牠最終能找到樹。下午 3 點，集會結束，大家都回家了。當天晚

第九章　幼蟲與蛾

上和第二天早上再沒看到牠們。

21 日和 22 日，偶爾有一隻幼蟲爬出家門，但又很快返回。直到 22 日晚上，大批幼蟲才出動了。牠們又去看了光禿禿的樹枝，接著又沿著樹幹來回試走了很多新路，但沒找到吃的東西，也沒有一隻離開那棵樹。23 日和 24 日再也沒看見牠們。25 日打開天幕一看，裡面只有兩隻幼蟲了，飢腸轆轆、奄奄一息。其他幼蟲都跑到哪裡去了？也許在我們不注意的時候牠們一個一個地溜掉了。當然這絕不是有組織的搬家。在附近的十幾棵蘋果樹上，我們陸續發現了一些孤單的幼蟲。也許幼蟲已經長大，大多數已經蛻皮，進入了最後生長階段。不過，我們不會太確定。

在幼蟲進入最後一個生長期後，天幕就被廢棄了，很快變成了殘垣斷壁。小鳥時常用牠們的噬鼻在上面戳個洞，把絲毯抽走造鳥巢，但幼蟲連修都不修，理都不理。家裡到處充斥著幼蟲的糞便，蛻掉的皮和皺巴巴的死幼蟲。雨從破洞刮進來，內牆掉色了，到處是垃圾。原來閃閃發亮規矩的家變成了破敗骯髒的舊網。

不過此刻的幼蟲卻身著最漂亮的衣裳，全然不顧周遭的骯髒破敗，在令人噁心的環境下整日安然酣睡。幼蟲似乎在想，天幕的生活馬上就要結束了，不要管牠了。當然，幼蟲不會思考，一直都是本能地在做事。此刻牠們根本不想保持室內清潔或做些修補工作，因為這麼做只會消耗體能。很多事情，大自然需要非常實際的理由。

在最後一次蛻皮以後，幼蟲還要在天幕生活一個星期，然後各奔東西，有時單獨走，有時是成群結隊地走，更多是不顧一切地單獨走。根據牠們以前的習慣判斷，應該是爬下樹幹離開的。但是，出乎我們意料的是，牠們的生命中出現了一幕精彩篇章。一隻幼蟲好像是突然從惡夢

中驚醒，又好像是被惡魔追趕，沿著樹杈飛奔，毫不減速，直到跑到樹尖或一片葉子尖上，累得筋疲力盡，然後突然一個空翻，翻著筋斗就著陸了（圖150）。

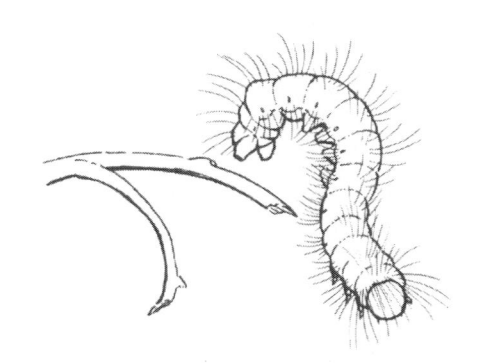

圖150 在其生長發育的最後階段，
黃褐天幕幼蟲從樹尖上翻落到地面，以這種方式離開其巢穴所在的那棵樹。

5月15號我們在康乃狄克州第一次觀察到了這種表演。19日的下午，半個小時之內，我們看到相鄰的兩個群落有二十多隻幼蟲用同樣的方式從樹上跳下。大多數幼蟲都是在12日和13日最後一次蛻皮的。在後來的幾天裡，我們又看到一些幼蟲從樹上跳下。所有的幼蟲都是在不同的時間從樹上跳下來，但大多數在下午的早些時候。很多幼蟲一爬到樹梢就直接跳下去了，沒有什麼空中雜技表演。只有三隻幼蟲是照著常見方式沿樹幹爬下來的。

第一隻幼蟲離開以後幾天，黃褐天幕幼蟲的數量逐漸減少。5月19日，我們觀察到有兩個群落的幼蟲在進行了大移民；21日我們打開天幕，看到裡面只剩下了一隻幼蟲。21日晚上，我們看到另一群落只有一隻幼蟲出外覓食。孵化較晚的兩個幼蟲群落一直到22日還保持著穩定的數量，以後幾天數量逐漸減少，最後人去樓空了。所有這些群落的幼蟲都是4月8日、9日和10日孵化的，所以牠們待在老家最長的時間是七星

第九章　幼蟲與蛾

期。4 月 10 日孵化的那個群落 15 日走了第一隻幼蟲，所以據我們觀察，幼蟲待在老家的最短時間為 36 天。

幼蟲成熟之後離開了家園，牠們到處蹓躂，看見合適的飯菜就吃一口，徹底擺脫了嬰兒期家族設定的框架，充分享受自由的生活。不過牠們的自由生活還有一個遠期目標，那就是要進行神祕的變態，幼蟲生活該結束了。如果成功變態，牠們就會變成長著翅膀的飛蛾了。毫無疑問，幼蟲擁擠在殘破的帳篷裡度過蛻變期是非常不明智的。如果有什麼災難性事件不期而至，牠們將集體報帳。因此，大自然賦予了天幕幼蟲遷徙的本能。這種本能一發揮作用就使全家人各奔東西。幼蟲們用了一個星期遠走他鄉。正如牠們能本能地感受到分別的日子將近，牠們也本能地選擇了一個合適的地方把自己包裹在一粒繭裡。

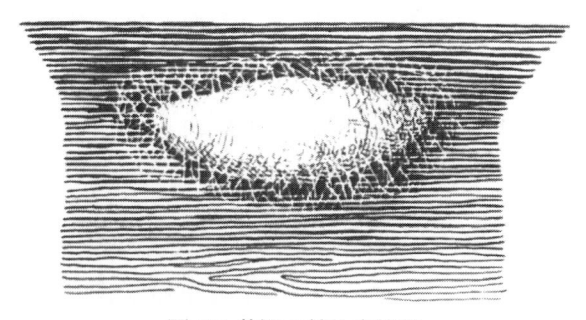

圖 151 黃褐天幕幼蟲的繭

在大量幼蟲分散開來的地方，想在附近找到很多繭並不容易。不管怎麼說，我們還是在草葉間、籬笆下、小屋和倉庫那些不受打擾的地方發現了牠們。幼蟲的繭是細長的橢圓形，或者說是紡錘形。大的繭有 2.5 公分長，中間最寬的部分有 1.3 公分寬（彩圖插圖 14E，圖 151）。繭是由白絲織成，繭壁堅硬，呈黃色，網眼滲透著像澱粉一樣的東西。

要建繭房，幼蟲首先要選一個合適的地方粗略地織個框架，並以此

為基礎，最終將自己織進去。幼蟲的體型大，繭的體積小，幼蟲不得不把身體蜷起來，才能織進繭裡。牠的大多數毛髮都脫落了，和著絲線織成了繭。織完了，幼蟲就從體內吐出黃色、黏乎乎的液體，塗在繭的內壁上。液體透過網眼很快便乾透了，這使繭壁更加結實。當我們把繭從牠黏的地方摘下來，黃色粉末立刻迸發出來，弄得外面到處漂浮著黃色的煙霧，而裡面的幼蟲也是灰頭土臉。

　　繭是幼蟲最佳的棲息之所。如果牠活下來了，就會從自己的牢房裡破繭而出，變成一隻飛蛾，丟棄牠蠕蟲般的外套。但是，牠也許會受到寄生蟲的攻擊，便很快因此死亡。想要成功變態，牠至少要在繭裡待上三個星期。在這段時間裡，你也許會有興趣學習一下幼蟲的身體結構，以更容易理解變態過程的一些細節。

第九章　幼蟲與蛾

幼蟲的身體結構和生理機能

　　一隻幼蟲就是蛾的幼蟲，牠將青春期的獨立的觀念發揮到了極致，但這種觀念並沒有超越父母，而是退化到蠕蟲形態。對現在那些為自己所相信的觀念而嘆惜的人們來說，這個例子提供了一個非常好的題目。這種觀念認為，人類社會中的年輕人過度獨立是一種令人震驚的傾向。然而，當我們獲知幼蟲這種不受父母約束的自由為蛾的幼蟲和成蟲都帶來好處，並由此形成整個物種的優勢，這種道德方面的教訓多少缺乏一點說服力。獨立就要求承擔責任。一個動物，一旦離開祖先已經踩出來的路，那就意味著牠在走新路時要照顧好自己。幼蟲經歷了漫長的演化過程，在這一點上牠們做得非常好。現在，牠所具備的生理本能和身體器官已經使牠在昆蟲世界占有優勢地位。

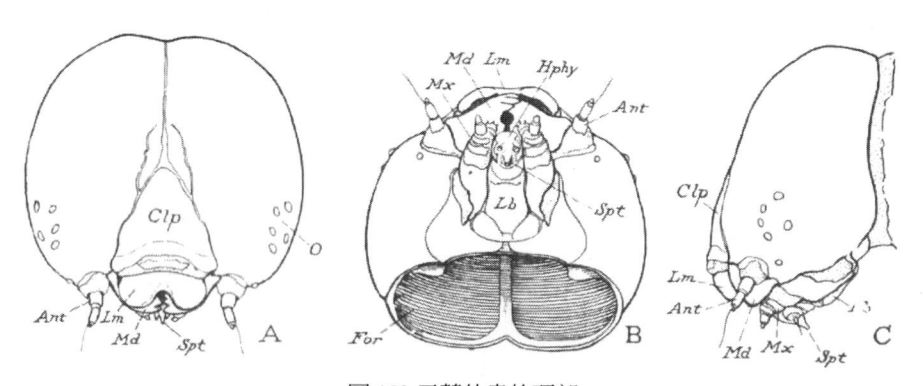

圖 152 天幕幼蟲的頭部

　　A. 正視圖。B. 下表面。C. 側視圖。Ant：觸角；Clp：額板；For：頭部通向身體的後出口；Hphy：下嚥部；Lb：下唇；Lm：上唇；Md：下顎；Mx：下頜；O：眼睛；Spt：噴絲頭。

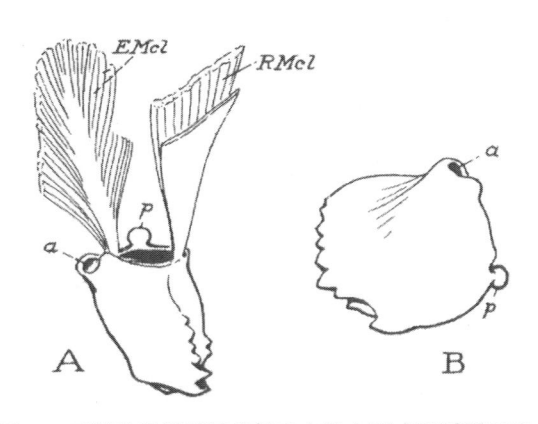

圖 153 天幕幼蟲從頭部分離出來的上顎或咀嚼型下巴

A. 右上顎的正視圖。B. 左上顎的底側 a：前窩；b：後突，下巴透過這兩個部位與頭部相連。EMcl：外展肌；RMcl：內收肌。橫向擺動下巴。

幼蟲最吸引人的外部器官都長在頭部（圖152），包括眼睛、觸角、嘴、下巴、吐絲器官。我們看一下幼蟲頭部的正面圖，就能看到頭部兩邊各是一個很大的半球狀側面區域，被上部的中縫和下部三角形的外表組織（圖152，Clp）分隔開來。上顎肌肉連接在半球球壁上。半球的大小並不能說明幼蟲有多聰明，因為幼蟲的大腦只在頭骨裡占一小部分（圖154，Br）。在三角形的外表組織的下端是寬寬的內凹的前唇，也叫上唇（Lm），就如同保護片懸垂在下巴的底部。上唇的兩邊長著很小的觸角（Ant）。兩個半球靠下面一點各長著六隻小眼睛，也叫單眼（O），五隻長在上面，一隻長在觸角根部。儘管眼睛很多，但幼蟲好像是個超級近視眼，似乎連眼前有沒有東西都看不清，白天和黑夜也分不清。在光禿禿的樹上忍飢挨餓的幼蟲，似乎根本看不到幾公尺遠就有好多枝繁葉茂的另外一些樹。

第九章　幼蟲與蛾

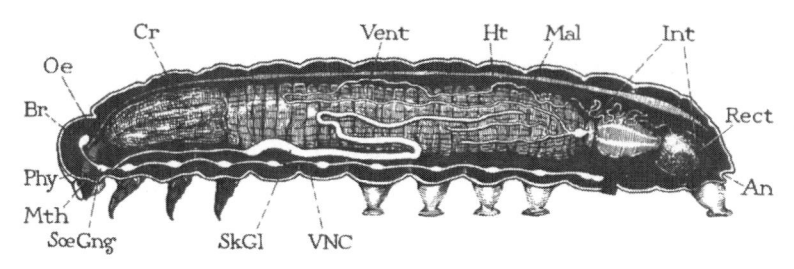

圖154 黃褐天幕幼蟲的縱向切面圖，顯示的是除呼吸系統之外所有主要的內部器官
An：肛門；Br：人腦；Cr：嗉囊；Ht：心臟；Int：腸；Mnl：馬氏管（另外兩條從靠近基部的地方切掉了）；Mth：嘴；Oe：食管；Phy：咽；Rect：直腸；SkGl：絲腺；SoeGng：食管下方神經中樞神經節；Vent：胃（砂囊）；VNC：腹部神經索。

　　圖159A 圖展示了天幕幼蟲的一般外部形體和結構。牠的軀體柔軟呈圓柱形。頭部較小，外罩硬殼，脖子柔軟靈活。頭部和脖子後面首先是由三個體節組成的軀體部分，每一個體節都長有一對短小的帶關節的腿（L）。再往後是由十個體節組成的軀體部分，長有五對短小無關節的腿（AL）。前四對長在第三體節到第六體節上，最後一對長在第十體節上。長著帶關節短腿的三節對應的是成蟲的胸部（圖63，Th），再往後是成蟲的腹部。牠的胸部是軀體的運動中心。但是幼蟲長得像蠕蟲，身體沒有特殊的運動區域，因此也可以說幼蟲的軀體不分胸部和腹部。幼蟲的每條胸腿的腳末端上只有一個爪，但是每條腹腿都長有寬大的腳掌，腳掌周圍有一系列或一圈爪子，中間還有個吸盤。因此，腹腿是幼蟲重要的行進器官，也是抓住物體或把自己依附在堅硬、平坦的物體表面的重要器官。

　　幼蟲的下巴長有一對巨大有力的上顎（圖152，Md），不過，當上唇閉合的時候，我們是看不見的。每隻下巴都由球狀關節與嘴邊的頭蓋骨下沿連接，當幼蟲咀嚼時，上顎縱向前後活動。負責切割食物的是幾個有力的牙齒（圖153），當下巴閉合的時候，牠們也呈上下對合或咬合狀態。

天幕幼蟲的嘴下方後面撅著一個大型複合器官（別的昆蟲則是分開長的），像一片厚厚的下唇（圖 152，C），是由三部分組成，分別是一對柔軟的下巴附屬物，叫上頜骨（B，C，Mx），和真正生理意義上的下唇（Lb）。這個複合器官的最重要部分——中空管（A，B，C，Spt），從唇基長出來，伸向下後方，這就是噴絲頭，能噴出絲線用來織天幕或織繭。

　　幼蟲的頭部直到身體內部長著長長的管狀腺體（圖 154，SkGL），能產生新鮮的絲液。每個管狀腺體的中間都有一個大大的液池（圖 155，A，Res）用來儲藏絲液。前面細長的部分叫送絲管（Dct）。兩條輸送管交會處長著囊壁厚實的液囊（Pr），透過噴絲頭伸向體外。幼蟲還長著兩條像兩串葡萄一樣的附加腺體，Filippi（圖 155A，B，C，GlF），其前端與輸送管相通。

　　圖 155B 是左側上頜和下唇的側面圖，展現了送絲管、壓絲器和噴絲頭的關係。很顯然，壓絲器（Pr）的作用能調節絲液流向噴絲頭的流量。牠也許還能調節絲液的形態和濃度。

　　圖 155E 顯示的是內腔（Lum）的橫切面，頂部是突起線條（Rph），四組肌肉（Mcls）透過提拉頂部突起線條，擴大內腔容量。在 C 圖我們看到了這四組肌肉。內腔變大，液池的絲液就會透過送絲管流向內腔。當肌肉放鬆，帶有彈性的頂部回縮，就會將絲液擠壓出噴絲頭。D 圖的側面圖顯示了送絲管、壓絲器和噴絲頭這三組通道的連續性。

　　絲液黏性很強。幼蟲從噴絲頭中噴出絲液，黏在某一點上，然後把頭一偏就牢牢地黏好了，而且，絲液很快就能變硬而無彈性。

第九章　幼蟲與蛾

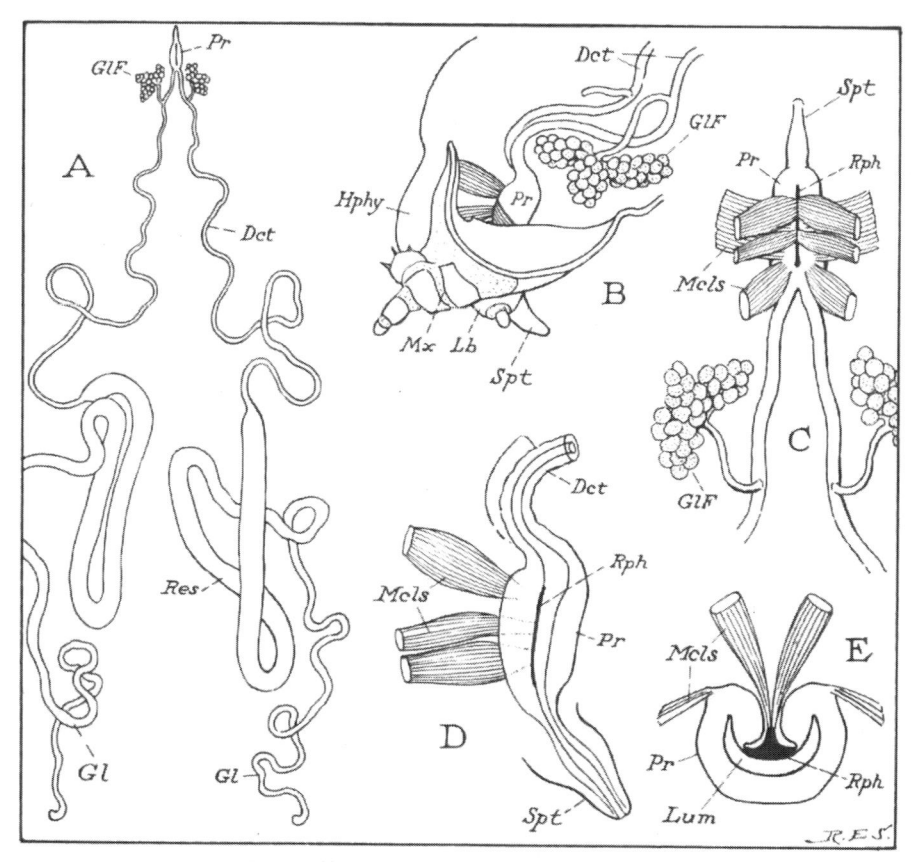

圖155 黃褐天幕幼蟲的絲腺體和吐絲器官

　　A.絲線的形成器官，包括一對管狀腺體（Gl）；中間是大大的液池（Res）；長長的送絲管（Dct）；壓絲器（Pr）；一對附加腺體（GlF）。

　　B.下嚼部的側面：右側上頜（Mx）；下唇（Lb）；壓絲器（Pr）；送絲管（Dct）；噴絲頭（Spt）。C.壓絲器（Pr）的俯視圖：在牠的四壁和頂部突起線條（Rph）長有四組肌肉（Mcls）。

　　C.壓絲器的側面圖：噴絲頭，突起線條和肌肉。

　　D.壓絲器的橫切面：腔或內腔（Lum），當肌肉收縮時可以變大。

306

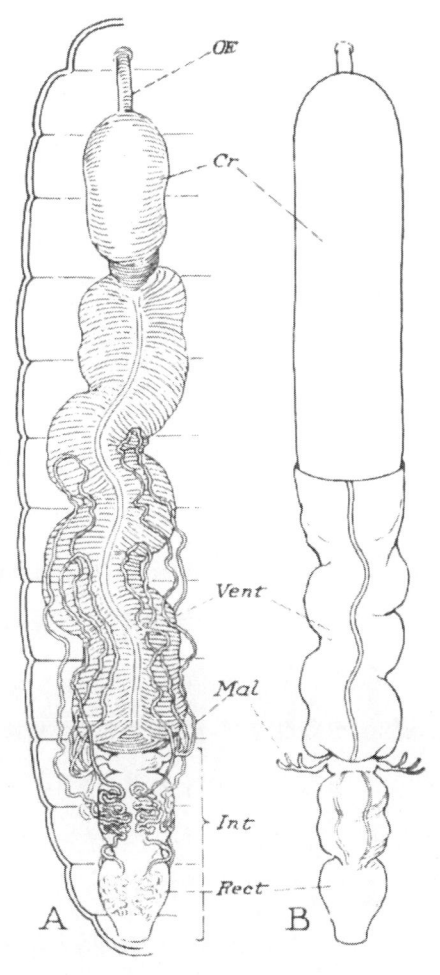

圖 156 黃褐天幕幼蟲的消化道

A：進食以前 B：進食以後

Cr：嗉囊；Int：腸；Mnl：生理小管；Oe：食管；Rect：直腸；Vent：砂囊

幼蟲的嘴長在下巴和嘴唇之間。嘴裡面是食道，也叫食管，牠們和咽喉部構成消化道（圖 154，Phy，Oe）的第一部分。消化道的其餘部分是粗粗的管子，占據軀體的絕大部分，分為嗉囊（Cr）、胃或砂囊（Vent）和腸（Int）。嗉囊是儲藏食物的地方，大小隨儲藏食物的多少而變化（圖

第九章　幼蟲與蛾

156A，B，Cr）。胃（Vent）是整個消化道最大的部分。當胃空時，胃壁鬆垮出現褶皺，當胃內裝滿食物，胃壁則繃緊，顯得光滑一點。腸（Int）由三段組成，分別是胃下面的一小段，中間的一大段，和直腸（Rect），就是末尾像袋子一樣的那段。幼蟲體內兩側各長有三條馬氏管，牠們屈曲盤繞在胃的後半部分以及腸上，三條馬氏管前端匯結成一條較短的基管，與腸的第一部分相通。馬氏管的末端盤繞生長在直腸的肌肉壁裡。

當幼蟲飢餓出去覓食的時候，牠的身體前部是柔軟鬆垮的。返回天幕的時候則很硬實。這是因為幼蟲將食物儲藏在嗉囊中，等回了家再慢慢消化。如果嗉囊空了，牠就會再次出去覓食。摸摸牠們就知道牠們是飽還是飢。當嗉囊空空，牠就會像小袋子一樣收縮在身體的前三個體節中（圖156 A，Cr）；當嗉囊充盈，牠就會像一根圓滾滾的香腸一樣，充斥了身體的前六個體節（B，Cr），末端連著胃，首端頂著頭。

嗉囊裡裝滿了柔軟多汁的樹葉的碎片。嗉囊一擠壓，胃部一擴張，食物就進到了胃裡，幼蟲的身體重心也隨著食物向後移。當胃空了，裡面就累積了深棕色的液體和氣泡。幼蟲去覓食的時候，牠的嗉囊和胃有時候是全空，有時候還剩一點食物、深棕色液體和氣泡。腸子中部累積的廢物受腸壁壓力的影響，被擠壓成小球，使這段腸子看起來一段一段鼓溜溜的，像桑椹果一樣。廢物隨後被擠進直腸，最後排出體外。

消化道由單層細胞組成，貫穿整個身體，但牠的外壁橫向、縱向交織著肌肉層，推動食物在消化道中運動。咽喉、嗉囊和腸內部都有一層薄薄的表皮層，和體表的表皮層一致。每次幼蟲蛻皮，消化道內的表皮層也會蛻皮。

馬氏管是幼蟲的腎臟和排泄器官，牠們能將含有氮氣的廢物從血液中分離，排入到腸裡。在腸裡和從胃部送來的食物殘渣混合。在正常情

況下，馬氏管是白色的，但當幼蟲要結網的時候，裡面則充滿了淡黃色的物質。在顯微鏡下一看，這種物質含有方形、橢圓形和柱狀的晶體（圖157）。這時候，幼蟲就不再進食，消化道裡既沒有食物也沒有食物殘渣。腸裡面充斥著馬氏管輸送來的黃色物質。幼蟲就是用這種物質塗抹繭的內壁，使繭殼發黃變硬。現在我們理解了，繭的黃色粉末含有馬氏管輸送的晶體。

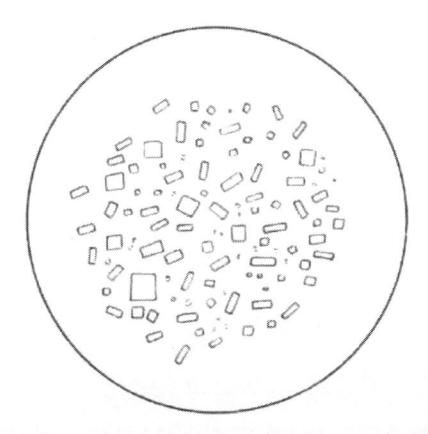

圖157 黃褐天幕幼蟲排泄的晶體，用來抹進繭壁裡

你也許會有個疑問，為什麼幼蟲吃得這麼多？或者說，為什麼只有幼蟲吃這麼多。因為在飛蛾的一生中，主要是在幼蟲階段進食，吃是幼蟲的首要任務，這也是牠成其為幼蟲的原因。進食不但是為了自身器官的生長，也是為日後飛蛾生長準備營養。牠在體內儲存比自己需求多得多的食物，就能為日後飛蛾的生長做好充分準備。

幼蟲儲備最豐富的營養是脂肪。不過昆蟲不像其他動物，將脂肪儲存在肌肉和皮下，因此牠們的外表絕不會變「胖」。牠們的脂肪儲存在一個特殊的器官「脂肪體」中。

第九章　幼蟲與蛾

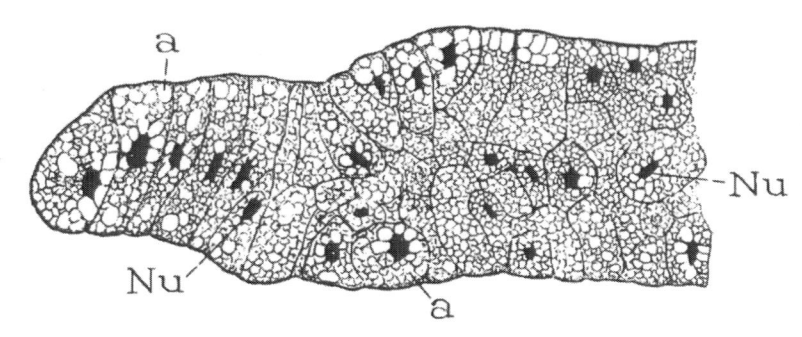

圖158 秋天結網幼蟲脂肪體的一部分

a、a：細胞中的脂肪油球；Nu、Nu：細胞核。

幼蟲的體腔內到處布滿了脂肪細胞，牠們細小、平坦、形狀不規則，構成了幼蟲的脂肪組織。一些脂肪細胞結成鏈狀或毯狀，像一張網眼很大的絲網一樣纏繞在消化道上，還有一些貼著肌肉壁上，分布在肌肉壁和體壁之間。不同組織的脂肪細胞大小和形狀都不一樣，彼此緊緊地挨著，很難分清界限。我們將標本染上顏色放在顯微鏡下觀察，細胞結構清晰地顯示出來（圖158）。每個細胞內部有一顆顏色較深的細胞核（Nu），不過只有俯視觀察細胞才能看到細胞核。細胞核和細胞壁之間的原型質區域充斥著大小不同的腔體，每個腔體裡有一顆脂肪油球。脂肪油球間的原型質物質含有肝糖，或稱動物澱粉，加一點碘酒就會變色。脂肪和肝糖都能長生能量。幼蟲的脂肪細胞內含有大量的脂肪和肝糖，這說明脂肪體是幼蟲生長的能量儲藏器官。變態時，幼蟲通常不再進食，也不能從消化道獲得養分，體內儲藏的脂肪和肝糖正好可以在這個時期使用。變態過程完全依賴幼蟲體內積蓄的養分，變態的成功與否也完全取決於儲藏養分的多少。一直忍飢挨餓的幼蟲是很難完成變態的，即使變成成蟲，其身材也會矮小或發育不全。

幼蟲是如何變成蛾的

　　幼蟲在準備織繭前就不再進食。我們已經了解到，幼蟲體內的脂肪組織細胞裡含有大量產生能量的物質。當織繭工程正式啟動，幼蟲的消化道內已經沒有食物，嗉囊已經收縮成細管。胃部收縮綿軟，但裡面還有一種軟乎乎的深棕色物質。放在顯微鏡下觀察發現，裡面不含有植物纖維，而含有動物細胞。牠們實際上是脫落進胃裡的胃壁細胞內膜。幼蟲的胃現在已經有了新的胃壁。舊的胃壁脫落意味著幼蟲變態第一階段的開始，幼蟲要變成成蟲了。新胃壁會消化吸收掉舊胃壁的殘渣，將其中的蛋白質儲存並完成蛹的生長過程，最終形成成蟲的胃。

　　幼蟲將自己包裹進繭以後，牠身為幼蟲的一生也就快結束了。由於身體收縮，毛髮脫落，牠的外表變化很大。在接下來的三到四天，牠的外表將進一步變化。牠的身體進一步收縮，前三個體節湊在一起，腹部變大，腹部上的腿收縮直至消失。現在的幼蟲（圖159B）只有以前活蹦亂跳時的幼蟲的一半大小，我們幾乎認不出牠還是不是剛剛織進繭裡的那個幼蟲了。

　　隨著外表的不斷變化，幼蟲漸漸地不會動了。不愛動的日子過後，牠立刻變得越來越像蛹了，這一階段叫幼蟲的蛹前期。處於蛹前期的幼蟲外部結構不會發生變化。牠仍然身著幼蟲的皮，只是身體形態稍微變了一點。不過在體內，重大的重建工程正在進行。

第九章　幼蟲與蛾

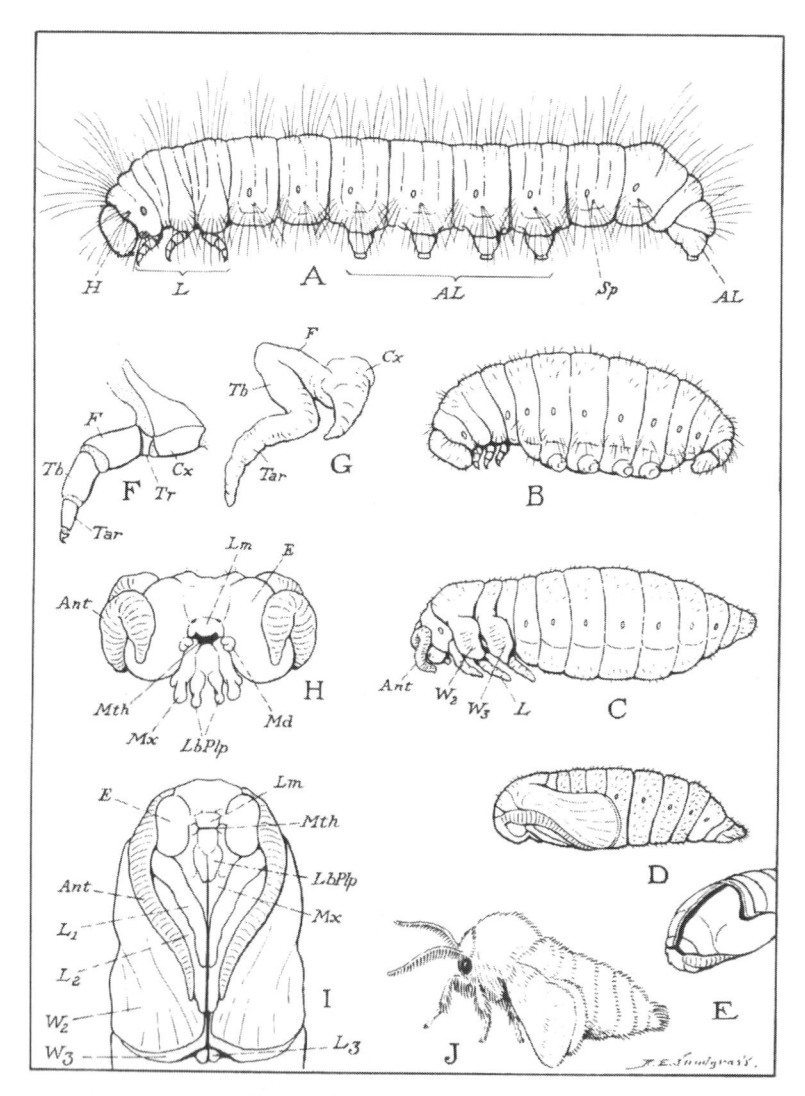

圖 159 天幕幼蟲變成飛蛾的過程

　　幼蟲變成成蟲的內部重建工程從頭部末端開始，然後一直向尾端進行。首先是幼蟲的表皮從上皮層鬆垮脫落。上皮層的下面是下皮層，也叫真皮層。真皮層此時擺脫了束縛，進入到快速生長階段。在頭部，頭壁重生，幼蟲改頭換面，長出了新的觸角和新的嘴部口器。成蟲的新器

官和舊器官一點也不像，儘管新器官的各個部分都是由相應的幼蟲器官長出來的。比如說新觸角是由幼蟲觸角形成的，但成蟲的觸角比幼蟲的觸角大得多。因此，新器官只有末梢能在舊器官表皮鞘內形成，其餘大部分則向體內生長。幼蟲的舊表皮殼被硬性撐大，緊緊地包裹在新長成的頭臉上。下顎和下唇也是這樣，但對上顎來說，這個過程就簡單多了。因為蛾沒有上顎，所以幼蟲下顎的表皮細胞直接在下顎表皮殼下收縮，形成一個空腔。

幼蟲胸部的角質層從表皮層脫落形成了空隙，一直在幼蟲體內生長的翅樁獲得空間，可以向外翻了，成為蛹的外部附器，儘管蛹現在還包裹著幼蟲的表皮（圖159C，W2，W3）。蛾蛹腿部的生長方式和觸角以及嘴部口器的生長方式是一樣的，也是由幼蟲相應的腿部上皮生長出來的。但是由於腿太大太長，不得不緊貼著蛹的身體兩側向上彎曲，而且，當腿部完全形成，你會發現，每條腿只有根部還包在幼蟲腿部表皮裡面。

胸部的表皮最先變得鬆垮，然後是腹部，直到昆蟲的整個軀體與幼蟲的表皮脫離。因此，幼蟲所謂的蛹前期，根本不應屬於真正的幼蟲階段。誠然，牠仍然被包裹在幼蟲的表皮裡，並保留了所有幼蟲的體表結構特徵，但牠實際上是處於蛹期的第一個生長階段，因此也許可以命名為「前期蛹」。

當幼蟲的角質皮全身都與表皮分離的時候，就能把牠剪開，毫髮無損的將裡面的前期蛹（圖159C）取出來。此刻的前期蛹與幼蟲相比毫無共同之處。小腦袋向前拱著，胸部由三個體節組成，肚子大大的。頭上長著嘴部口器和一對大觸角（Ant），胸部長著翅膀（W2，W3）和腿（L），以後腿會越長越長，比幼蟲長得多。腿被折疊起來，隱藏在翅膀下，從

第九章　幼蟲與蛾

側面看只能看到一點。前期蛹的腹部由十個體節組成，幼蟲時的所有腹腿已經不見蹤影。

透過比較圖 159 H 和圖 152，我們發現在幼蟲向前期蛹轉變的過程中，頭部和嘴部附屬物的形狀和結構都發生了重大變化。幼蟲頭部兩側區域（圖 152），也就是長著六隻小眼睛地方，變成了蛹的兩隻巨大的眼睛的區域（圖 159 H，E），這也是後來變成成蟲複眼的地方。正如我們注意到的那樣，觸角（Ant）長得很大，預告著將來透過細胞分裂會產生多節的跡象。不過，前期蛹的上嘴唇或上唇（Lm）卻比幼蟲小得多。幼蟲時期巨大的咀嚼下巴（Md）長到前期蛹時變成了器官原基，而噴絲頭（圖 152，Spt）則完全消失。前期蛹的下唇和兩片下顎變得更長（圖 159，H，Lb，Mx），與幼蟲時期相比差別更大，彼此之間分得也更為清楚，不過結構卻簡單多了。下唇邊上還長著兩隻引人注目的觸鬚（LbPlp）。

昆蟲在外形上的重建，是由在胚胎期始終保持休眠狀態的一種特殊的細胞群進行的。由於保持了休眠狀態，因此保留了非比尋常的生命力。我們還沒有特地研究過幼蟲時期體壁上的再生表皮細胞（或稱成組織細胞，又名成蟲盤）。有些昆蟲身體的每一個體節都有成組織細胞。通常身體背部兩側各有一對，腹部兩側各有一對。昆蟲變態初期，當幼蟲表皮從上皮剝離，成蟲盤細胞立刻開始繁殖，並從幾個中心向四周蔓延。牠們所形成的新區域就是蛹的輪廓和結構，而不是幼蟲的形態。幼蟲上皮細胞已經到了生命的極限，處在衰老的狀態，在氣勢洶洶的入侵細胞面前甘拜下風；牠們的組織開始分解，並被機體吸收。新的上皮組織最終長到一起，形成了蛹的體壁。

新的上皮組織在幼蟲的表皮之下賦予了蛹獨特的外部形態，牠的細胞生成了新的蛹的表皮。只要蛹的表皮保持柔軟，富有彈性，細胞生長

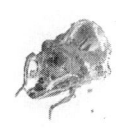

就不會停止。不過表皮一旦變硬，細胞就不再生長，昆蟲的外部形態和結構從此不再發生改變。

　　蛾的前期蛹在幼蟲的表皮下一連幾天都保持著柔軟狀態（圖 159 C）。在這段時間裡，牠的身材變小，翅膀、腿、觸角和下顎則在變長。翅膀變平，收放在身體兩側，其他的附屬器官則緊貼在身體的表面。然後，體壁會分泌出一種膠狀物質，將身體各部位的位置固定。很快，膠狀物質變乾，形成一層硬邦邦的亮殼，包裹軀體和附屬器官。這樣，柔軟的前期蛹（C）變成了蛹（D）。隨後，老的表皮沿身體頭兩個體節的背部裂開，接著沿著頭部裂開，然後是沿著面部三角區域的正面裂開。蛹很快扭動著身體從這層銀杏的外皮裡拱出來，然後把外皮蹐到繭的另一邊，像一個皺巴巴的東西堆在那裡，作為幼蟲驗明正身的證據。

　　天幕幼蟲的蛹（圖 159，D）比前期蛹（C）小得多，其長度只有幼蟲（A）的三分之一。剛開始，蛹身體的上半部是淺綠色，腹部略帶黃色，背部多多少少有點棕色。不過，很快顏色變深，上半身和翅膀變成略帶紫的黑色，腹部變成略帶紫的棕色。儘管蛹的外殼十分堅硬，但是由於牠的三個體節間的圓環很有柔韌性，所以牠還是能靠腹部很靈活地扭動身體。這個能力使牠能脫掉幼蟲的表皮。有些種類的蛾，牠們的蛹先鑽出繭，然後再變成成蟲，而蛹殼就那麼掛在繭的外面（插圖 12）。

　　在昆蟲重建自己的外部形態的同時，身體內部也發生著變化。第一個影響內部器官的變化發生在胃部。我們已經知道，在幼蟲吐絲以前，胃的內壁就已經脫落了。胃內壁的脫落和體表表皮的脫落完全是兩件事，因為胃壁是細胞組織。無論哪一處的細胞層脫落，牠都會被體腔吸收。新的胃壁由長在舊胃壁外面的細胞群生成。當舊胃壁脫落，新胃壁就投入使用。這些細胞，和上皮成蟲盤的功能一樣，形成新的胃壁，並

第九章　幼蟲與蛾

賦予胃一個新的形態，所以成蟲的胃和幼蟲的胃完全不同。胃壁脫落也不見得就一定是變態的一部分。據說，在有些昆蟲和其他幾種有親緣關係的動物身上，胃部上皮細胞和角質內襯是隨著體壁的每一次蛻皮而脫落和更新的。

胃前部的食管和嗉囊（圖 154，Oe，Cr），以及胃後面的腸（Int），作為體壁的向內生長器官，胚胎期就存在，和上皮細胞一樣由體壁內的細胞群再生，舊細胞被身體所吸收。這些器官的細胞內壁和體壁的表皮細胞一樣在蛻皮時脫落。蛾的消化道和幼蟲的消化道大不相同，這一方面的情況我們將在本章的下一節講述（圖 164）。

據說，一些昆蟲的馬氏管壁也可以再生，但蛾身上的馬氏管形態變化卻不大。在蛹時期，牠們仍執行排泄作用。由於噴絲頭受到擠壓，幼蟲時期的絲腺和輸送管都小了很多。噴絲頭的開口處位於下唇根部，幼蟲的嘴部。

那些沒有為幼蟲的特殊生存目的而演化的內臟器官，包括神經系統、心臟、氣管、生殖系統，即便發生組織瓦解也沒有什麼變化。牠們只不過因為正常發育，與幼蟲器官相比更加成熟、更加精密。但是，在某些昆蟲身上，從幼蟲期到成蟲期之間這段時間，其神經系統，尤其是呼吸系統需要經歷大量的重建。

從幼蟲到成蟲的重建，其中一個重要變化與肌肉系統密切相關。因為幼蟲和成蟲過著完全不同的兩種生活，所以牠們的運動機能也完全不同。因此，昆蟲變態需要進行徹底的肌肉重組。大多數幼蟲因為必須像蠕蟲一樣爬行，所以有著特殊的、精密的肌肉組織。而成蟲也會非常需要某些肌肉組織，如翅膀上的肌肉，而翅膀對於幼蟲來說，只是個累贅。因此，幼蟲期成蟲所需的肌肉沒有得到發展鍛鍊，而蛹必須消除幼

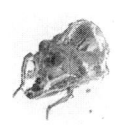

蟲時期的特殊肌肉。不同的昆蟲因運動機理的不同肌肉發生的變化也不同。

　　純粹的幼蟲肌肉在完成使命後，即壽終正寢，在蛹期階段被溶解廢棄。組織殘渣被排泄到血液中，然後被新生器官作為營養物質吸收。幼蟲擁有極為精密的肌肉系統，在體壁內側形成複雜的纖維網路，有些縱向，有些橫向，有些斜向。不過成蟲並不需要橫向和斜向肌。我們仔細觀察了前期蛹的肌肉樣本發現，橫向和斜向肌看起來比較軟弱無力、不太正常，很顯然，不具備健康肌肉的結構特徵。橫向和斜向肌上面還覆蓋著一層自由橢圓形細胞，也許是噬菌細胞[94]。

　　噬菌細胞是一種血球細胞，能殺死血液中的外來蛋白體，或消滅機體的不健康組織。也許噬菌細胞並不是消滅幼蟲組織的生力軍，但牠們的確能吞噬和消化退化組織。在昆蟲的變態期牠們大量存在，但在其他時期卻很少或根本沒有。幼蟲組織的活躍期一過，就任憑噬菌細胞的肆意宰割。不過，單靠血液的溶解作用，也會使牠們分解。活躍的、健康的組織對噬菌細胞總是具有免疫力的。

　　有些幼蟲肌肉可以完好無損地直接進入成蟲期，還有些需要重建和纖維加固才能在成蟲期使用。幼蟲時期被壓制的成蟲肌肉在蛹時期恢復了生機。研究人員對新肌肉是如何發育的持有不同的觀點，很可能牠們也源於生成幼蟲肌肉的同一種組織。

　　成蟲內部器官從蛹前期就開始生長發育，不間斷地進行著，直到蛹後期完成整個生長發育過程。不過，外部器官卻不能持續生長發育。體壁和附屬器官的形態長到一定程度，就會被外面堅硬的新表皮固定住。因此，外部器官的半成熟狀態也是蛹的特徵。體壁和附屬器官在第二次

---

[94]　即 phagocytes。

第九章　幼蟲與蛾

上皮從表皮脫落後最終完成生長發育，第二次蛻皮使受蛹皮保護的細胞層再次生長發育。蛹階段的生長發育使成蟲外部特徵發育成熟，而成蟲外部特徵也被成蟲表皮的形態固定。同時，新肌肉也固定在新表皮裡。成蟲的身體機制已使牠能夠展翅飛翔了。完美的成蟲被緊緊地包裹在蛹殼裡，就等待時機破殼而出了。

在整個變態期，昆蟲完全依賴牠自身儲備的營養。因為呼吸系統仍發揮作用，所以牠可以照正常方式吸氧。不過攝取食物的通道是完全封閉的，蛹有兩個營養源：一是在脂肪體細胞中儲存的食物；二是幼蟲組織的分解物，分布在血液中，最終被吸收。

脂肪細胞在變態初期，釋放了儲藏的大部分脂肪和肝糖，現在細胞內充滿著小小的蛋白顆粒物。脂肪細胞的細胞核產生的酶能將吸收的幼蟲器官的殘渣進一步細化分解，也許蛋白顆粒物就是這麼來的。因此，脂肪細胞能發揮胃的作用，將血液中溶解的物質轉化成正在生長的成蟲組織可吸收的形式。同時，含有幼蟲脂肪體的脂肪組織分解成空空的游離細胞，攜帶有脂肪油球，牠們隨後能吸收蛋白顆粒，充斥到全部血液中。

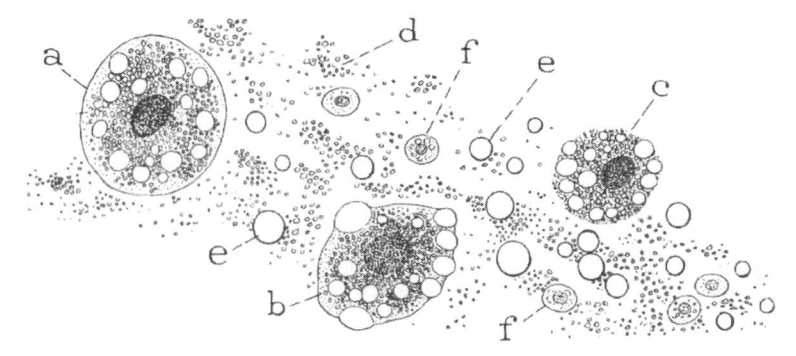

圖 160 天幕幼蟲蛹幼血液裡的成分

a. 游離態的脂肪細胞，含有大量的脂肪油球和小蛋白質顆粒；b、c. 正在分解的脂肪細胞；d. 血液中游離態的蛋白顆粒；e. 脂肪細胞分解後釋放出來的脂肪油球；f. 血球。

蛾蛹在剛脫去幼蟲表皮時，牠的體內含有又濃、又黃的膏狀液體。我們也許能在裡面發現食道、神經系統、和充滿空氣的氣管，但牠們實在太軟太嫩了，正常的解剖方法根本無法研究牠們。

　　當我們把蛹體內的膏狀液體放在顯微鏡下觀察，能看到牠是一種清透、帶有灰色、和琥珀黃色的液體，含有各式各樣大小不同的小球。這些小球使液體看起來渾濁、濃厚。液體介質則是血液或淋巴。膏狀液體中最大的是游離態的脂肪細胞（a）；較小的也許是血球（f）；大量的顆粒物或呈游離態或呈不規則形狀聚集在一起。除了這些，還有很多小油滴，光滑的球狀表面和金黃色使牠們很容易辨認。脂肪細胞多呈橢圓形，原生質裡充滿了大大小小的油滴，還含有同血液中一樣自由游離的顆粒物，這些顆粒物是在脂肪細胞內部形成的原生物質。很多細胞外形不規則或已經破裂（b，c），似乎細胞壁已經被部分溶解，細胞內的物質也正往外跑。事實上也是如此，很多細胞正在溶解，將小油滴和蛋白質釋放到血液中去。我們很清楚血液中大量的類似物質，就是已經溶解的脂肪細胞釋放出來的。在建構成蟲器官的過程中，這些物質將被漸漸吸收。

　　在第四章我們了解到，所有成年動物體細胞[95]或肉體細胞與處於發育階段的生殖細胞是不同的。體細胞的作用是為細菌細胞完成使命提供最佳機會。一生要經歷幼蟲和成蟲兩個階段的昆蟲，因為具有雙重的體細胞，所以和其他動物是不同的。我們已經研究過幼蟲了，知道蛾並不是有兩個有機體。一些重要器官是從幼蟲到成蟲自始至終都使用的；有些器官在幼蟲階段發育完成後，在幼蟲時期結束後就死亡分解了。一套新組織生長發育成新器官或新組織，取代死亡器官或組織。能夠變態

---

[95]　即 soma。

第九章　幼蟲與蛾

的組織或器官的肉體組織在胚胎期分成截然不同的兩種。一種能形成幼蟲的特殊器官，一種在幼蟲時期保持休眠狀態。當幼蟲器官完成使命之後，形成成蟲器官。第一種組織細胞帶有遺傳特性，能長成原始種群的形態，而第二種組織細胞只能生成暫時性的幼蟲形態，牠們可能在胚胎期保留某種原始特徵，但在種群演化的過程中，不能生成原始形態。

當我們追根溯源、觸類旁通，將事情簡單化，任何事情都很好理解。昆蟲的變態似乎是大自然最難解的奧祕之一，不過如果用簡單的話來講就是為了適應幼蟲生長，細胞暫時性地長成這種形態，當沒有用處時，就會分解消失。昆蟲中有無數這樣的例子。在人類的生長發育過程中也有類似的高級變態，像乳牙換成恆齒。如果我們身體的其他器官細胞也會有兩種生長變化狀態，也許我們也會經歷完全可以和昆蟲相媲美的變態過程。

蛾

　　天幕幼蟲的蛹要經歷三週或稍長一點時間的結構重建過程，然後那隻曾經是幼蟲的小鬼就會破繭而出，長著成蟲的體型，身著成蟲的外衣（圖 159，J）。蛹殼從後腦勺（E）裂開，蛾才能出來，不過出來之後飛蛾才發現外面還有一層繭呢。牠此刻已經把切割工具——下顎和外套都通通扔掉了。但是牠現在已經鹹魚翻身成了一名化學家，不再需要工具了。幼蟲時期的絲腺體已經萎縮，但又有了一個新功能，祕密製造一種清透液體，從飛蛾的嘴裡吐出來，融化繭絲的黏性表面。繭絲變溼變鬆後，飛蛾就用小腦袋戳個洞，再把洞弄大，鑽出來。飛蛾嘴裡吐出來的液體能使絲線呈棕色，洞沿也染上了同樣的顏色，這足以證明就是這種液體使繭絲變軟。飛蛾出來時，戳破的洞口還留下很多毛邊和破爛的繭絲頭。

　　飛蛾成蟲（圖 161）的最顯著特徵是體表覆蓋著一層毛狀鱗片和一對翅膀。當成蟲剛剛破繭而出的時候，翅膀還很短（圖 159，J），但很快正常展開，疊到背後（圖 161，A）。黃褐天幕飛蛾的顏色都是深一點或淺一點的紅棕色，翅膀上貫穿兩道不太明顯的條紋（插圖 14G,H）。雌性成蟲（插圖 14H，圖 161B），比雄性略大一點，體長有 1.9 公分多。翼展後，寬 4.4 公分。

　　黃褐天幕幼蟲絕佳的完成了進食的責任，因此成蟲幾乎不需要什麼食物，所以，牠可以不受咀嚼器官的負累。幼蟲又大又重要的器官下顎（圖 152，Md）在前期蛹（圖 159，H，Md）身上退變成雛形，而在成蟲身上則完全看不見了。前期蛹長著的長長的、圓圓的上頜（圖 159H，

第九章 幼蟲與蛾

Mx），同樣在成蟲身上退變成雛形，變成了兩個不起眼但能活動的小球（圖162，Mx）。幼蟲下唇的中間部分在成蟲期幾乎沒有了，但唇邊長出了一對長長的三節觸鬚（LbPlp），表面覆蓋著毛狀鱗片，像兩隻毛刷子一樣突顯在臉前。

圖161 天幕幼蟲的蛾（Malacosoma amerina）

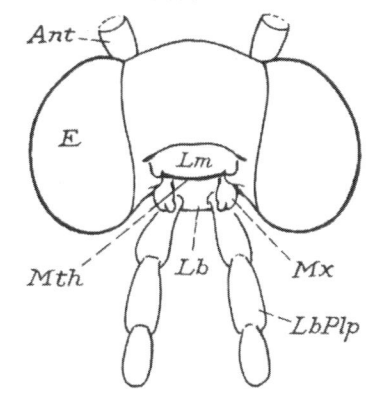

圖162 天幕幼蟲蛾的頭部正視圖
（未畫上頭部表面覆蓋的鱗片，觸角也只畫了根部）

　　Ant：觸角根部；E：複眼；Lb：下唇；LbPlp：唇邊觸鬚；Lm：上唇；Mth：嘴；Mx：下顎。

天幕成蟲的嘴部特徵並不能代表大多數的飛蛾和蝴蝶，因為那些昆蟲都有大長鼻子[96]用來吸吮液體。我們都非常熟悉體型較大的蜂鳥飛

---

[96] 即 proboscis。

蛾也叫鷹蛾。在夏日的晚上，牠們從一朵花飛向另一朵花，從頭下打開長長的管子，伸向花冠。在絢爛的夏日我們也常常看到蝴蝶不經意地在花壇間飛來飛去，在美麗的花朵上，這裡停、那裡落，從花蕊裡吮吸蜜汁。

　　飛蛾和蝴蝶的頭下方，嘴後面長著盤繞捲曲的長喙，像時鐘發條一樣（圖 163 A，Prb）。牠可以盤起來，也可以在成蟲想從花冠深處吸食花蜜或想喝水時伸展開來（B，Prb）。三節下顎片像榫頭一樣嚴絲合縫連接在一起，構成了長喙。每一節下顎都是中空的，節節相連就構成了長喙的通道，從嘴角兩邊伸出去。嘴裡面的第一段消化道是球狀的吸吮工具（吸球）。消化道的上壁也就是吸球的腔壁。頭壁的強壯肌肉一收縮就能擴張吸球。吸球交替性的一張一合，就能透過鼻腔吸食液體食物，送進消化道。因此，飛蛾和蝴蝶像蚜蟲和蟬一樣，都是吮吸型昆蟲，都沒有穿刺器官。不過，有些蛾和蝴蝶種群在長喙末端長有小銼刀，能刺破軟皮水果吸食果汁。

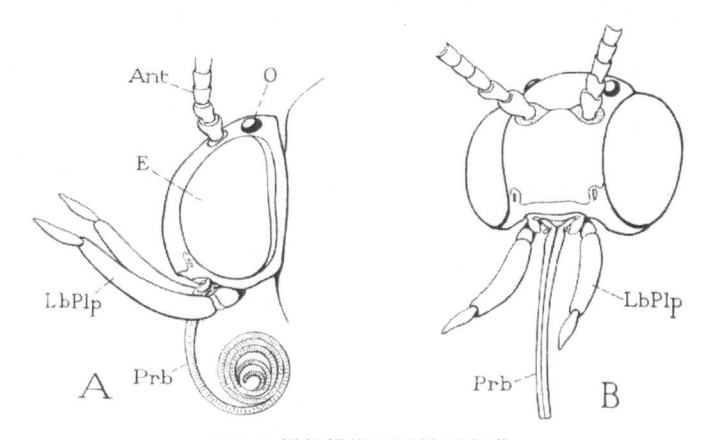

圖 163 鑽蛀桃樹飛蛾的頭和嘴

A：側面圖；B：正面稍偏圖；Ant：觸角根部；E：複眼；LbPlp：唇邊觸鬚；O：單眼；Prb：噬鼻

第九章　幼蟲與蛾

　　有趣的是黃褐天幕蛹的下顎比幼蟲和成蟲的都長（圖159I，Mx），就好像自然之母開了一個玩笑，本想讓黃褐天幕成蟲擁有和其他飛蛾一樣的長喙，卻突然改了主意。真正的原因是，現在這種飛蛾的祖先曾經擁有和其他飛蛾一樣超長、超功能的長喙，但到現在卻退化了。不過，成蟲的退化只是從近現代才開始的，所以退化程度比蛹的退化程度要大得多。

　　天幕成蟲的消化道和幼蟲的完全不同。幼蟲的消化道由三部分組成（圖164A），第一部分是食管（Oe）和嗉囊（Cr），第二部分是胃或砂囊（Vent），第三部分是腸（Int）。成蟲還在蛹殼裡時，消化道基本是成熟的。食道細長，尾部長著小袋子一樣的嗉囊，向前伸著，裡面充滿氣泡。胃幾乎透明，像梨一樣，裡面充滿深棕色的液體。腸的外形變化很大，因為牠還包括管狀小腸，又長、又軟。最後面是一條大腸——直腸（Rect），裡面充滿了柔軟的橙色物質。完全長成的成蟲（C）在飛離繭殼後，牠的腸子仍要繼續發生變化。嗉囊鼓得很厲害，裡面盛滿了氣體，可能是成蟲吞進去將來幫助弄破繭殼的，因為食道裡有時也有很多小氣泡。胃部萎縮得很小（A，Vent），連胃壁都皺巴巴的。小腸（SInt）和早期成蟲（B）是一樣的。

　　因為黃褐天幕成蟲幾乎不吃東西，所以胃幾乎沒有什麼用。不過，腸作為馬氏管（Mal）的出口是有用的，因為在整個蛹階段馬氏管是發揮作用的。馬氏管的分泌物中含有大量圓形晶體微粒。直腸（Rect）裡累積了大量的圓形晶體微粒，形成了一種橙色物質，在飛蛾破繭而出後，排出體外。

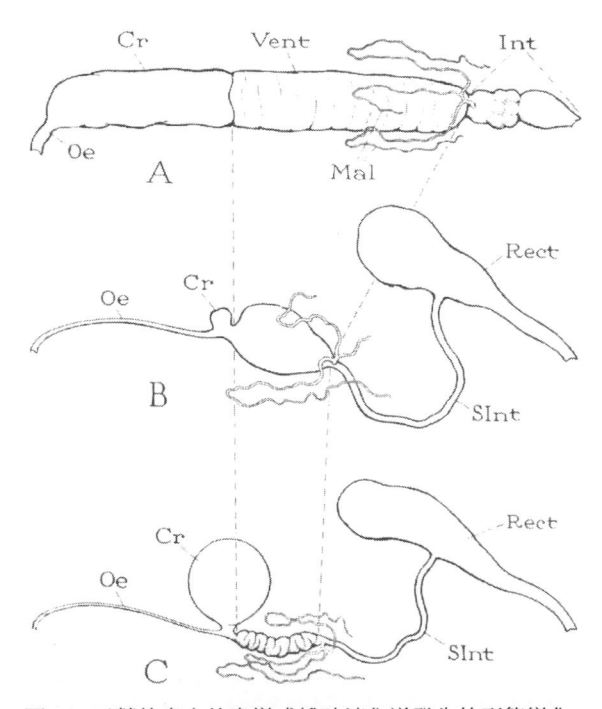

圖 164 天幕幼蟲由幼蟲變成蛾時消化道發生的形態變化。

A. 幼蟲的消化道。B. 蛹的消化道。C. 蛾的消化道。Cr：嗉囊；Int：腸；Mal：馬氏管（圖上未展示其全長）；Oe：食管；Rect：直腸；Sint：小腸；Vent：胃或砂囊。

　　大多數雄性黃褐天幕飛蛾比雌性飛蛾早幾天破繭而出。那時，牠的體內含有大量脂肪，以小油滴的形式充斥著脂肪組織細胞。脂肪是雄性飛蛾從幼蟲那裡繼承來的能源庫，可以為雄性飛蛾尚未發育完全的生殖器官提供養分。直到雌性飛蛾也破繭而出後，雄性飛蛾的生殖器官才能發揮繁殖作用。

　　雌性黃褐天幕飛蛾體內含有很少或根本不含有脂肪組織。當雌性飛蛾破繭而出之時，牠的生殖器官已經完全發育成熟了。牠的卵巢裡裝滿了成熟的卵子，一旦從雄性（圖 165，Ov）那裡受精，牠就準備產卵了。精子會被裝進特殊的器官——受精囊（Spm）裡。受精囊透過一個短管

第九章　幼蟲與蛾

和輸卵管（Vg）的埠相通。兩個黏液池（圖 165，Res）是黏液腺的儲存庫，位於輸卵管（Vg）中端，裡面透明的棕色液體能形成卵膜。這種液體也許是混合進了氣體，所以卵膜像泡沫一樣。雌性成蟲排卵後，卵膜很快變成膠狀物質，然後像橡膠一樣變得又硬又富有彈性，最有變得乾燥易碎。

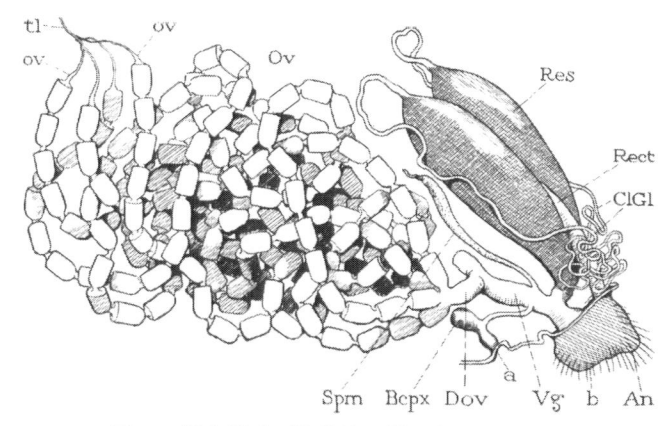

圖 165 從左側看到的雌性天幕幼蟲的生殖器官

　　a：交配黏液囊的外部開口；An：肛門；b：卵鞘出口；Bcpx：交配黏液囊；ClGl：黏液腺能產生卵覆蓋層的物質；Dov：左側輸卵管；Oe：左側卵巢：裡面充滿了成熟的蟲卵；ov、ov：卵巢管腺的上端；Rect：直腸；Res：黏液池；Spm：受精囊：儲存精子的囊；tl：卵巢管腺尾帶；Vg：卵鞘。

　　產卵的日期取決於飛蛾居住地的緯度，南部是五月中旬，北部是六月中旬或更晚一點。受精卵直到第二年的春天才開始孵化。六個星期內就能看到裡面完全成熟的幼蟲（圖 166 B）了。幼蟲頭頂著卵殼，身體蜷成 U 字形，尾巴稍微擺向另外一側。全身的毛都向前豎立著，像個小薄墊。一連八個月，經過漫長的冬天，小幼蟲也沒招誰惹誰，卻要孤獨地關著禁閉，忍受著非人的待遇。不過，一旦刑滿釋放，能動彈一點了，牠也並不急著享受自由，就那麼蜷著，你強迫打開牠之後，牠還會再蜷起來，彷彿很嚴肅地告訴你，這個姿勢就是舒服！

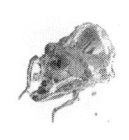

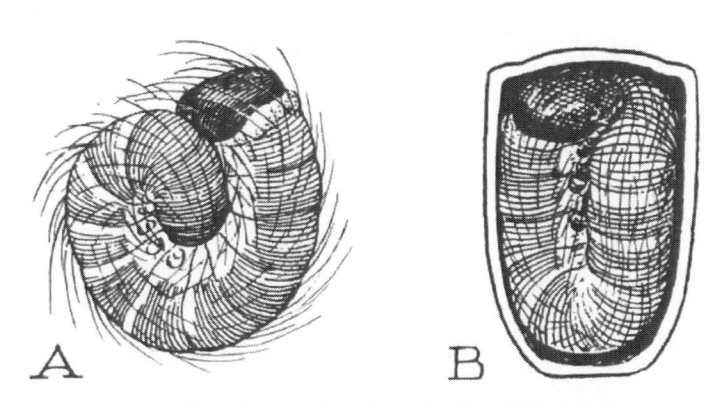

圖166 仲夏時期，卵殼裡完全成形的天幕幼蟲幼蟲

A. 從卵殼裡剖出來的幼蟲幼蟲。B. 幼蟲幼蟲待在卵殼裡的正常姿勢。

當溫暖的天氣刺激著其他物種的生命活力，並使萬物以最快的速度生長時，我們很奇怪，這些幼小的幼蟲卻能整整一個夏天待在殼裡一動也不動。一般來說，外部環境能調節昆蟲的生活，不過卵殼中的天幕幼蟲卻證明，並非所有的生物都受環境所左右。我們曾看到過蚱蜢和某些蚜蟲，除非經歷過嚴寒，否則就不能完成自己的生長發育。也許天幕幼蟲也是如此，不是溫暖，而是一段寒冷期最終促成牠的發育成熟。不管幼蟲從何處獲得如此的耐性，天幕幼蟲忍受著夏日的炎熱，冬日的寒冷，直到隔年春暖花開之時才漸漸甦醒，咬破緊緊壓著牠們臉部、裹在身上的卵殼。

第九章　幼蟲與蛾

第十章

蚊子和蝇虻

第十章　蚊子和蠅虻

　　愛思考的人總會情不自禁地想當代機械發展會帶來什麼樣的結果。本書作者認為，如果您只是想轉移一下思緒，這麼想想倒也無妨。但如果您總是這樣憂心忡忡，甚至杞人憂天，那還不如學學羅丹（Auguste Rodin）的著名雕塑「沉思者」，他始終保持靜靜地思考狀態，這才是令人敬仰的真正的思考。我們都非常欣賞抽象的思考，它表達了令我們不安的思緒。因此，當哲學家們告誡我們說機械發展並不等同於文明發展時，我們卻感到困惑。不過昆蟲學家倒不必參與這種討論，他們研究的是動物，不是人類，甚至不知道全世界只有少數人正致力於機械效率的提高。

　　縱觀天下，最好的建議就是，各行其道，各盡其是，鞋匠只負責好好修鞋，昆蟲學家只負責好好研究昆蟲。但是，不經意間，我們注意到人類世界和昆蟲世界竟有如此多的相似之處。當我們仔細觀察這些昆蟲，看看牠們是否擁有運用完美機械的跡象，我們吃驚地發現，牠們竟然與人類殊途同歸。在這裡，我們要談談蚊子和蠅虻。不過誰也不能說牠們為地球上的其他生物帶來了舒適和快樂。

　　簡單回顧一下一些主要昆蟲給我們的感受吧，蚱蜢是一群音樂家，蟬是歌唱家，甲蟲是石雕上的聖甲蟲和和夜晚星光點點的螢火蟲，飛蛾和蝴蝶以牠們的優雅和美麗裝點了這個世界，至於黃蜂則為我們提供了蜂蜜。不過，說到蠅虻，牠能生出更多的蠅虻，是人類最可憎的害蟲之一。

　　但是，身為自然界的研究人員，我們從不批判任何昆蟲。我們的樂趣來自於對真相的了解。我們研究蚊子和蠅虻的生活和結構，並從中尋求樂趣。

蠅虻概述

蚊子和蠅虻在昆蟲學中屬於同一個目,牠們之所以和其他昆蟲不同是因為牠們只有一對翅膀(圖 167)。因此,昆蟲學家把蚊子和蠅虻以及其他相類似的昆蟲叫雙翅目昆蟲(diptera:希臘語的意思就是兩個翅膀)。既然幾乎所有的有翅昆蟲都有兩對翅膀,那麼很可能有翅昆蟲的祖先,包括雙翅昆蟲的祖先都長著兩對翅膀。雙翅目昆蟲不過在演化的過程中失去了一對翅膀但飛得更好、更專業。

我們下一步將進一步說明雙翅與四翅相比是飛行機械效率的演化和提高。雙翅飛行冠軍非蠅虻和蚊子莫屬。我們將幾目昆蟲的翅膀演化和飛行效率方式加以比較,真相不言而喻。

蠅虻為雙翅昆蟲,後翅退化成有節節桿,或稱平衡棍(Hl)。

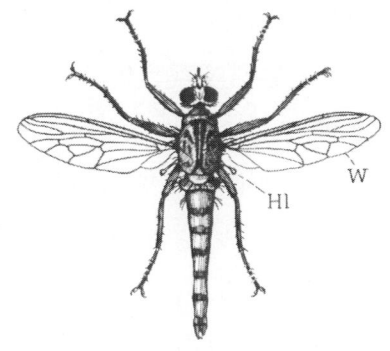

圖 167 食蟲虻,顯示的是雙翅目昆蟲的典型

也許昆蟲在最初獲得兩對翅膀時,兩對的大小和形狀是一樣的。白蟻(圖 168A)的兩對翅膀幾乎完全相同。白蟻的飛行能力很差,但這並

第十章　蚊子和蠅虻

不能歸罪於翅膀的形狀,而是翅膀肌部分退化的原因。蜻蜓(圖58)是飛行健將,兩對翅膀大小和形狀差別不大。蜻蜓與其他昆蟲相比擁有更為發達、更為有力的飛行肌。透過這些例子,我們無法準確判定四翅的飛行機械效率是高是低。但是很顯然,大多數昆蟲前翅和後翅稍有不同是一種優勢。

蚱蜢的後翅(圖63)演化成寬闊的薄膜扇,而前翅則退化成較纖細較堅硬的形態。蟑螂(圖53)、螽斯(圖168B)和蟋蟀都是如此,只有雄性前翅較大,能夠構成發音器官(圖39)。這些昆蟲的後翅都是飛行器官。不飛的時候,後翅就折好,收在前翅下面。前翅能很好地保護較為柔弱的後翅。甲蟲的後翅比前翅大得多(圖137,168C),蚱蜢以及同類的昆蟲也一樣,飛行對牠們來說都是極為重要的。不過,甲蟲比蚱蜢更進了一步,牠的前翅變成了後翅的保護性盾牌。前翅通常堅硬得像貝殼一樣,嚴絲合縫並排長在背後(圖137 A),像一個盒子一樣完全蓋住了折疊在裡面的後翅薄膜。蚱蜢和甲蟲都不是飛行健將,但牠們似乎證明了一對翅膀就是比兩對翅膀具有較高的飛行效率。

蝴蝶和飛蛾同時用兩對翅膀飛行,但值得注意的是,這些昆蟲的前翅略大(圖168D)。蝴蝶,長著四隻巨大翅膀,飛得很好,飛行時間也較長,但飛得較慢。飛蛾飛得要快一點。飛行速度較快的昆蟲前翅較發達,後翅則有些退化,因此,一側的兩隻翅膀連在一起,作為一隻翅膀飛行效率更高(D)。蛾比蚱蜢和甲蟲更好地證明只有一對翅膀飛行效率更高。蛾從另外一個角度解決了四翅改雙翅的飛行機制問題。牠並不需要讓前翅或後翅的飛行功能消失,只要將同側的前後翅有機結合,就能獲得雙翅的飛行條件。

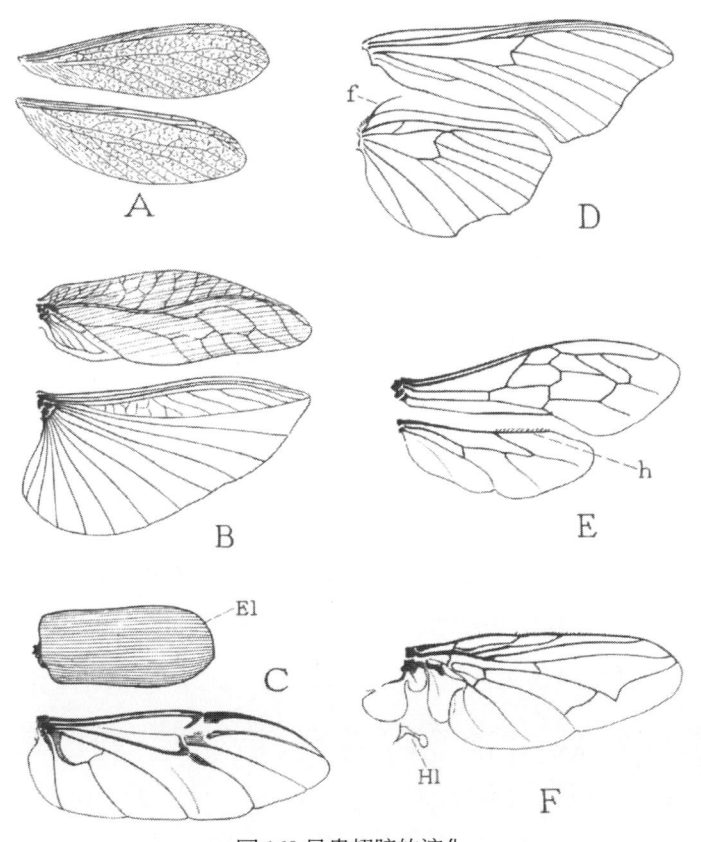

圖 168 昆蟲翅膀的演化

A. 白蟻的翅膀，前翅、後翅的大小和形狀幾乎完全相同。B. 蟲斯的翅膀，後翅是主要飛行器官。C. 甲蟲的翅膀，前翅變成保護性的翅鞘 (El)，覆蓋著後翅。D. 鷹蛾的翅膀，後翅的脊翅 (f) 和前翅下面的鉤相扣，將前翅和後翅連成一線。E. 蜜蜂的翅膀，後翅上的鉤 (h) 將前翅和後翅相連。F. 大蠅虻的翅膀，後翅退化，變成了平衡棍 (Hl)。

黃蜂（圖 133）和蜜蜂透過將同側的前後翅結合，完成了由四翅飛行機制向兩翅飛行機制的演化。牠們採取一種非常有效的方式將前後翅連接在一起。後翅透過前端靜脈血管上的一系列小鉤掛在前翅後面較厚的邊緣上。牠的前後翅結合得如此完美，只有透過仔細觀察才能發現一隻翅膀原來是兩隻翅膀。

第十章　蚊子和蠅虻

蠅虻包括所有雙翼目的昆蟲完成了一次大膽的創舉，將後翼完全從飛行機制中廢除了。蠅虻是真正意義上的雙翼昆蟲（圖 167，168F）。後翼退化成兩個小節桿，從翅膀根基部伸出來，末端長有小圓頭（圖 167，168F，Hl）。這兩隻小節桿就是平衡器，也叫平衡棍，其結構特徵顯示牠是從翅膀退化而來的。

由前翅承擔全部飛行活動要求重組胸部結構和肌肉組織。研究蠅虻的胸部為我們上了有趣和有教益的一課，那就是動物是如何完全改變原始祖先的身體機制以適應新情況。如果蠅虻是由上帝創造，而非演化而來的，牠的身體結構也許能更直接地適應牠的需求。

不單是翅膀和飛行方式，還有嘴的結構和捕食方式都說明蠅虻是高度演化的昆蟲。蠅虻是吃液體食物的。那些吃液體食物的種群，嘴部結構非常適合吸吮。很多吸食哺乳動物包括人類新鮮血液的昆蟲，都長著高效的器官，能夠刺破供血者的皮膚。

人們最熟悉的兩種嗜血雙翅昆蟲是蚊子和馬蠅。馬蠅（圖 169A）中的兩個品種牛虻和鹿虻都屬於虻科[97]。仔細觀察普通大小的馬蠅頭部將會揭示這些雙翅目昆蟲的捕食器官特徵。幾個附屬器官從頭部下方向下伸出，這些器官是牠的嘴部器官。牠們和蚱蜢（圖 66）的嘴部附屬器官的數目和位置相對應，因為牠們適應完全不同的進食方式，所以形狀完全不同。事實上，馬蠅並不會「咬」，牠們只是刺破供血者的皮膚，然後吸血。

---

[97]　即 Tabanidae。

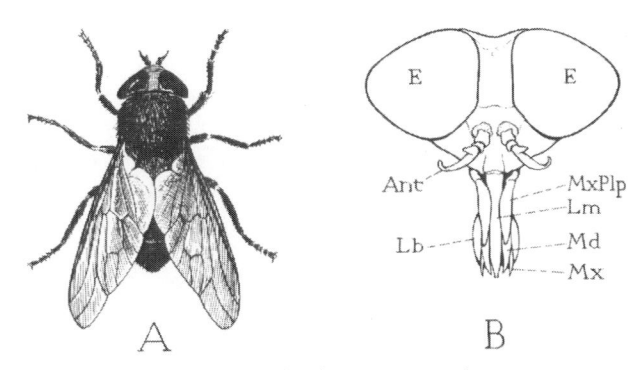

圖 169 黑馬蠅（tabanus atratus）

A. 馬蠅的全身圖。B. 馬蠅頭部和口器的正視圖。

Ant：觸角；E、E：複眼；Lb：下唇；Lm：上唇；Md：上顎；Mx：下顎；MxPlp：下顎觸鬚。

　　透過細緻分析馬蠅嘴部的各個組成部分，我們發現牠一共由九個部分組成。其中三個處於中間位置，因此是單數的，其餘分列兩側，構成三對器官。最外側的棒型器官，根部與第二對器官相連，成為一體，因此，實際上應該說牠的嘴邊長著兩對器官。最前面的單數器官是上唇（圖169B，Lm）；第一對器官是下顎（Md）；第二對是上頜（Mx）；第二個處於中間位置的器官是下嚼（圖169B）；最後面的單個器官是下唇（Lb）；長在兩側的棒狀器官是上頜鬚。

　　結實寬廣的上唇（圖169B；170 A，Lm）從面部下方向下突伸出來，逐漸變細，但頭卻是鈍的。裡面有管，前後貫通，通常在下嚼部（圖170D, Hphy）閉合，下嚼頂著上唇下沿，構成一個吸管。吸管的上端通向嘴裡，管口就在上唇和下嚼部基部的中間，與一個巨大、結實的球狀吸食器（圖170A，Pmp）──口腔相通。口腔的前壁閉合，但如果頭前壁（Clp）的肌肉（Mcl）提升，口腔前壁則打開。口腔就是蠅虻的吸食器。蠅虻的口腔和蟬的口腔（圖122，Pmp）十分相似。蠅虻是靠上唇和下嚼組成的吸管（即受兩個下顎片擠壓的通道）吸食液體食物的。

第十章　蚊子和蠅蚋

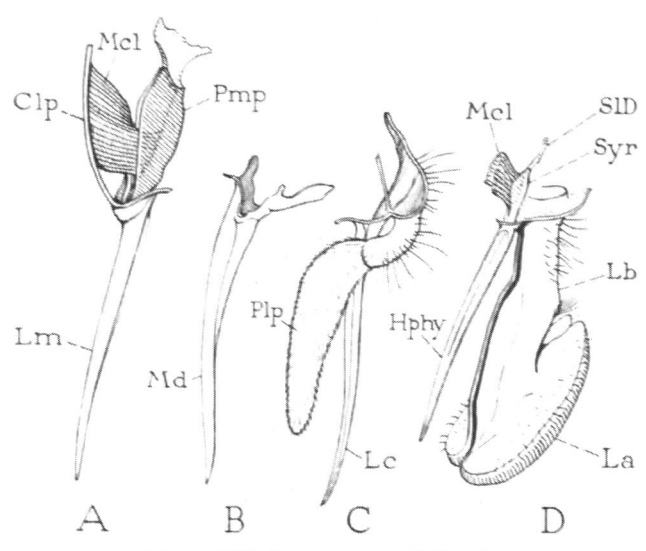

圖 170　馬蠅（tabanus atratus）的口器

A. 上唇（Lm）和針喙（Pmp），頭壁唇基板（Clp）上的吸食器擴張肌（Mcl）緊張地豎立著。嘴在上唇基部後面。

B. 左側上顎。

C. 左側下顎，由一柄長長的刀片（Lc）和一條長長的觸鬚（Plp）組成。

D. 下唇（Lb），末端長有巨大唇瓣（La）。下嚥部（Hphy）、唾液腺（SlD）和針筒（Syr）。上唇下嚥管末端開口，唾液腺和針筒能透過上唇下嚥管注射唾液。

馬蠅的下顎（圖 170B，Md）是一種切割工具，很長，很尖，像刀片一樣，刀背很厚，刀刃很薄。其延伸的基部和頭部下沿相連，可以稍微橫向切割，但不能像蟬的下顎那樣前伸和回縮。上頜是一種纖巧的取食工具，每一個都透過基盤和頭部相連。基盤上還長著兩節的上頜鬚。上頜也許是馬蠅嘴部最重要的穿刺工具。

下嚥（圖 170D，Hph）像把尖刀一樣，中空。正如我們看到的那樣，牠頂著上唇的下面，形成捕食通道的外半邊。唾液腺（SlD）延伸至下嚥並縱穿下嚥。唾液腺在下嚥基部之前，長有一隻鼓脹的針筒（Syr）。唾液腺針筒在結構上實際是吸食器（A，Pmp）的複製品，針筒的後部長有豎立肌

肉。蠅蛇的唾液透過下嚼尖部注入進傷口。正因如此，被蠅蛇咬中是感染的原因，牠能將體內的病菌從一個動物感染到另外一個動物身上。

在以上描繪過的所有器官後面，就是位於頭部中間位置的下唇（圖170 D，Lb）。牠比其他器官都大，由粗的唇柱和末端兩片大大的唇瓣（La）組成。唇瓣（labella）軟軟的，薄薄的，邊緣長滿了深色的厚厚的溝槽。溝槽彼此平行，斜向延伸。這些溝槽可以吸取供血者傷口的血液，也可以分泌唾液從唇瓣間的下嚼部末端釋放出去。我們還不大清楚馬蠅的唾液對供血者的血液究竟有什麼影響，但據說一些蠅蛇的唾液能阻礙血液凝固。

一些體型較小的馬蠅咬噬能力也非常強。當路人想在路邊的陰涼地方稍事休息，牠們真的是非常討厭。馬、牛和其他一些野生哺乳動物也非常討厭這些蠅蛇，大量的蠅蛇使牠們的日子非常難過。這些動物能保護自己不受可惡的蠅蛇叮咬的唯一辦法就是甩尾巴。不過這只能讓蠅蛇換個地方再咬。

強盜蠅[98]（圖167）是另一個會叮咬的蠅蛇家族，牠們總是成群結隊地襲擊其他昆蟲。牠們的飛行能力非常強，可以在空中襲擊供血者，連蜜蜂都是牠們的受害者。強盜蠅沒有下顎，尖利、有力的下嚼是主要的穿刺工具。強盜蠅的唾液注入傷口，溶解了供血者的肌肉，這樣溶解液就被完全吸了出來。

正如第八章——昆蟲變態所談到的，成蟲的外形變化是為特定的生存環境服務的，幼蟲的外形也是為適應與成蟲完全不同的生存環境的。這條規則也適用於蠅蛇。整體而言，蠅蛇成蟲的結構在所有昆蟲成蟲中演化得是最好的，因此毫無疑問，蠅蛇幼蟲在所有昆蟲幼蟲當中也是最適應環境的。

---

[98]　即 Asilidae。

第十章　蚊子和蠅蛆

　　蠅蛆幼蟲時期是沒有外部翅膀的，腿部生長也受到限制，因此，牠們的幼蟲不但無翅也無腿（圖171）。那個時期，腿和翅膀都是長在體內的芽狀器官。只有到了變態初期，才翻出來，形成腿和翅膀。

　　蠅蛆的幼蟲身體呈柱狀，無腿，這使牠們看起來像蟲子，牠們也就像蟲子一樣去生活，採取蟲子的行為方式。為了彌補無腿的缺陷，蠅蛆身體內壁上長滿了錯綜複雜的肌肉纖維系統，這使牠的身體能自如地伸展、蜷縮，做出各種柔術表演動作。

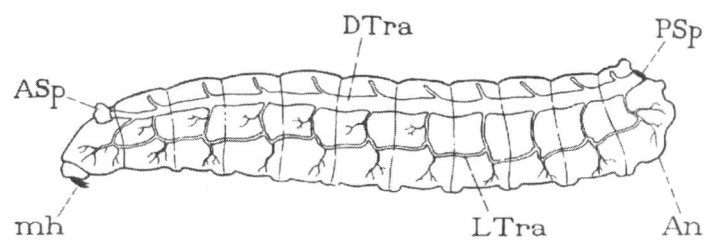

圖171 蠅蛆的身體結構

An：肛門；ASp：身體前端氣孔；DTra：背部氣管；LTra：身體兩側的胸部氣管；mh：嘴鉤；PSp：身體末端氣孔。

　　乍看之下，這個身體柔軟，像蟲子一樣的小生物，肌肉一收縮，身體就能伸展開，是多麼地奇妙啊！但是，我們應該記得幼蟲的體內都是柔軟器官，而且很多器官都是半游離狀態，而且器官間隙充滿了體液。因此，這個小生物能把身體當成一個水壓裝置，做出各種動作來。比方說，身體的後半部分一收縮，就迫使體液和游離態的柔軟器官向前移動，這樣就使身體前半部分拉長。縱向肌肉一收縮，就拉動了身體的後半部分，再一次重複伸展動作。這樣，柔軟的幼蟲沒有長腳也能向前運動。如果情況需要，整套動作反著做，牠就會向後移動。蠅蛆幼蟲身體構造的一個特別之處就是牠的氣孔，氣孔的生長和牠的呼吸方式相關。我們已經知道，大多數昆蟲身體兩側各有一排氣孔，和體內兩側的氣管

相通（圖 70）。蠅蛆幼蟲的氣孔是閉合的，直到蛹變成成蟲才用來呼吸。

　　蠅蛆幼蟲的身體末端長著一對或兩對特殊的呼吸器官。一些種群在身體的末端兩側各長著一對呼吸器官（圖 171，ASP，PSP），一些則只在身體末端長著一對。身體前端的呼吸器官（如圖 171，ASP 所示），包括身體第一節的球狀突起，上面有著複眼，和身體前端的一對大型背部氣管相連（DTra）。身體後部的呼吸器官包括身體末端的一對氣孔，牠們和身體末端的一對背部氣管相連。擁有了這樣的呼吸器官，蠅蛆幼蟲只要把尾巴末端伸到空氣中，就能在水下、泥裡或其他柔軟物質中生活。

　　有一種大型蠅蛆長得像雄蜂，鼠尾蛆（圖 172）就是牠的幼蟲。牠的呼吸系統極具優勢。牠的身體末端是一條長長細細的尾巴，上面長著尾部氣孔。這個小傢伙生活在髒水裡和泥沼中，利用身體的發明創造，可以藏在水面漂浮物的下面，利用尾巴進行呼吸。尾巴尖露出水面，露在離身體較遠的地方。尾巴尖圍繞著氣孔長著一圈放射狀的毛，牠能讓尾巴漂浮在水面上，並且防止水進到氣孔裡。

　　幼蟲和成蟲的差別很大，變態時會發生巨大變化。雙翅目昆蟲因為演化程度高，所以體內變態過程要比其他昆蟲複雜得多。

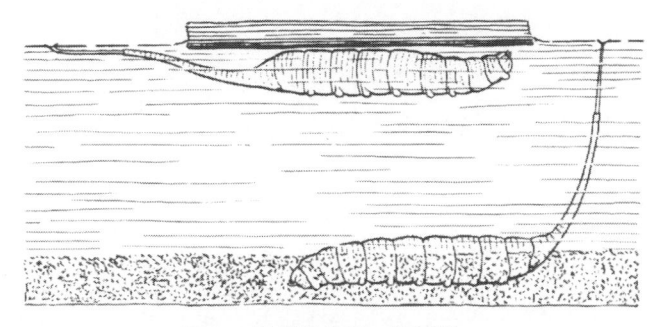

圖 172 蜂蠅的幼蟲，鼠尾蛆。
牠們生活在水下和泥沼中，透過長長的尾狀呼吸管呼吸水上空氣。上圖：鼠尾蛆在水面漂浮物的下面休息。下圖：鼠尾蛆在水下的泥中覓食。

第十章　蚊子和蠅虻

在第八章我們已經了解到，蛹實際上是成蟲的前期。幼蟲在最後一次蛻皮時也完全擺脫掉幼蟲特點。大多數蠅虻的蛹，具有成蟲（圖182A，F）的總體特徵，卻保留了幼蟲的呼吸系統，至少是部分保留了幼蟲的呼吸器官。幼蟲透過身體末端的特殊氣孔呼吸，說明早期的蠅虻幼蟲是生活在水中或爛泥裡的。也就是為了適應那種生存環境，身體兩側的氣孔關閉，背部長出了特殊的氣孔。儘管有時並非現實環境使然，很多蛹仍保留了幼蟲的呼吸方式，或至少部分保留了幼蟲的呼吸器官。這說明早期的蛹和幼蟲的生活環境是一樣的。

如果我們的假設是正確的，那麼就會理解為什麼在所有昆蟲中偏偏蠅虻出現了特殊情況，即蛹具有成蟲的結構特徵，卻完全拋棄了幼蟲的特點。有些蛹幼蟲時期生活在水中，具有成蟲一樣的雙側氣孔（圖173B，Sp）。這說明這種種群的幼蟲在變成蛹之前就已經離開水域，在其他可用一般呼吸器官進行呼吸的地方幻化成成蟲。這條規則也適用於其他幼蟲為水棲生物的昆蟲。

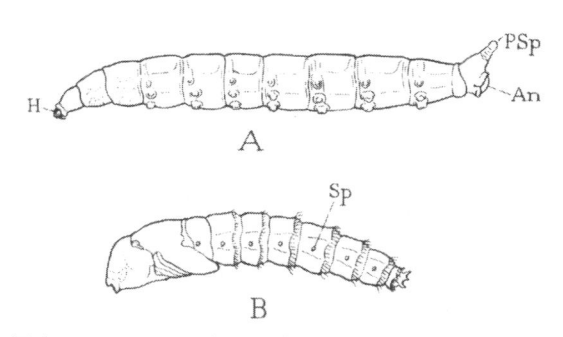

圖173 馬蠅（Tabanus punctifer）的幼蟲（A）和蛹（B）（實物的1.5倍大小）

An：肛門；H：頭部；PSp：身體後部氣孔；Sp：氣門。

雙翅目昆蟲是個大家族，關於蠅虻的有趣故事說也說不盡。想要透澈研究這個科目，非得有比這本書更厚的書才行。第十章是本書的最後

一章,我們還是談談和人類以及家畜的利害關係息息相關的昆蟲,牠們包括蚊子、家蠅、吹蠅、馬廄蠅、采采蠅(舌蠅)、麻蠅(食肉蠅)和其他相關種類。

蚊子與其他害蟲相比,首先讓我們問這樣一個不相干的問題,為什麼上帝要造出害蟲來煩我們?這個問題的最好回答就是上帝讓牠們來檢驗我們的科學發達程度是否能控制牠們。而對於其他野生動物而言,蚊子就是沒完沒了地叮咬、傳播疾病,真是煩死了。這些野生動物只能活受罪,別無他法,有大量證據證明野生動物們真是慘透了。

以前沒有現在學校的自然課,接雨水的水桶和水槽就是課本。也許這種所謂的課本不夠精確也不夠科學,但我們畢竟從這些實物裡得到了第一手知識。我們知道了什麼是小蠕蟲,什麼是馬毛蛇,也非常確定小蠕蟲會變成蚊子,就像確定馬毛蛇是從馬毛變來的一樣。現代自然學研究使我們走上了更精確的科學之路,但富麗堂皇、光怪陸離的水族館卻再也沒有水桶和水槽那樣富有吸引力了。

關於馬毛蛇的祖先問題現在已經不是一個謎。不過科學的進步無法阻止小蠕蟲變成蚊子,改善衛生環境也只是減少了蠕蟲變成蚊子的數量。現在,我們暫且不用耳熟能詳的那個詞「蠕蟲」,為了方便試驗研究,我們採用牠的學名「孑孓」。

接雨水的桶子不會告訴我們孑孓是如何鑽進桶裡的,這就是水桶的魅力。我們面臨的實際上是一個生命起源的神祕問題。現在我們理解了,這是雌蚊將卵產在水面,孑孓就會從卵裡爬出來。

第十章　蚊子和蠅虻

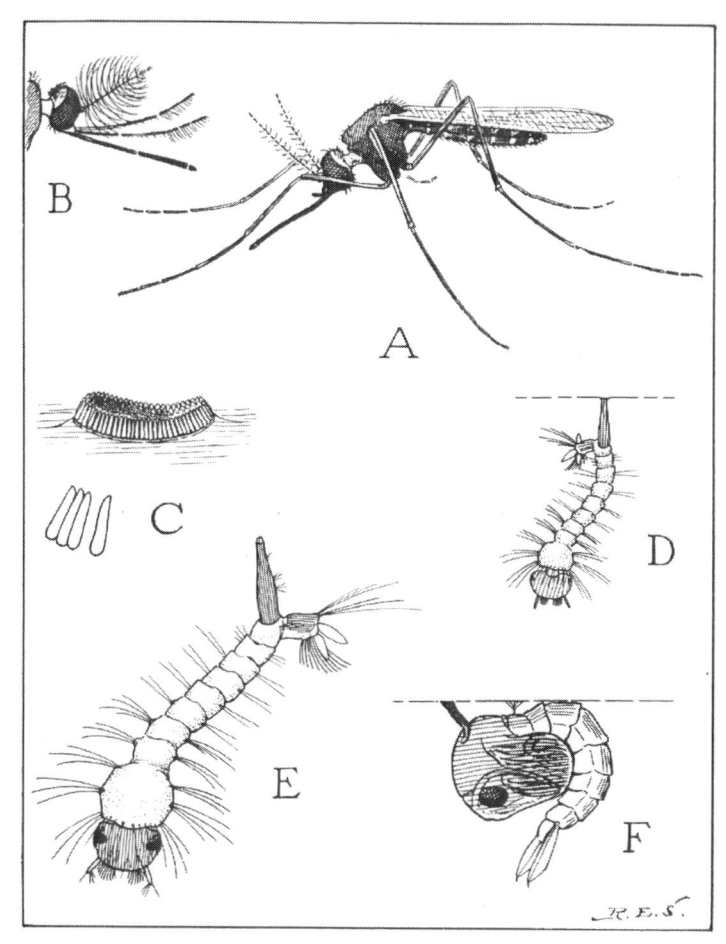

圖 174 致乏庫蚊，也叫熱帶家蚊（Culex quinquefasciatus）生命中的各個階段

A：成年雌蚊。B：成年雄蚊的頭部。C：漂浮著的卵筏，單列出四顆放大的卵。D：一隻小孑孓垂在水面下。E：完全長成的孑孓。F：待在水面下的蛹。

　　蚊子種類很多，但與人類相關的主要有三種，第一種是普通的蚊子，屬於熱帶家蚊或其近親；第二種埃及斑蚊[99]；第三種瘧疾病毒攜帶蚊子[100]。

---

[99]　學名 Aëdes aegypti。
[100]　學名 Anopheles。

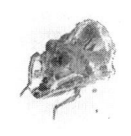

熱帶家蚊的卵塊又小又平的漂浮在水面上。每一顆卵都站立著，靠得很緊，乍看像一隻小木筏一樣飄在水面上。木筏邊緣上的卵較高，這樣卵塊中間有些凹陷，有效防止意外沉沒。不過卵塊下面有一層氣膜，足以讓卵塊浮起來。

　　熱帶家蚊可以將卵產在任何水域，無論牠是自然而然形成的水塘、一汪雨水、一桶水、亦或是讓人丟棄的罐頭裡的水。每個卵塊都有二三百個卵，有時還會更多，即便是最大的卵塊直徑也超不過0.6公分。卵孵化的時間很短，通常不超過二十四小時，有時天氣較冷孵化期可能會較長。孑孓從卵蛋的下面一出來，就能在水中自由生活。

　　小孑孓身體柔軟，卻異乎尋常地有著大腦袋（圖174D）。當牠逐漸長大，胸部就會鼓起來，和頭部一樣粗，甚至更粗（E）。牠的頭部兩側長著一對眼睛（圖175，b），一對短小的觸鬚（Ant），臉下面兩撮向內捲曲的毛（a）。在身體兩側長滿幾組長毛。有些蚊子的毛是一撮一撮生長的。牠的尾巴分叉，一個向上翹，一個向下垂。往上翹的那個其實是個長管，向後上方翹至身體末端。向下垂的才是身體真正的尾巴，尾巴尖是消化道的末端──肛門。肛門上長著四個扇瓣，長長的、透明的，向外伸展著（d）。牠的背部長著兩撮長毛，腹部也長著一撮毛（圖174E）。

　　孑孓的最大特點就是牠有專門的呼吸系統。幼蟲靠背管末端的唯一一個氣孔呼吸，這個氣孔在身體倒數第二節上（圖175，Psp）。氣孔裡面還有兩個氣孔，通往體內的兩根大氣管（Tra）。兩根大氣管有很多分支與體內的主要器官相連。因此，蚊子的幼蟲必須將氣管尖翹出水面才能呼吸。儘管是一種水生生物，可是在水中待的時間太長，牠也會淹死。能在水面呼吸有一個顯著優點，就是牠居住的水裡不一定要有空氣，就算水量很少，只要有足夠的食物也可以生存大量幼蟲。

第十章　蚊子和蠅虻

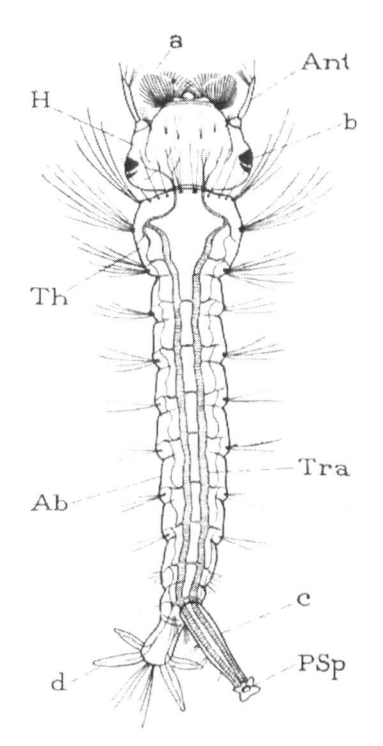

圖 175 熱帶家蚊幼蟲的身體結構

A：嘴邊毛刷；Ab：腹部；Ant：觸角；B：眼睛；C：呼吸管；D：身體末端圓瓣；H：頭部；PSp：身體末端氣孔；Th：胸部；Tra：背部氣管。

　　在氣管的周圍長著五個小圓瓣，就像五角星一樣。當幼蟲沉到水底，五個圓瓣就會閉合，蓋在氣孔上，防止水進到氣管裡。不過一旦氣管頭露出水面，圓瓣就都打開了。這樣不但打開了氣孔，幼蟲還可以懸浮在水面下（圖174D，181B）。牠大頭朝下，嘴邊的毛刷不停晃動，讓水流流過嘴邊，從中捕食。嘴邊的毛刷黏上水中微粒，就送到嘴裡。微粒中的有機物構成了幼蟲的食物。不過，熱帶家蚊的幼蟲在水下吃東西，那裡的食物也許更多。

　　蚊子的身體密度和水的密度差不多。當牠在水面下保持一動也不動

的時候，一些幼蟲會沉下去，一些會浮上水面。蚊子的幼蟲個個都是游泳健將，透過不斷將身體後半部分擺來擺去，牠可以在水中恣意暢游。這個代表性的動作使牠有了耳熟能詳的名字——「孑孓」。牠還能不用搖擺身體，只用嘴邊的毛刷就能快速地在水中遨遊。因此，當牠懸浮於水面下的時候，牠既可以來個倒掛金鐘，還能在水面快速游動。

孵化完以後一個星期，也就是仲夏時分，熱帶家蚊幼蟲就長大了，不過在氣溫較低的春天和秋天，幼蟲的生長期會延長。經過三個生長期，幼蟲就能長成蛹。

蚊蛹（圖 174F）也生活在水中，但外表看起來和幼蟲完全不同。像胸啊、頭啊、頭部的附屬氣管啊、腿啊、翅膀啊都被擠進了巨大的橢圓型胸腔裡。胸腔下垂著細長的腹腔。蛹由於胸腔有氣囊，比水還要輕。當靜止不動的時候，牠會背貼著水面，浮在水面下。蛹沒有幼蟲的氣管和後部氣孔，只有兩根巨大的喇叭狀的呼吸管，從胸前部伸出來。當蛹來到水面下，呼吸管就會伸出水面。當然，和其他昆蟲的蛹一樣，蚊子蛹也不吃東西，但為了躲避天敵，牠和幼蟲一樣活躍。一碰牠，牠就會快速運動腹部，很快扎進水下。牠的腹部長有一對泳蹼，使牠無愧於游泳健將之名。仲夏時分，蛹的生長期大概是兩個星期。

蛹殼從背部裂開，成蟲就出來了。現在，我們也弄清楚了，為什麼蛹要懸浮於水面，這樣成蟲才能直接飛向空中。

完全成熟的蚊子（圖 174A）具有其他所有雙翼目昆蟲的特徵，但與其他蠅虻不同的是，牠的翅膀、頭部、身體和附屬器官的某些部位長有鱗片。蚊子成蟲的嘴是用來穿刺和吸血的，和馬蠅的結構相似，只是個別種類蚊子的嘴部元件更長、更細。嘴部元件構成噬鼻也可以叫做喙（圖 176A，Prb），從頭部下面向前伸出來。雄性和雌性蚊子透過看觸角很容

第十章 蚊子和蠅虻

易就辨認得出。雄性的觸角很大、毛茸茸的，雌性的觸角則很細，上面的毛較少。雌雄蚊子的嘴也不一樣，比方說，雄性的馬蠅就沒有下顎。

　　蚊子的嘴部構造，在不吃東西的時候，看起來像是一個整體，馬蠅就是這樣的。除了觸鬚，各種嘴部構造糾集在一起，形成長喙，從頭下向前伸出（圖176A，Prb）。喙的長度因蚊子的品種不同而不同。南美洲的某些種群（圖176），長喙非常長。

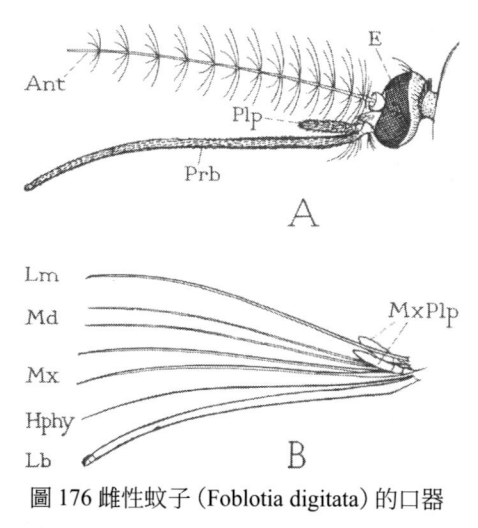

圖 176 雌性蚊子（Foblotia digitata）的口器

A. 正常狀態下的頭部和長喙（Prb）。B. 嘴部構造分解圖，顯示長喙的組成結構。Ant：觸角；E：複眼；Hphy：下嚥；Lb：下唇；Lm：上唇；Md：下顎；Mx：上頜；MxPlp，Plp：上頜鬚；Prb：長喙。

　　我們將雌蚊的長喙（圖176B）分解來看，和雌性馬蠅的長喙（圖169B）完全一樣。也有上唇（Lm）、兩個下顎（Md）、兩個上頜（Mx）、下嚥（Hphy）和下唇（Lb）。在噬鼻能看見的最大器官是下唇，其他器官都隱藏在下唇上面形成的凹槽裡。上唇（圖176B，Lm）像一柄長長的刀刃，中間略微凹陷，尖端鋒利，牠也許是蚊子主要的穿刺工具。蚊子的下顎是纖細、柔軟的鬃毛，幾乎沒什麼用處。牠的上頜又薄又平，根

部較厚，但尖端鋒利，外沿長著一排像鋸子一樣的倒齒。當上唇刺破肌肉，上頜齒也許能將嘴部構造都伸進孔裡去。觸鬚（MxPlp）從上頜根部長出來。下嚥（Hphy）像一柄細長的刀片，中間縱穿著唾液腺。牠的上面呈凹狀，當不吸血的時候，和上唇下側的凹陷合在一起，自然形成管狀，直通口腔。蚊子的唾液透過下嚥尖注入傷口，供血者血液透過上唇——下嚥管被吸進蚊子的嘴裡。下唇（Lb）對其他器官主要發揮保護作用。由兩個小圓瓣組成，中間伸出一道不高的舌狀突起。當蚊子刺穿供血者肌膚，下唇就收縮，其他尖利的嘴部構造全部都伸進傷口裡。

雌雄蚊子據說都能刺破植物纖維，吮吸植物的汁液，牠們也吃水果的果汁和其他柔軟植物的汁液。臭名昭彰的雌蚊除了吸食人血，還吸食動物血。雄蚊很顯然是個素食主義者。被雌蚊咬了以後，就會又癢又痛，也許是因為昆蟲的唾液注進了傷口。據說蚊子的唾液能阻礙血液凝固。

整個夏季，由卵變成成蟲需要的時間非常短，從春季到秋季就會生出無數代的蚊子。蚊子以成蟲和幼蟲形式過冬。能產卵的雌蚊會躲在好地方過冬。大量的幼蟲在冰冷的池塘裡，聚集在一起冬眠。一旦解凍，就立刻活躍，溫度適宜，就會馬上生長。

埃及斑蚊[101]，在我們發現牠和黃熱病之間的關係之前，一直叫Stegomvia fasciata。牠的幼蟲和蛹的生活習慣和熱帶家蚊相似。不過，牠是一個一個地產卵，卵也是孤零零地漂在水面上。埃及斑蚊成蟲因為身上帶有裝飾斑點也很好辨認。胸部背後黑色底上裝飾有白色七弦琴圖案，腿部關節也裝飾有白色圓環，腹部是黑色的，在每一節的交會處裝飾有白色條紋。雄性成蟲長有巨大的毛茸茸的觸角，和長長的上頜鬚。

---

[101] 學名 Aëdes aegypti。

第十章　蚊子和蠅虻

雌性成蟲長有堅硬的噬鼻，觸鬚短小，觸角也十分短小，像雌性蚊子那樣。圖 177 顯示的 Aëdes 和埃及斑蚊很像。牠們在華盛頓偏北地區較常見，主要生長在波多馬克河的石頭水塘裡。

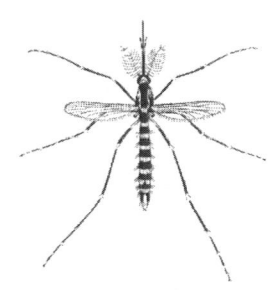

圖 177 雄性黑帶蚊（Aëdes atropalpus），埃及斑蚊的近親，兩者在外表也很相近

黑唇伊蚊幼蟲（圖 178A）和熱帶家蚊幼蟲較相似，但牠更習慣在水下覓食，能在水下待很長時間也不用游上來。覓食的時候，牠在水下的爛泥裡亂拱，貪婪地吃著死了的昆蟲和小甲蟲類蟲子。黑唇伊蚊蛹（圖 179A）和熱帶家蚊的蛹也沒什麼本質區別。牠浮在水中，整個後背緊貼在水面下，呼吸管伸出水面。也許沒有其他任何一種昆蟲像蚊子那樣將呼吸管伸出水面懸浮在水中。

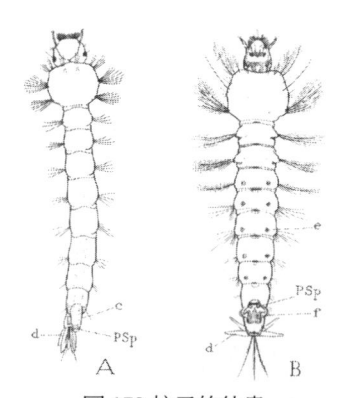

圖 178 蚊子的幼蟲

A. 黑唇伊蚊（Aëdes atropalpus）。B . 羽斑蚊（Anopheles puntipennis）幼蟲。c：呼吸道；d.：尾瓣；e：星團狀攝毛，能使幼蟲浮在水面下；f：通氣孔區域；Psp：通氣孔。

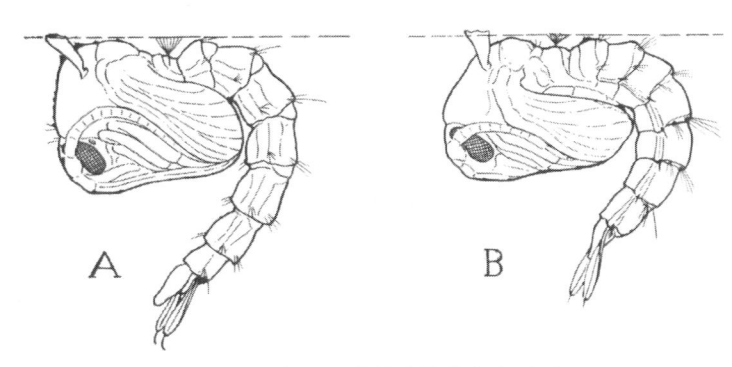

圖 179 蚊蛹用平常的姿勢待在水面下

A. 黑唇伊蚊（Aëdes airopalpus）。B. 羽斑蚊（Anopheles puntipennis）。

埃及斑蚊是我們所知的唯一一種能將黃熱病病毒從一個人傳染到另一個人的自然攜帶者。如果蚊子以前曾經吸食過黃熱病病人的血，並且感染了病毒，那麼牠再咬別人就能把病毒傳染給牠。我們目前還不大清楚引發黃熱病的有機質，不過大量證據顯示牠是一種細小、不可過濾的有機質，叫 spirochetes。二十攝氏度以下，不會引發蚊子體內黃熱病病毒，埃及斑蚊在黃熱病易發緯度的區域之外也不會生長。因此，黃熱病僅限於熱帶和氣溫較高的溫帶地區。在北部城市爆發季節性的黃熱病也許是因為南方港口過來的船隻帶來了感染病毒的蚊子，並造成當地大面積感染引起的。

瘧疾蚊子屬於按蚊屬[102]，生活在熱帶和溫帶的大部分地區，也是瘧疾流行的地區。最常見的傳播瘧疾的蚊子是瘧疾蚊子（圖180），特徵是在翅膀邊緣長有一對模糊的白色斑點。雌蚊將卵一個一個產在水面上。這些卵腰上都套著氣泡，就那麼漂在水面上。

---

[102] 即 Anopheles。

第十章　蚊子和蠅虻

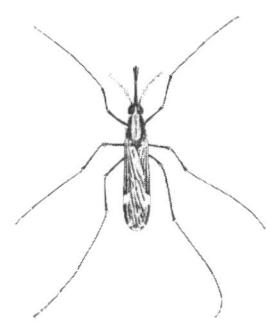

圖 180 雌性瘧疾蚊子（Anopheles puntipennis）

按蚊的幼蟲無論在身體結構上還是生活習慣上和熱帶家蚊、埃及斑蚊都有顯著不同。牠不像熱帶家蚊（圖 174E，圖 175）那樣幾乎在身體末端伸出一根呼吸管，而是在身體的倒數第二節上，長有一個凹形的呼吸盤（圖 178B，f），尾部氣孔（Psp）就長在那裡。幼蟲靠背部一字排列的星狀短毛產生的浮力，呈水平浮在水面下（圖 181A）。星狀短毛的毛尖伸出水面，使幼蟲浮在水中。呼吸盤伸出水面，四圍突起，使呼吸孔周圍保持乾燥。胸部和身體頭三節兩側的長毛，毛茸茸的，向外豎著。

按蚊幼蟲（圖 181A）習慣於在水面捕食。一有動靜，牠就到處亂跑，但就是不願意往水下跑。捕食的時候牠的身體呈水平，頭朝下，用嘴邊的毛往嘴裡撥弄水。

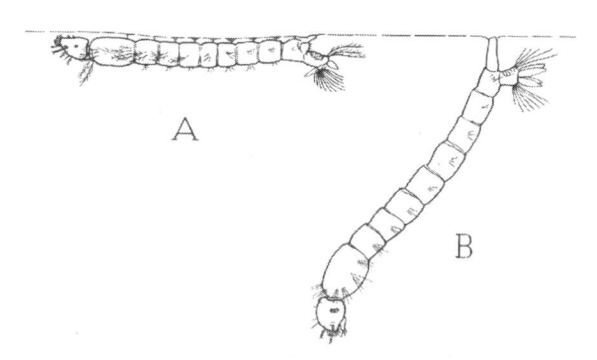

圖 181 瘧疾蚊子和熱帶家蚊的蛹的捕食姿勢

A. 瘧疾蚊蛹水平仰臥在水面下捕食。B. 熱帶家蚊的蛹呼吸管伸出水面懸浮在水中。

按蚊的蛹（圖179B）和熱帶家蚊、的蛹並無本質差別，牠的最顯著特徵是呼吸管的形狀不同，末端比較寬闊。

瘧疾寄生蟲不是細菌而是一種微生物叫瘧原蟲[103]，很多種蚊子都和疾病相關。瘧原蟲的生命週期極為複雜，牠必須在蚊子體內生活一段時間，然後再在其他脊椎動物體內生活一段時間。在人身上，牠主要寄居在紅血球內。透過無性繁殖，牠的數目呈幾何倍數增長。不過，一旦最終進入到按蚊的胃裡，個別寄生蟲會出現雌雄異體。這些有性個體在蚊子的胃裡結合，產下合子[104]。正如其名，牠們能鑽進胃壁細胞裡生活一段時間。在那裡牠們大量繁殖長成紡錘形的小生物，然後穿過胃壁，進入到蚊子的體腔，最後匯集到唾液腺中。此時，蚊子的唾液腺裡全是瘧原蟲寄生蟲，如果牠咬了其他動物，那麼寄生蟲就會隨著唾液進到傷口裡面。如果牠們不能被白血球立刻殺死，就會很快進入紅血球中，被咬動物就會出現瘧疾症狀。

---

[103] 學名 Plasmodium。
[104] 即 zygotes。

第十章　蚊子和蠅蚋

家蠅和牠的近親

人類熟悉的家蠅，也就是蒼蠅，是蠅蚋中的大家族，屬於家蠅科[105]，因其家族中的著名成員家蠅[106]而得名。musca是拉丁語，意思是蠅蚋。

家蠅（圖182A）對於居家人士來說簡直是太討厭了，牠還很喜歡馬廄，最喜歡的餐廳是糞堆。雌性家蠅在這裡產卵（B），幼蟲叫蛆（C），也在這裡生活直到變態。據估計足有95%的蒼蠅是在馬糞堆裡生長的，其他少數長在垃圾箱裡、爛菜堆裡。想要控制家蠅數量，就不能讓家蠅接近糞堆，並積極殺死糞堆裡的蛆蟲。

家蠅的卵（圖182B）是白色的小橢圓形，大概有0.6公分長，一頭略微彎曲，一頭略微凹陷。雌性家蠅在變成成蟲後十天就能產卵，每次能產75～150個卵。雌性的繁殖期較短只有二十天左右，但牠能在每次產卵後稍適休息就再次產卵，先後共產下兩千多個卵。每個卵的孵化期不超過24個小時。

家蠅的幼蟲和其他蠅蚋的幼蟲沒什麼區別，都長得像蟲子，通常統稱為蛆（圖182D）。牠的細長的白色身體分成幾節，單從外表看，沒腿也沒頭。在身體末端較平坦的地方長著兩個大氣孔（Psp），外行人總會誤認為是眼睛。身體較細的一端是頭部，但蛆蟲真正意義上的頭部是完全長在身體裡的。頭部縮進身體的地方有個小孔，那就是蛆蟲的嘴了。兩個

---

[105] 即 Muscidae。
[106] 即 Musca domestica。

像爪子一樣的鉤子向外伸著，這兩個鉤子對蛆蟲來說既是下巴也是捕食器官。幼蟲在牠兩到三週的生命期裡共蛻皮兩次。然後就爬到像馬糞堆下面的土裡這種僻靜的地方，進入休息期。牠的皮膚變硬、萎縮，直到變成又小、又硬的橢圓形的殼，叫蛹殼[107]（圖182E）。

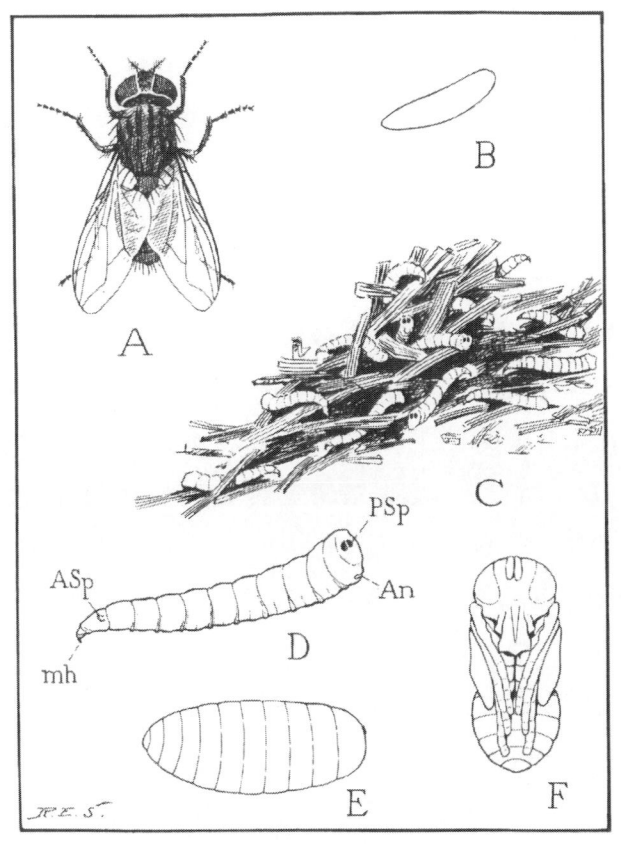

圖182 家蠅（Musca domestica）

　　A. 家蠅成蟲（比實物大5.5倍）。B. 家蠅的卵（放大了很多倍）。C. 糞堆裡的家蒼幼蟲，也叫蛆。D. 一隻放大了的幼蟲。E. 蛹殼，也是變硬了的幼蟲的皮。在蛹殼裡幼蟲將變成蛹。F. 蛹。

---

[107] 即 puparium。

第十章　蚊子和蠅虻

在蛹殼裡，幼蟲再一次蛻皮，變成蛹。蛹（圖182F）受蛹殼的保護接著變成成蟲，因此蛹殼發揮繭殼的作用。當成蟲完全長成，牠就會打開蛹殼的前蓋，飛出去。卵變成成蟲的時間長短隨氣溫的不同而不同，通常是 12～14 天。蒼蠅的成蟲在夏天通常都短命，生命期大概是三十天或至多不超過兩個月。如果氣溫較低，牠們的行為受限，活的時間也許會較長。如果找對地方，還能活過冬天。

家蠅、蚊子、馬蠅的最根本區別在於嘴部的結構。家蠅沒有下顎和上頜，但牠還是長有中間的部件，如上唇、下嚥、下唇。這些部件構成了噬鼻。正常情況下，噬鼻是捲起來放在頭部下方的，捕食時，才向下伸展開來（圖 183A，Prb）。

下唇（圖 183B，Lb）是家蠅噬鼻的主要組成部分，牠的末端圓瓣，也叫下唇瓣（La）尤其發達。在下唇根部長著一對觸鬚（Plp），也許是上頜鬚，雖然牠並沒有長上頜。下唇的前端表面下凹得很厲害，像馬槽一樣，為上唇（Lm）所覆蓋。緊貼著唇壁構成的封閉管道是下嚥。當下唇瓣伸展，兩個唇瓣的分叉前端則併攏，中間的小孔保持開啟狀態。這個小開孔就發揮嘴的作用了，儘管家蠅真正意義上的嘴在上唇和下嚥的根部，向內與一根大型吸食器相連，其基本結構與馬蠅一模一樣（圖 170A）。

家蠅沒有穿刺器官，完全靠液體食物生活。液體食物首先進入下唇瓣間的小開孔，然後再透過上唇和下嚥構成的食管進到真正的嘴裡。不過家蠅也並不是完全依賴於自然液體食物，牠能用唾液溶化可溶解食物如白糖。下嚥尖能分泌唾液，然後可能透過下唇瓣通道撒到食物上。下唇瓣通道可能還會吸吮食物溶液，然後輸送到下唇瓣間的小開孔裡。

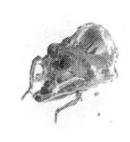

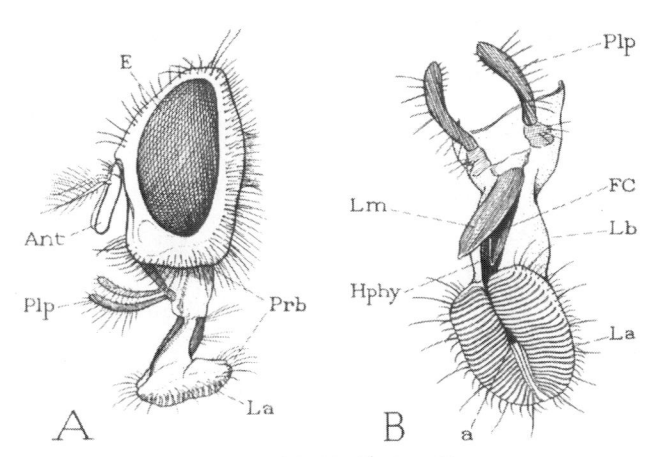

圖 183 家蠅的頭部和口器

A. 長喙（Prb）伸展開以後的側視圖。Ant：觸角；E：複眼；La：唇瓣，長喙的末端圓瓣；Plp：下顎觸鬚（注：家蠅無上頜）；Prb：長喙。

B. 家蠅的長喙，正面偏 20°角仰視圖。長喙包括厚厚的下唇（Lb），末端的下唇瓣（La）和下唇瓣之間的小開孔（a），小開孔通往噬鼻一段的食管。這段食管還包括下嚥（Hphy）。下嚥前端被上唇（Lm）覆蓋封閉。

近幾年，我們更了解家蠅的生活習性，比如牠令人噁心的雜食性，一會是在垃圾箱或更噁心的地方吃東西，一會又趴在我們的飯桌上或孩子的臉上。我們還知道牠可能是疾病的攜帶者，不過在這裡，沒必要細數牠在我們的生活中是多麼令人討厭了吧。

對家蠅的最嚴厲指控是牠不管乾淨不乾淨到處亂待、亂吃，牠的腿、身體、嘴和消化道很容易攜帶像傷寒熱、肺結核和痢疾這樣的病菌。已經證實家蠅攜帶的病菌只要條件適宜就會繁殖，因此到處亂飛的家蠅可能滿身都是病菌，有時可能達到成百萬上千萬個。因此，毫無疑問我們要採取衛生措施保護食物不受汙染。

但是家蠅的嘴部構造，卻使牠洗清了一項罪名，就是牠不會咬人或其他動物。不過我們的確也聽過不少人信誓旦旦地說被蒼蠅咬著了。他

第十章　蚊子和蠅虻

們既沒有說謊,也沒有冤枉好蟲。會叮咬的蠅虻不是家蠅,而是外表和家蠅極為相似的很常見的一種蠅虻,體型稍小一點。如果我們能抓住那個罪魁禍首,就會看見牠的頭部長著又長、又硬、又尖的噬鼻(圖184,Prb),和家蠅的嘴部器官(圖183)截然不同。這種會叮咬的蠅虻被昆蟲學家稱之為馬廄蠅[108]。牠和家蠅屬於同一科,雖然時常在家中出沒,不過牠最願意待的地方還是馬廄和牛棚。

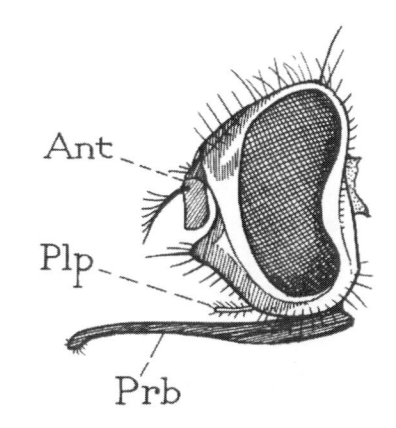

圖184 馬廄蠅(Stomoxys calcitrans)的頭部

Ant:觸角;Plp,:下顎觸鬚;Prb:長喙。

世上凡是有人的地方都有馬廄蠅。雌雄兩性都是嗜血成性,任何溫血動物的血都喝,攻擊對象最多的是家畜。馬廄蠅主要生長在發酵的植物堆裡。在溼溼的草料堆下面,以及苜蓿、穀物、雜草和各種爛植物堆下面,都能找到馬廄蠅的幼蟲。

牛群也受另一種叫牛角虻[109]的蠅虻侵擾,牠因為總是大量聚集在牛角的根部而得名。牛角對牠們來說是一個很方便的棲息地。牛角虻會叮咬,就像馬廄蠅一樣。牠的數量龐大,是牛群的一大害蟲。牠除了叮咬造成牲

---

[108] 即 Stomoxys calcitrans。
[109] 即 Haematobia irritans。

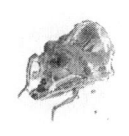

畜不適，還會使牲畜體重減輕，乳牛產奶量降低。牛角虻外形象馬廄蠅，但牠體型較小，只有馬廄蠅的一半大，主要生長在牛群新鮮的糞便上。

非洲的采采蠅（圖185）應該算是叮咬蠅虻中的龍頭老大。一旦被咬，不但會讓人和牲畜萬分難受，而且還會將「非洲嗜睡病」的寄生蟲傳染給人，馬和牛得了這種病就叫「那加那病」[110]。

「非洲嗜睡病」是由一種寄居在血液和其他體液中的一種原生動物——錐體蟲[111]引起的。錐體蟲是一種很活躍的單細胞有機體，一頭較長像尾巴，也叫鞭毛。牠們寄生在很多脊椎動物身上，但很多並不會誘發疾病。至少有三種寄居在血液中的「非洲嗜睡病」寄生蟲有可能誘發宿主死亡。有兩種能使人患上「非洲嗜睡病」，第三種會使馬匹、騾子和牛群得上「那加那病」。能使人患上「非洲嗜睡病」的兩種寄生蟲在非洲的分布情況完全不同，誘發的疾病也完全不同。一種僅局限在非洲的熱帶地區，另一種分布在靠南一些的地區。據說南部地區的疾病比熱帶地區的要嚴重得多，幾個月就能致患者於死地，南部地區的疾病能使患者拖好幾年。「非洲嗜睡病」和「那加那病」的錐體蟲完全依賴采采蠅叮咬作為傳播途徑，從一個人傳染到另外一個人，從一個動物傳染到另外一個動物。

采采蠅（圖185）是牛角蠅和馬廄蠅的身材高大親屬，具有同樣的噬鼻和嗜血成性的品性。采采蠅屬於采采蠅的一種。有兩種采采蠅與「非洲嗜睡病」的傳播相關，牠們攜帶的兩種錐體蟲能誘發兩種「非洲嗜睡病」。一種采采蠅是 Glossina palpalis（圖185），傳播熱帶「非洲嗜睡病」，另一種 Glossina morsitans，同時攜帶南部「非洲嗜睡病」和「那加那病」。

---

[110] 即 nagana。
[111] 即 Trypanosoma。

第十章　蚊子和蠅虻

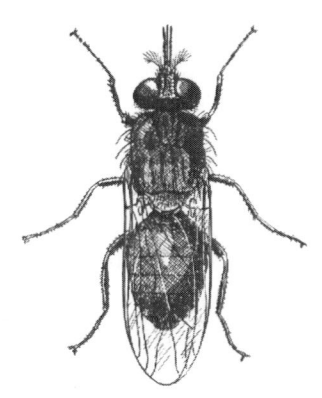

圖 185 采采蠅（Glossina palpalis），雄性（放大了 5 倍）。

　　馬廄蠅、牛角蠅和采采蠅與家蠅一樣同屬一科，也就是家蠅科，但牠們的嘴長得完全不一樣，這種不同只不過是表面上的。所有家蠅科昆蟲，會叮咬還是不會叮咬，嘴部的構造都完全一樣，也就是上組成部件一樣，但下唇演化了，成為一隻非常有效的穿刺器官。當牠們叮咬的時候，牠們將長喙整個伸進受害者的肌膚裡。據說采采蠅落下準備吸血的時候，牠的前腿分開，頭部和胸部用力地前刺幾下，就能把長喙扎進傷口。然後很快吸滿了血，身體鼓漲，幾乎都飛不起來了。采采蠅下唇根部的球狀物並不是吮吸工具，不過是肌肉發達的結果。真正的吮吸工具（Pmp）在頭部，其結構和其他蠅虻沒有什麼區別。

　　說到現在，我們對蒼蠅的指控僅針對著那些成熟形態的蟲子，但還有一些種群的成年蒼蠅，儘管牠們的成年行為與任何犯罪都不相干，可是其在幼年時期卻罪大惡極。家蠅的一個近親——大蒼蠅，將卵產在動物的屍體上。卵會很快孵化並以腐肉為食。另一種大蒼蠅並不直接在屍體上產卵，但因為牠們的幼蟲仍以腐肉為食，所以被當作益蟲。還有一些大蒼蠅的近親仍被當作惡魔，因為牠們將卵產在人和動物裸露的傷口上或鼻腔裡，牠們的幼蟲鑽進受害者的肉裡，造成非常大的痛苦甚至死

亡。這類害蟲裡最臭名昭彰的就是螺絲蟲。蠅虻幼蟲或蛆還能傳染一種疾病，叫蠅蛆病[112]。

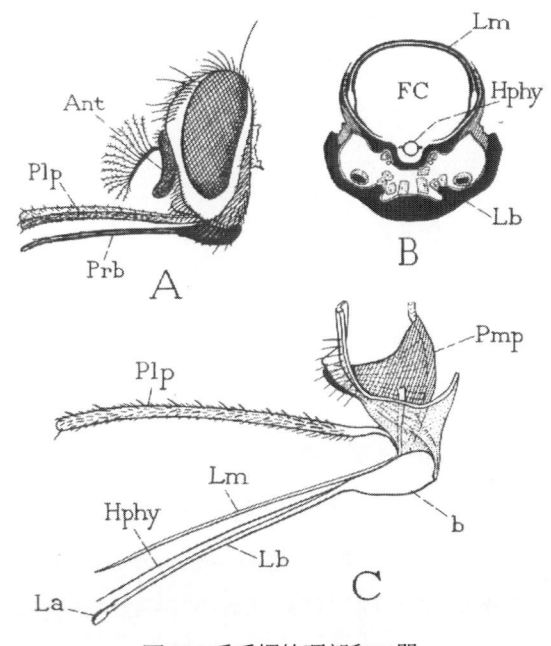

圖 186 采采蠅的頭部和口器

A. 雄性須舌蠅的頭和喙的側視圖。

B. 黑黃舌蠅喙的橫切面，顯示的是被下唇（Lm）和上唇（Lb）包覆住的食管（FC），包括管狀下嚥部，唾液就是透過這裡被注入到傷口中。

C. 須舌蠅口器，帶有散開的組成部件。

D. 上唇隆起的根部；La：下唇瓣；Lb：上唇，Lm：下唇；Plp：下顎觸角；Pmp：針喙。

最著名的動物蠅蛆病是由馬群中馬蠅和牛群裡的皮瘤蠅引起的，這兩種蠅虻都將卵產在動物的體表。這樣，當馬蠅幼蟲被動物吞食以後，牠們就會在寄主的胃裡一直生活到完全發育成熟。皮瘤蠅的幼蟲則鑽進寄主的肉裡，直到完全長成。然後，鑽出動物的背部皮膚，脫離寄主，

---

[112] 即 myiasis。

第十章　蚊子和蠅蛆

在地面上完成蛻變。

不單是動物，還有很多植物同樣也會成為蠅蛆寄居的受害者。葉蛆和根蛆會攻擊果園裡的作物。美國北部諸州的果農們一直和蘋果蛆做著不屈不撓的對抗。蘋果蛆是南歐的橄欖蠅和熱帶國家破壞性果蠅的近親。黑森蠅是麥田裡惡貫滿盈的殺手，牠也是蚊子的第二或第三個堂表親，在幼蟲期就讓麥田遭殃。

我們重點談了這麼多的有害蠅蛆，好像所有雙翅目昆蟲都非常令人討厭。然而，實際上還有成千上萬的蠅蛆並沒有以任何有害的方式侵犯我們。不但如此，甚至還有很多種群為人類做出了有益的貢獻，因為牠們的幼蟲寄生在有害昆蟲體內，繼而幫助人類消滅很多有害昆蟲。

從科學角度講，雙翅目昆蟲非常有趣，因為牠們比其他科目的昆蟲更加充分地證明了大自然完成動物形態演化的腳步。有位昆蟲學家曾經說過，雙翅目昆蟲是一種高度專業化的昆蟲，指出蠅蛆已經將普通昆蟲生物機能中的機械潛能發揮到了極致，並進行了多項改進，賦予原本局限於單一行為模式的身體結構以多種嶄新用途。但是，要說某種動物已經演化到完美，也並不確切，因為動物是外界影響的被動承受者。未來生物學的研究將致力於發現推動生物演化的力量。

昆蟲的世界,探密自然界的微觀宇宙:

飛行、掠食、求偶、變態……以昆蟲形態學為起點,探索生命如何在演化中展現多樣性及生命力

作　　　者：	[美]羅伯特・伊凡斯・斯諾德格拉斯(Robert Evans Snodgrass)	
翻　　　譯：	遲文成,全春陽,孔謐	
發　行　人：	黃振庭	
出　版　者：	崧燁文化事業有限公司	
發　行　者：	崧燁文化事業有限公司	
E - m a i l：	sonbookservice@gmail.com	
粉　絲　頁：	https://www.facebook.com/sonbookss	
網　　　址：	https://sonbook.net/	
地　　　址：	台北市中正區重慶南路一段61號8樓	
	8F., No.61, Sec. 1, Chongqing S. Rd., Zhongzheng Dist., Taipei City 100, Taiwan	
電　　　話：	(02)2370-3310	
傳　　　真：	(02)2388-1990	
印　　　刷：	京峯數位服務有限公司	
律師顧問：	廣華律師事務所 張珮琦律師	

-版權聲明

本書版權為出版策劃人:孔寧所有授權崧燁文化事業有限公司獨家發行電子書及繁體書繁體字版。若有其他相關權利及授權需求請與本公司聯繫。

未經書面許可,不得複製、發行。

定　　價：480元
發行日期:2025年07月第一版
◎本書以POD印製

國家圖書館出版品預行編目資料

昆蟲的世界,探密自然界的微觀宇宙:飛行、掠食、求偶、變態……以昆蟲形態學為起點,探索生命如何在演化中展現多樣性及生命力 / [美]羅伯特・伊凡斯・斯諾德格拉斯(Robert Evans Snodgrass)著. 遲文成 主譯. 全春陽,孔謐 譯. -- 第一版. -- 臺北市:崧燁文化事業有限公司, 2025.07
面;　公分
POD版
譯自:Insects, their ways and means of living.
ISBN 978-626-416-658-4(平裝)
1.CST: 昆蟲學 2.CST: 形態學
387.718　　　　114009037

電子書購買

爽讀APP　　　　臉書